머리말

최근 우리나라는 생활양~~~~~~~~~~의 신술 등으로 식생활 형태가 변화하여 외식 및 급식 시설이 보편화되었고, 빵이나 과자, 케이크 등이 주식의 개념으로 바뀌어 감에 따라 제과·제빵 문화가 발전되어 가고 있습니다.

이와 같은 변화에 맞춰 "미래는 준비하는 사람의 것이다"라는 슬로건처럼 창업하려는 사람과, 제과·제빵에 입문하고자 하는 사람들, 현대인의 건강과 기호에 맞는 미래의 베이커리 성장을 이끌고자 하는 학생들에게 제과·제빵기능사 자격증을 취득하는 데 도움을 주고자 교재를 발행하였습니다.

본 교재는 각 과목의 내용을 요점·정리하여 설명하고, 제과·제빵기능사 필기시험에서 꼭 합격할 수 있도록 제과·제빵 이론의 포인트와 총 10회분의 실전 모의고사, 마무리 점검 200제, 최종 모의고사 4회분을 수록하였습니다.

본 교재가 제과·제빵기능사 자격증을 취득하고자 하는 분들뿐 아니라, 제과·제빵 산업에 종사하게 될 많은 분들에게 기초가 되어 기술인이 되는 데 소중한 교재가 되길 바라며, 저의 다양한 경험을 바탕으로 미래 사회가 요구하는 전문인으로서 꿈을 실현할 수 있도록 이해하기 쉬운 지침서를 마련하였습니다.

끝으로 이 교재를 출판할 수 있도록 도와주신 성안당 출판사 임직원 여러분, 그 외에 도와주신 여러분들께 진심으로 감사드립니다.

저자 전경희

confectionary & bread

CONTENTS

PART 01 제과 · 제빵 핵심 이론

2017~2022 제과제빵 분야 베스트 도서

2023
최신개정판

제과제빵 관련 학교·학원 전문 필독서

2023년 새로운 출제 기준을 완벽 반영한

제과제빵 기능사

필기시험

전경희 지음

BM (주)도서출판 **성안당**

프로필

전경희

🌾 학력 및 경력

– 한양대학교 대학원 식품영양학과 기능성 식품학 이학박사
– (논문) 아로니아와 블랙베리의 가공형태를 달리하여 첨가한 머핀과
　　　　쿠키의 품질특성
– 직업능력개발훈련교사
– 제과기능사, 제빵기능사, 떡제조기능사, 직업상담사2급, 케이크디자이너,
　쵸콜릿마스타, 바리스티2급, 베이커리위생관리사,
　한식 · 양식 · 일식 · 중식 · 복어기능사, 베이커리위해요소관리사
– 서정대학교 호텔조리과 겸임교수, 화정제과제빵학원장
– 원종종합사회복지관 출강, 농업기술센터 출강, 원당사회복지관 출강
– 신능중학교 평생교육반, 특기적성반 출강
– 가람중학교 평생교육반, 특기적성반 출강
– 롯데백화점(명동본점, 잠실점, 영등포점, 일산점, 안양점) 출강
– 싱가포르 Corlander Leaf 요리학교 단기특강 수료
– 일본 동경 제과학교 연수
– 한국산업인력공단 실기 감독위원
– 개발활동강사, 진로체험 멘토강사
– Jun's 베이킹클래스 원장

🌾 수상 및 심사위원 경력

– 〈우리축산물 요리솜씨대회〉 쇠고기 요리 농림부장관상
　최우수상 수상(2000)
– 〈육우고기요리 경연대회〉 심사위원(2012)
– 〈파주 장단콩요리 전국경연대회〉 심사위원(2012)
– 〈말고기 요리 경연대회〉 심사위원(2013)
– 〈슬로푸드 요리 경연대회〉 심사위원(2014)

PART ② 제과 · 제빵기능사 실전 모의고사 10회분

PART ⑬ 제과 · 제빵기능사 마무리 점검 200제

부록 제과 · 제빵기능사 최종 모의고사 4회분

출제기준

 제과기능사 필기

직무 분야	식품가공	중직무 분야	제과 · 제빵	자격 종목	제과기능사	적용 기간	2023.1.1.~2025.12.31.

○직무내용 : 과자류 제품을 제공하기 위한 체계적인 기술과 생산계획을 수립하여 생산, 판매, 위생 및 관련 업무를 실행하는 직무이다.

필기검정방법	객관식	문제 수	60	시험 시간	1시간

필 기 과목명	문제수	주요 항목	세부 항목	세세 항목
과자류 재료, 제조 및 위생 관리	60	01 재료 준비	1. 재료 준비 및 계량	• 배합표 작성 및 점검 • 재료 준비 및 계량 방법 • 재료의 성분 및 특징 • 기초재료과학 • 재료의 영양학적 특성
		02 과자류 제품 제조	1. 반죽 및 반죽 관리	• 반죽법의 종류 및 특징 • 반죽의 결과 온도 • 반죽의 비중
			2. 충전물 · 토핑물 제조	• 재료의 특성 및 전처리 • 충전물 · 토핑물 제조 방법 및 특징
			3. 팬닝	• 분할 팬닝 방법
			4. 성형	• 제품별 성형 방법 및 특징
			5. 반죽 익히기	• 반죽 익히기 방법의 종류 및 특징 • 익히기 중 성분 변화의 특징
		03 제품 저장 관리	1. 제품의 냉각 및 포장	• 제품의 냉각 방법 및 특징 • 포장재별 특성 • 불량제품 관리
			2. 제품의 저장 및 유통	• 저장 방법의 종류 및 특징 • 제품의 유통 · 보관 방법 • 제품의 저장 · 유통 중의 변질 및 오염원 관리 방법

필 기 과목명	문제수	주요 항목	세부 항목	세세 항목
과자류 재료, 제조 및 위생 관리	60	04 위생안전 관리	1. 식품위생 관련 법규 및 규정	• 식품위생법 관련 법규 • HACCP 등의 개념 및 의의 • 공정별 위해요소 파악 및 예방 • 식품첨가물
			2. 개인위생 관리	• 개인위생 관리 • 식중독의 종류, 특성 및 예방 방법 • 감염병의 종류, 특징 및 예방 방법
			3. 환경위생 관리	• 작업환경 위생 관리 • 소독제 • 미생물의 종류와 특징 및 예방 방법 • 방충 · 방서 관리
			4. 공정 점검 및 관리	• 공정의 이해 및 관리 • 설비 및 기기

 # 출제기준

 ## 제빵기능사 필기

직무 분야	식품가공	중직무 분야	제과 · 제빵	자격 종목	제빵기능시	적용 기간	2023.1.1.~2025.12.31.

○직무내용 : 빵류 제품을 제공하기 위한 체계적인 기술과 생산계획을 수립하여 판매, 생산, 위생 및 관련 업무를 실행하는 직무이다.

필기검정방법	객관식	문제 수	60	시험 시간	1시간

필 기 과목명	문제수	주요 항목	세부 항목	세세 항목
빵류 재료, 제조 및 위생 관리	60	01 재료 준비	1. 재료 준비 및 계량	• 배합표 작성 및 점검 • 재료 준비 및 계량 • 재료의 성분 및 특징 • 기초재료과학 • 재료의 영양학적 특성
		02 빵류 제품 제조	1. 반죽 및 반죽 관리	• 반죽법의 종류 및 특징 • 반죽의 결과 온도 • 반죽의 비용적
			2. 충전물 · 토핑물 제조	• 재료의 특성 및 전처리 • 충전물 · 토핑물 제조 방법 및 특징
			3. 반죽 발효 관리	• 발효 조건 및 상태 관리
			4. 분할하기	• 반죽 분할
			5. 둥글리기	• 반죽 둥글리기
			6. 중간발효	• 발효 조건 및 상태 관리
			7. 성형	• 성형하기
			8. 팬닝	• 팬닝 방법
			9. 반죽 익히기	• 반죽 익히기 방법의 종류 및 특징 • 익히기 중 성분 변화의 특징

필 기 과목명	문제수	주요 항목	세부 항목	세세 항목
빵류 재료, 제조 및 위생 관리	60	03 제품 저장 관리	1. 제품의 냉각 및 포장	• 제품의 냉각 방법 및 특징 • 포장재별 특성 • 불량제품 관리
			2. 제품의 저장 및 유통	• 저장 방법의 종류 및 특징 • 제품의 유통 · 보관 방법 • 제품의 저장 · 유통 중의 변질 및 오 염원 관리 방법
		04 위생안전 관리	1. 식품위생 관련 법규 및 규정	• 식품위생법 관련법규 • HACCP 등의 개념 및 의의 • 공정별 위해요소 파악 및 예방 • 식품첨가물
			2. 개인위생 관리	• 개인위생 관리 • 식중독의 종류, 특성 및 예방 방법 • 감염병의 종류, 특징 및 예방 방법
			3. 환경위생 관리	• 작업환경 위생 관리 • 소독제 • 미생물의 종류와 특징 및 예방 방법 • 방충 · 방서 관리
			4. 공정 점검 및 관리	• 공정의 이해 및 관리 • 설비 및 기기

제과 · 제빵기능사 시험 안내

 개요

제과 · 제빵에 관한 숙련기능을 가지고 제과 · 제빵 제조와 관련되는 업무를 수행할 수 있는 능력을 가진 전문인력을 양성하고자 자격제도를 제정했다.

 **수행직무**

제과 · 제빵제품 제조에 필요한 재료의 배합표를 작성하며 재료를 평량하고 각종 제과 · 제빵용 기계 및 기구를 사용하여 반죽, 발효, 성형, 굽기, 장식, 포장 등의 공정을 거쳐 각종 제과 제품 및 빵류를 만드는 업무를 수행한다.

 **진로 및 전망**

식빵류, 과자빵류를 제조하는 제빵 전문업체, 비스킷류, 케익류 등을 제조하는 제과 전문 생산업체, 빵 및 과자류를 제조하는 생산업체, 손작업을 위주로 빵과 과자를 생산 판매하는 소규모 빵집이나 제과점, 관광업을 하는 대기업의 제과 · 제빵부서, 기업체 및 공공기관의 단체 급식소, 장기간 여행하는 해외 유람선이나 해외로 취업이 가능하다. 현재 자격이 있다고 해서 취직에 결정적인 요소로 작용하는 것은 아니지만, 제과점에 따라 자격수당을 주며, 인사고과 시 유리한 혜택을 받을 수 있다. 해당 직종이 점차로 전문성을 요구하는 방향으로 나아가고 있어 제과 · 제빵사를 직업으로 선택하려는 사람에게는 필요한 자격직종이다.

 **취득방법**

① 시행서 : 한국산업인력공단

② 관련학과 : 전문계 고교 식품가공과, 제과제빵과, 대학 및 전문대학 제과제빵 관련 학과 등

③ 시험과목

〈제과기능사〉

• 필기 : 과자류 재료, 제조 및 위생 관리
• 실기 : 제과 실무

〈제빵기능사〉

• 필기 : 빵류 재료, 제조 및 위생 관리
• 실기 : 제빵 실무

④ 검정방법

• 필기 : 객관식 4지 택일형, 60문항(60분)
• 실기 : 작업형(2~4시간 정도)

⑤ 합격기준 : 100점 만점에 60점 이상

⑥ 응시자격 : 제한 없음

 **시험일정**

① 수험원서 접수방법(인터넷 접수만 가능)
  • 원서접수홈페이지 : http://q-net.or.kr
② 수험원서 접수시간
  • 접수시간은 회별 원서접수 첫날 10:00부터 마지막 날 18:00까지
③ 수험원서 접수기간
  • 필기 · 실기시험별로 정해진 접수기간 동안 접수하며, 연간 시행계획을 기준으로
    지사(출장소)의 세부시행계획에 따라 시행

제과 · 제빵을 위한 기본 재료들

1 밀가루

▲ 강력분

▲ 중력분

▲ 박력분

2 유지류

▲ 마가린

▲ 쇼트닝

▲ 버터

3 팽창제

▲ 베이킹파우더

▲ 이스트

4 유화제

▲ 유화제

5 향신료

▲ 넉맷

▲ 오레가노

제과 · 제빵을 위한 기본 도구

1 믹서

▲ 수직형 믹서

▲ 수평형 믹서

▲ 스파이럴 믹서

믹서의 구성

▲ 믹싱볼

▲ 훅, 휘퍼, 비터

2 오븐의 종류

▲ 데크 오븐

▲ 터널 오븐

▲ 컨벡션 오븐

▲ 로터리 오븐

▲ 릴 오븐

3 그 외의 도구들

▲ 파이 롤러

▲ 스크래퍼

▲ 데포지터

제과 · 제빵기능사 필기 단골 공식

1 배합량 계산법

① 각 재료의 무게(g) = 밀가루 무게(g) × 각 재료의 비율(%)

② 밀가루 무게(g) = $\dfrac{\text{밀가루 비율(\%)} \times \text{총 반죽 무게(g)}}{\text{총 배합률(\%)}}$

③ 총 반죽 무게(g) = $\dfrac{\text{총 배합률(\%)} \times \text{밀가루 무게(g)}}{\text{밀가루 비율(\%)}}$

2 반죽 온도 조절 공식

① 마찰계수 = (결과 반죽 온도 × 6) − (실내 온도 + 밀가루 온도 + 설탕 온도 + 쇼트닝 온도 + 계란 온도 + 수돗물 온도)

② 사용할 물 온도 = (희망 반죽 온도 × 6) − (밀가루 온도 + 실내 온도 + 설탕 온도 + 쇼트닝 온도 + 계란 온도 + 마찰계수)

③ 얼음 사용량 = $\dfrac{\text{사용할 물의 양} \times (\text{수돗물 온도 - 사용할 물 온도})}{(80 + \text{수돗물 온도})}$

3 비중 측정법

비중 = $\dfrac{\text{반죽 무게 - 컵 무게}}{\text{물 무게 - 컵 무게}}$ = 반죽 무게 ÷ 물 무게

4 팬닝

① 반죽 무게 = $\dfrac{\text{틀 부피}}{\text{비용적}}$ = 틀 부피 ÷ 비용적

② 틀 부피 계산법
  ㉠ 곧은 옆면을 가진 원형팬
    팬의 부피 = 밑넓이 × 높이반지름 × 반지름 × 3.14 × 높이

  ㉡ 옆면이 경사진 원형팬
    팬의 부피 = 평균 반지름 × 평균 반지름 × 3.14 × 높이

  ㉢ 옆면이 경사지고 중앙에 경사진 관이 있는 원형팬
    팬의 부피 = 전체 둥근 틀 부피 − 관이 차지한 부피

  ㉣ 경사면을 가진 사각팬
    팬의 부피 = 평균 가로 × 평균 세로 × 높이

5 굽기 손실률

$$\text{굽기 손실률} = \frac{\text{오븐에 넣기 전 무게} - \text{오븐에서 꺼낸 후 무게}}{\text{오븐에 넣기 전 무게}} \times 100$$

6 생산 관리 체계

① 원가 구성 요소 : 직접원가, 제조원가, 총원가

② 직접원가 : 직접재료비 + 직접노무비 + 직접경비

③ 제조원가 : 직접원가 + 제조간접비

④ 총원가 : 제조원가(직접원가 + 제조간접비) + 판매비 + 일반관리비

⑤ 판매가격 : 총원가 + 이익

7 개당 제품의 노무비

개당 제품의 노무비 = 사람 수 × 시간 × 인건비 ÷ 제품의 개수

8 스트레이트법에서의 반죽 온도 계산

① 마찰계수 = (결과 온도 × 3) − (밀가루 온도 + 실내 온도 + 수돗물 온도)

② 사용할 물 온도 = (희망 온도 × 3) − (밀가루 온도 + 실내 온도 + 마찰계수)

③ 얼음 사용량 $= \dfrac{\text{사용할 물의 양} \times (\text{수돗물 온도} - \text{사용할 물 온도})}{80 + \text{수돗물 온도}}$

9 스펀지법에서의 반죽 온도 계산

① 마찰계수 = (결과 온도 × 4) − (밀가루 온도 + 실내 온도 + 수돗물 온도 + 스펀지 반죽 온도)

② 사용할 물 온도 = (희망 온도 × 4) − (밀가루 온도 + 실내 온도 + 마찰계수 + 스펀지 반죽 온도)

③ 얼음 사용량 $= \dfrac{\text{사용할 물의 양} \times (\text{수돗물 온도} - \text{사용할 물 온도})}{80 + \text{수돗물 온도}}$

10 가감하고자 하는 이스트 양

$$\text{가감하고자 하는 이스트 양} = \frac{\text{기존 이스트의 양} \times \text{기존의 발효 시간}}{\text{조절하고자 하는 발효시간}}$$

11 글루텐 함량

① 젖은 글루텐 함량(%) = (젖은 글루텐 반죽의 중량 ÷ 밀가루 중량) × 100

② 건조 글루텐 함량(%) = 젖은 글루텐 함량(%) ÷ 3

인체 내에서의 소화 작용

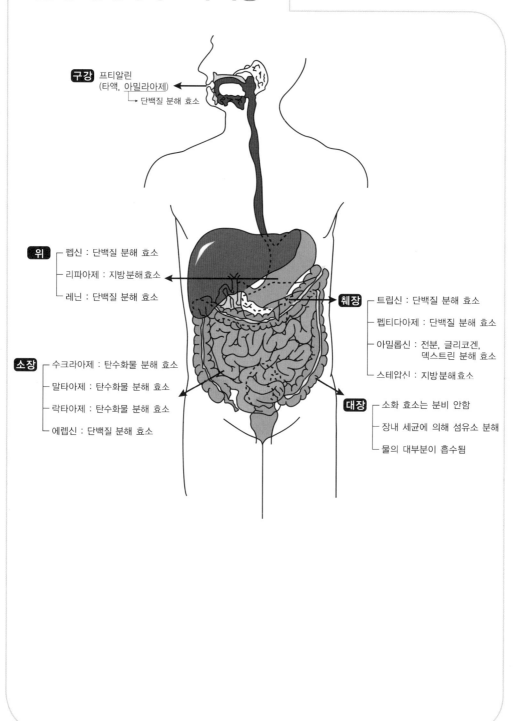

구강 프티알린
(타액, 아밀라아제)
└ 단백질 분해 효소

위 ─ 펩신 : 단백질 분해 효소
─ 리파아제 : 지방분해효소
└ 레닌 : 단백질 분해 효소

췌장 ─ 트립신 : 단백질 분해 효소
─ 펩티다아제 : 단백질 분해 효소
─ 아밀롭신 : 전분, 글리코겐,
　　　　　　덱스트린 분해 효소
└ 스테압시 : 지방분해효소

소장 ─ 수크라아제 : 탄수화물 분해 효소
─ 말타아제 : 탄수화물 분해 효소
─ 락타아제 : 탄수화물 분해 효소
└ 에렙신 : 단백질 분해 효소

대장 ─ 소화 효소는 분비 안함
─ 장내 세균에 의해 섬유소 분해
└ 물의 대부분이 흡수됨

confectionary & bread

PART 01

제과·제빵
핵심 이론

▶ 핵심 이론 속 QR코드를 찍어보세요.
관련 동영상을 보실 수 있습니다.

chapter 01

·제과기능사·
제과 이론

01 과자류 제품의 재료 혼합

1 과자의 개요

1 과자의 기원

과자는 파이로부터 변화된 것으로 서양에서 1600년대에 만들어 먹었다. 밀가루에 유지류를 혼합 반죽한 것에 육류, 생선류, 과일류, 채소류 등을 싸서 구워낸 것으로 주식처럼 애용되다가 과자류로 변하면서 디저트용으로 변했다.

쿠키의 어원

네덜란드의 쿠오퀘에서 따온 것으로 작은 케이크라는 뜻. 쿠키는 미국식 호칭이며, 영국은 비스킷, 프랑스는 샤블레, 우리나라는 건과자라고 한다.

2 제과의 역사

구분	특징
고대 이집트 BC 4000년경	• 야생효모균에 의한 발표빵 제조 • 이집트 고분이나 유물의 자료
그리스 BC 1000년경	• 유럽으로 제빵법 전파 • 과실류, 우유, 치즈, 올리브유 등 향료 가미 • 제과기술 발전
로마 BC 2000년경	• 과자의 황금시기 • 꿀, 치즈, 달걀을 이용한 과자와 치즈 케이크 등장
중세기 1500년경	• 과자의 대중화 • 유럽은 이탈리아, 프랑스, 영국, 스위스 중심으로 발달
근대 1800~1920	• 기계와 오븐의 발달로 대량생산이 발달

3 과자와 빵의 분류 기준

• 팽창 형태
• 설탕의 함량과 기준
• 밀가루의 종류
• 반죽 상태

4 제과의 분류

1 **팽창 형태에 따른 분류**

① 물리적 팽창
ㄱ 공기 팽창 : 반죽 속에 공기를 형성시킨 후 굽기하여 팽창시키는 방법이다.
예 스펀지 케이크, 엔젤 푸드 케이크

ⓒ 유지 팽창 : 밀가루 반죽에 유지를 넣고 유지층 사이의 증기압으로 부풀린 제품이다.
  예 퍼프 페이스트리 등

ⓒ 무팽창 : 아무런 팽창 작용을 주지 않고 단지 수증기압의 영향을 받아 조금 부풀린 제품이다.
  예 아메리칸 파이, 타르트 반죽, 쿠키 등

② 화학적 팽창 : 베이킹파우더, 소다 등과 같은 팽창제를 사용하여 부풀린 제품이다.
  예 레이어 케이크, 케이크 도넛, 파운드 케이크, 반죽형 쿠키, 과일 케이크 등

③ 이스트 팽창 : 발효 시 이스트 사용으로 발생하는 이산화탄소 가스가 부피를 팽창시키는 방법이다.
  예 식빵류, 과자빵류, 불란서빵류 등

④ 복합형 팽창 : 두 가지 이상의 팽창 형태를 병용해서 부풀린 제품이다.
  예 이스트 팽창＋화학 팽창, 이스트 팽창＋공기 팽창, 화학 팽창＋공기 팽창 등

② 가공 형태에 따른 분류

① 케이크류

양과자류	반죽형, 거품형, 시폰형의 서구식 과자 등
생과자류	수분 함량이 높은 과자 예 화과자류 등
페이스트리류	반죽에 유지를 넣고 접어서 결이 있는 과자 예 페이스트리, 파이 등
건과자류	수분 함량이 낮은 과자
냉과자류	차가운 상태에서 먹는 과자 예 무스, 푸딩, 바바루아, 젤리, 블라망제(Blanc manger) 등

② 데커레이션케이크 : 여러 가지 장식을 하여 맛과 시각적 효과를 높인 케이크이다.

③ 공예 과자 : 미적 효과를 살린 과자로 먹을 수 없는 재료의 사용이 가능하다.

④ 초콜릿 과자 : 배합에 초콜릿을 사용한 제품과 제품에 샌드 또는 코팅을 한 제품이다.

⑤ 설탕 과자 : 캔디류, 젤리 등이 있다.

2 재료 준비 및 계량

1 배합표 작성

1 배합량 계산법

① 각 재료의 무게(g)
  ＝밀가루 무게(g)×각 재료의 비율(%)

② 밀가루 무게(g)＝
$$\frac{\text{밀가루 비율(\%)} \times \text{총 반죽 무게(g)}}{\text{총 배합률(\%)}}$$

③ 총 반죽 무게(g)＝
$$\frac{\text{총 배합률(\%)} \times \text{밀가루 무게(g)}}{\text{밀가루 비율(\%)}}$$

QUICK TIP

단위 변환

① 길이 : 1cm＝10mm＝0.01m

② 무게 : 1mg＝0.001g, 1kg＝1,000g

③ 부피 : 1L＝1,000cc＝1,000mL＝10dL
  ＝1,000cm³＝0.001m³

2 고율 배합과 저율 배합

① 배합률 조절 공식의 비교

고율 배합	저율배합
설탕 〉 밀가루	설탕 밀가루
전체 액체(계란＋우유) 〉 밀가루	전체 액체(계란＋우유) ≦밀가루
전체 액체 〉 설탕	전체 액체＝설탕
계란≧쇼트닝	계란≦쇼트닝

② 고율 배합과 저율 배합의 비교

비교 항목	고율 배합	저율 배합
반죽 속의 공기 혼입 정도	많다	적다
반죽의 비중	낮다	높다
화학 팽창제 사용량	줄인다	늘린다
굽기 온도	서온 상시간	고온 단시간

굽기의 비교 QUICK TIP

① 고율 배합 저온 장시간 - 고저장
② 저율 배합 고온 단시간 - 저고단

2 | 과자의 주요 재료와 기능

1 구조 형성과 연화 작용 중요

① 구조 형성에 관여하는 재료 : 밀가루, 계란, 우유 - 단백질이 열에 의해 응고하여 구조 형성에 관여한다.
② 연화 작용에 관여하는 재료 : 설탕, 유지, 베이킹파우더, 노른자 - 단백질이 결합하는 것을 방해하여 글루텐의 형성을 억제한다.

2 밀가루의 기능

① 구조 형성(구성 재료)을 한다.
② 밀가루 특유의 향을 낸다.
③ 일반적인 케이크는 단백질 함량이 7~9%, 회분 함량이 0.4% 이하인 박력분을 사용한다.

3 계란의 기능 중요

① 구조 형성 : 밀가루의 단백질을 보완한다.
② 수분 공급제 : 전란의 75%가 수분이다.
③ 결합제 : 커스터드 크림을 엉기게 한다.

④ 팽창 작용 : 거품이 공기를 혼입하여 굽기 중 팽창한다.
⑤ 유화제 : 노른자의 레시틴이 유화 작용을 한다.
⑥ 연화 작용 : 노른자의 지방이 제품을 부드럽게 한다.
⑦ 색 : 노른자의 황색 계통은 식욕을 돋우는 속색을 만든다.

4 유지의 기능 중요

① 쇼트닝성 : 제품을 부드럽게 하는 성질이다.
② 가소성 : 고체에 힘을 주면 유동체와 같은 성질을 띠고 가했던 힘이 더 이상 작용하지 않아도 변형시킨 모양이 그대로 남는 성질이다.
③ 크림성 : 믹싱할 때 공기를 포집하여 크림이 되는 성질이다.
④ 안정성 : 산패에 견디는 성질이다.

5 우유의 기능

① 단백질을 함유하고 있어 세품의 구조를 형성한다.
② 유당은 껍질 색을 진하게 하고 수분 보유제 역할을 한다.

6 설탕의 기능 중요

① 감미제 : 제품에 단맛을 제공한다.
② 캐러멜화 작용 : 당이 열을 받아서 갈색으로 변색되면서 껍질 색을 진하게 한다.
③ 연화 작용 : 밀가루 단백질을 부드럽게 한다.
④ 윤활 작용 : 반죽의 유동성을 좋게 한다.
⑤ 보존성 : 방부제 역할을 한다.
⑥ 수분 보유력 : 신선도를 오래 유지한다.
⑦ 쿠키의 퍼짐성에 영향을 미친다.

7 물의 기능 중요

① 반죽의 되기와 온도를 조절한다.

② 제품의 식감을 조절한다.
③ 글루텐 형성에 필수적인 역할을 한다.
④ 증기압을 형성하여 팽창에 관계한다.

8 소금의 기능 🍰중요

① 감미도 조절 : 설탕의 단맛을 순화시킨다.
② 껍질 색 : 캐러멜화를 촉진시킨다.
③ 맛을 내는 기능을 한다.
④ 끓는점을 높인다.
⑤ 당의 열 반응 온도를 낮춘다.

9 베이킹파우더의 기능

① 제품의 식감을 부드럽게 하는 연화 작용을 한다.
② 제품의 부피를 증가시키는 팽창 작용을 한다.

3 반죽 및 반죽 관리

1 반죽법의 종류 및 특징

만들고자 하는 제품의 특성을 알고 생산할 제품의 수량, 생산 시설, 생산 인력, 소비자의 기호 등을 파악하여 적절한 반죽법을 선택한다.

1 반죽형 반죽 🍰중요

많은 양의 유지와 화학 팽창제를 이용하는 반죽으로 밀가루, 유지, 설탕, 계란을 기본 재료로 한다.
예 레이어 케이크, 파운드 케이크, 머핀, 과일 케이크 등

1 크림법

크림법
제조 과정

① 유지에 설탕을 넣고 유지를 크림화시킨다.
② 부피가 큰 제품을 만들 수 있다.

③ 스크래핑을 자주 해야 한다.
예 파운드 케이크, 레이어 케이크

2 블렌딩법

블렌딩법
제조 과정

① 유지에 밀가루를 넣어 파슬파슬하게 유지로 코팅을 시킨다.
② 제품의 조직을 부드럽게 하고자 할 때 알맞은 반죽법이다.
예 데블스 푸드 케이크

3 1단계법

① 모든 재료를 한꺼번에 넣고 반죽하는 방법이다.
② 대량생산에 많이 사용되며 노동력과 제조 시간이 절약된다.

4 설탕 · 물 반죽법

① 유지에 설탕과 물의 비율을 2:1로 하여 시럽을 만들어 넣는 방법이다.
② 계량의 편리성으로 대량생산이 용이하며, 껍질 색이 균일한 제품을 생산한다. 스크래핑이 필요없다.

2 거품형 반죽 🍰중요

계란 단백질의 기포성과 유화성, 열에 대한 응고성을 이용해 부피를 형성하는 반죽이다.
예 스펀지 케이크, 머랭, 엔젤 푸드 케이크 등

QUICK TIP

반죽형 반죽과 거품형 반죽의 특징

반죽형 반죽	거품형 반죽
계란 < 밀가루	계란 > 밀가루

1 머랭 반죽

① 흰자에 설탕을 넣고 거품을 낸 반죽이다.
② 냉제 머랭, 온제 머랭, 이탈리안 머랭, 스위스 머랭으로 구분된다.

머랭 제조 시 주의 사항

① 흰자에 노른자가 들어가지 않도록 주의한다.
② 믹싱 봉기에 기름기가 없어야 한다.

2 스펀지 반죽

계란에 설탕을 넣고 거품을 낸 후 다른 재료와 섞은 반죽이다.

① 공립법 : 흰자와 노른자를 함께 섞어 거품 내는 방법이다.

공립법
제조 과정

㉠ 더운 믹싱법
ⓐ 계란과 설탕을 중탕하여 37~43℃까지 데운 후 거품을 내는 방법이다.
ⓑ 고율 배합에 사용하며 기포성이 양호하다.
ⓒ 설탕의 용해도가 좋아 껍질 색이 균일하다.
㉡ 찬 믹싱법
ⓐ 중탕하지 않고 계란에 설탕을 넣고 거품 내는 방법이다.
ⓑ 베이킹파우더를 사용할 수 있다.
ⓒ 저율 배합에 적합하다.
② 별립법 : 전란을 흰자와 노른자로 분리하여 각각에 설탕을 넣고 거품을 낸 후 다른 재료와 함께 흰자 반죽, 노른자 반죽을 섞어 주는 방법이다.

별립법
제조 과정

③ 제노와즈법
㉠ 스펀지 케이크 반죽에 유지를 넣어 만든다.
㉡ 유지는 60℃ 이상으로 중탕하여 사용한다.
㉢ 중탕한 유지는 반죽 최종 단계에 넣어 가볍게 섞는다.
④ 단 단계법 : 베이킹파우더, 유화제를 첨가한 후 전 재료를 동시에 넣고 반죽한다.

3 시폰형 반죽 중요

계란의 흰자와 노른자를 분리하여 별립법과는 달리 노른자는 거품을 내지 않고 거품 낸 흰자와 화학팽창제를 이용해 부피를 형성하는 반죽이다.
예 시폰 케이크

1 시폰법

시폰법
제조 과정

① 노른자와 식용유를 섞은 다음, 설탕과 건조 재료를 체에 쳐 넣고 섞는다.
② 물을 조금씩 넣으면서 매끄러운 상태로 만든다.
③ 따로 흰자에 설탕을 조금씩 넣으면서 머랭을 만든 뒤 앞의 재료와 섞어 준다.

2 반죽의 결과온도

1 반죽의 온도와 PH

1 반죽 온도 조절 중요

① 반죽의 온도는 사용하는 물의 온도로 맞춘다.
② 반죽 온도가 제품에 미치는 영향
㉠ 온도가 낮으면 기공이 조밀해 부피가

작고 식감이 나쁘며 굽는 시간이 더 필요하다.

ⓛ 온도가 높으면 기공이 열리고 큰 공기 구멍이 생겨 조직이 거칠고 노화가 빠르다.

③ 반죽 온도 조절 공식

㉠ 마찰계수=(결과 반죽 온도×6)−(실내 온도 + 밀가루 온도+설탕 온도+쇼트닝 온도+계란 온도+수돗물 온도)

ⓛ 사용할 물 온도=(희망 반죽 온도×6)−(밀가루 온도+실내 온도+설탕 온도+쇼트닝 온도+계란 온도+마찰계수)

ⓒ 얼음 사용량

$$= \frac{\text{사용할 물의 양}\times(\text{수돗물 온도}-\text{사용할 물 온도})}{(80+\text{수돗물 온도})}$$

2 반죽의 pH

① 용액의 수소이온농도를 나타내며 범위는 pH 1~14로 표시한다.

② pH 7은 중성이며 pH가 1에 가까워지면 산도가 커지고 pH가 14에 가까워지면 알칼리도가 커진다.

③ 제품의 적정 pH

㉠ 산도가 높은 제품 : 엔젤 푸드 케이크−pH 5.2~6.0

ⓛ 알칼리도가 높은 제품

ⓐ 데블스 푸드 케이크 : pH 8.8~9.0

ⓑ 초콜릿 케이크 : pH 8.8~9.0

④ pH가 제품에 미치는 영향

산이 강한 경우	알칼리가 강한 경우
너무 고운 기공	거친 기공
여린 껍질 색	어두운색
연한 향	강한 향
톡 쏘는 신맛	소다맛
제품의 부피가 빈약하다	정상보다 제품의 부피가 크다

⑤ pH 조절

㉠ pH를 낮추고자 할 때는 산성인 주석산 크림을 넣고, 높이고자 할 때는 알칼리성인 중조를 넣는다.

ⓛ 향과 색을 진하게 하려면 알칼리성으로, 연하게 하려면 산성으로 조절한다.

3 비중 ☕중요

① 부피가 같은 물의 무게에 대한 반죽의 무게를 숫자로 나타낸 값이다.

② 수치가 작을수록 비중이 낮고, 비중이 낮을수록 공기가 많다는 것을 의미한다.

③ 제품에 미치는 영향

㉠ 케이크 제품의 부피, 기공, 조직에 결정적인 영향을 미친다.

ⓛ 같은 무게의 반죽을 구울 때 비중이 높으면 제품의 부피가 작아져 기공이 조밀하여 조직이 무겁고, 낮으면 부피가 커져 기공이 열려 조직이 거칠다.

④ 비중 측정법

$$\text{비중} = \frac{\text{반죽 무게}-\text{컵 무게}}{\text{물 무게}-\text{컵 무게}}$$

$$= \text{반죽 무게} \div \text{물 무게}$$

예 반죽 무게 60g, 컵 무게 18g, 물 무게 118g일 때 반죽의 비중은?

$$\frac{60\text{-}18}{118\text{-}18} = 42 \div 100 = 0.42$$

⑤ 각 제품의 적정 비중

㉠ 반죽형 케이크 : 0.8~0.85

ⓛ 거품형 케이크

ⓐ 0.40~0.50

예 시폰, 롤 케이크

ⓑ 0.50~0.60

예 버터 스펀지

02 과자류 제품 반죽 성형

• 분할과 동시에 팬닝이 동시에 이루어지는 제과는 다양한 방법에 따라 작업이 이루어진다. 두께가 일정하고 밀도를 균일하게 하여 성형과정을 쉽게 해준다.

• 짤주머니에 넣어 짜내는 방법과 밀어펴기하여 다양한 형틀로 찍어내는 방법과 유지를 넣어 밀어펴는 방법, 무스 틀을 이용하여 적정 양을 틀에 부어 분할하는 방법 등이 있다.

1 팬닝 중요

① 반죽 무게 $= \dfrac{\text{틀 부피}}{\text{비용적}} = \text{틀 부피} \div \text{비용적}$

② 틀 부피 계산법
  ㉠ 곧은 옆면을 가진 원형팬 : 팬의 부피＝밑넓이×높이＝반지름×반지름×3.14×높이
  ㉡ 옆면이 경사진 원형팬 : 팬의 부피＝평균 반지름×평균 반지름×3.14×높이
  ㉢ 옆면이 경사지고 중앙에 경사진 관이 있는 원형팬 : 팬의 부피＝전체 둥근 틀 부피－관이 차지한 부피
  ㉣ 경사면을 가진 사각팬 : 팬의 부피＝평균 가로×평균 세로×높이

③ 각 제품의 비용적 : 반죽 1g당 차지하는 부피를 의미한다(단위 cm³/g, cc/g).
  ㉠ 파운드 케이크 : 2.40cm³/g
  ㉡ 레이어 케이크 : 2.96cm³/g
  ㉢ 엔젤 푸드 케이크 : 4.70cm³/g
  ㉣ 스펀지 케이크 : 5.08cm³/g
  같은 크기의 용기에 위 반죽들을 동량 넣었을 때 가장 많이 부풀어 오르는 것은 스펀지 케이크이고, 가장 적게 부풀어 오르는 것은 파운드 케이크이다.

비중이 가벼운 제품 순서

파운드 〈 레이어 〈 엔젤 푸드 〈 스펀지 〈 젤리 롤 〈 시폰

④ 각 제품의 적정 팬 높이
  ㉠ 거품형 반죽 : 50~60%
  ㉡ 반죽형 반죽 : 70~80%
  ㉢ 푸딩 : 95%

제품의 적정 팬 높이

거품형 반죽은 팽창이 많이 되어 틀의 50~60% 채우고 푸딩은 거의 팽창하지 않으므로 틀의 95%를 채운다.

2 성형

① 짜기 : 반죽을 짤주머니에 채워 일정한 크기와 모양으로 철판에 짜는 방법이다.
  예 버터 쿠키

② 찍기 : 반죽을 밀어펴서 형틀로 찍어 눌러 모양을 뜨는 방법이다.
  예 쇼트 브레드 쿠키

③ 밀어펴기 : 반죽을 밀어 유지를 감싼 뒤 밀어 펴고 접기를 되풀이 하는 방법이다.
  예 페이스트리

밀어펴기
제조 과정

03 과자류 제품 반죽 익힘

1 반죽 익히기

1 굽기 중요

① 오버 베이킹 : 너무 낮은 온도에서 오래 구워서 윗면이 평평하고 조직이 부드러우나 수분의 손실이 크다. 수분의 손실이 커서 노화가 빠르다. → 고저장

② 언더 베이킹 : 너무 높은 온도에서 단시간에 구워 설익고 중심 부분이 갈라지고 조직이 거칠며 주저앉기 쉽다. → 저고단

③ 굽기 손실률

$$= \frac{\text{오븐에 넣기 전 무게} - \text{오븐에서 꺼낸 후 무게}}{\text{오븐에 넣기 전 무게}} \times 100$$

2 튀기기

① 튀김기름의 표준 온도는 180~195℃ 이다.
② 튀김기름의 온도가 너무 낮으면 기름이 많이 흡수된다.
③ 발한 현상 : 수분이 도넛 설탕을 녹이는 현상이다.
④ 튀김기름의 4대 적 : 온도, 수분, 공기, 이물질
⑤ 튀김기름의 조건
  ㉠ 산패취가 없어야 한다.
  ㉡ 안정성이 높아야 한다.
  ㉢ 발연점이 높아야 한다.
  ㉣ 가수분해가 잘 일어나지 않아야 한다.
  ㉤ 설탕의 탈색 및 지방의 침투가 되지 않도록 냉각 시 충분히 응결되어야 한다.
⑥ 튀김 상태 평가
  ㉠ 껍질 상태
  ㉡ 껍질 안쪽 상태 : 구운 과자와 비슷한 조직
  ㉢ 속 부분 상태

발한 현상 대책

① 도넛에 묻히는 설탕 사용량을 늘려 준다.
② 튀김시간을 늘려 도넛의 수분 함량을 낮춘다.
③ 도넛을 40℃ 전후로 식힌 후 설탕을 뿌려 준다.

2 관련 기계 및 도구

1 믹서

① 종류
  ㉠ 수직형 믹서 : 소규모 제과점에서 사용한다(버티컬 믹서).
  ㉡ 수평형 믹서 : 믹서의 회전축 방향이 수평하고, 대량생산 시 사용하며 단일 제품의 주문생산에 사용한다.

  ㉢ 스파이럴 믹서 : 제빵 전용 믹서로(나선형 믹서), S형 훅이 고정되어 있어 저속으로 반죽하면 힘 있는 좋은 반죽을 얻을 수 있으나 식빵용 반죽에 고속으로 사용하면 지나친 반죽이 되어 주의를 요하는 반죽기이다.
  ㉣ 에어 믹서 : 제과용으로만 사용하는 반죽기로 일정한 기포를 형성시킨다.
② 믹서의 구성
  ㉠ 믹싱볼(Mixing bowl) : 반죽을 하기 위해 재료들을 섞는 원통형의 기구이다.
  ㉡ 반죽 날개
    ⓐ 휘퍼(Whipper) : 제과용으로 공기를 넣어 부피를 형성시킬 때 사용한다.
    ⓑ 훅(Hook) : 제빵용으로 글루텐을 형성시킨다.
    ⓒ 비터(Beater) : 유연한 반죽을 만든다.

2 오븐

① 데크 오븐(Deck oven) : 반죽을 넣는 입구와 제품을 꺼내는 출구가 같은 "단 오븐"으로 소규모 제과점에서 많이 사용된다.
② 터널 오븐(Tunnel oven) : 반죽이 들어가는 입구와 제품이 나오는 출구가 서로 다른 오븐으로 대량생산 공장에서 많이 사용된다.
③ 컨벡션 오븐 : 팬으로 열을 강제 순환시켜 반죽을 균일하게 착색시킨다.
④ 로터리 래크 오븐 : 팬을 래크에 끼운 채로 오븐에 넣어 굽는다. 열전달이 고르게 되며 동시에 많은 양을 구울 수 있다.
⑤ 릴 오븐 : 구움대를 물레방아처럼 회전시키면서 굽는 방식의 오븐으로 열 분포가 균일하다.

3 파이 롤러(Pie roller)

① 롤러 두께를 조절하여 반죽을 얇게 또는 두껍게 밀어펴는 기계이다.
② 제조 가능한 제품 : 스위트 롤, 퍼프 페이스트리, 데니시 페이스트리, 케이크 도넛 등

4 스크래퍼(Scraper)

반죽을 분할하고 한데 모으며, 작업대에 들러붙은 반죽을 떼어낼 때 사용하는 도구이다.

5 데포지터(Depositor) 🔖중요

시럽, 소스, 가나슈 또는 묽은 반죽을 자동으로 일정량씩 흘러나오게 하는 기구이다.

6 퍼넬(Confectionery funnel auto)

묽은 재료를 넣고 일정하게 흘러내리는 데 사용한다.

7 데코몰드(Decoration mould)

반죽을 눌러 모양을 내는 기구

8 롤러도커 (Roller docker)

한꺼번에 구멍을 내기 위한 기구

9 파이 크림퍼 (Pie crimper)

파이 도우의 모양을 잡기 위한 도구

10 케이크 콤 (Cake decoration comb)

케이크 장식용빗

11 아몬드 과자용 몰드 (Petits foues mould calisson)

배모양 프티푸르의 몰드

12 피라미드몰드 (Mousse pyramid)

무스를 만들기 위한 틀

13 설탕 공예용 램프 (Sugar heating lamp)

설탕 공예용 램프로 설탕 공예 시 반드시 필요한 도구

---

04 과자류 제품 포장

1 마무리(충전 및 장식) 🌾

1 아이싱의 정의 🔖중요

아이싱이란 설탕이 주요 재료인 피복물로 빵과자 제품을 덮거나 피복하는 것을 말하며, 토핑(Topping)이란 아이싱한 제품 또는 아이싱을 하지 않은 제품 위에 얹거나 붙여서 맛을 좋게 하고 시각적 효과를 높이는 것이다.

2 아이싱의 종류

① 단순 아이싱 : 분설탕, 물, 물엿, 향료를 섞고 43℃로 데워 되직한 페이스트 상태로 만든 것이다.
② 크림 아이싱 : 크림 상태로 만든 아이싱으로 다음과 같은 종류가 있다.
  ㉠ 퍼지 아이싱 : 설탕, 버터, 초콜릿, 우유를 주재료로 크림화시켜서 만든다.
  ㉡ 퐁당 : 설탕 시럽을 기포하여 만든다.
  ㉢ 마시멜로 아이싱 : 흰자에 설탕 시럽을 넣어 거품을 올려 만든다.
③ 콤비네이션 아이싱 : 단순 아이싱과 크림 형태의 아이싱을 함께 섞는 아이싱이다.
④ 굳은 아이싱을 풀어 주는 조치
  ㉠ 아이싱에 최소의 액체를 사용한다.
  ㉡ 35~43℃로 데워서 사용한다.
  ㉢ 굳은 아이싱이 데우는 정도로 안 되면 시럽을 푼다.
⑤ 아이싱의 끈적거림을 방지하는 조치
  ㉠ 젤라틴, 식물성 검 같은 안정제를 사용한다.
  ㉡ 전분, 밀가루 같은 흡수제를 사용한다.

3 머랭 🔖중요

흰자를 거품 내어 만든 제품으로 머랭의 종류는 다음과 같다.

① 냉제 머랭
  ㉠ 흰자를 거품 내다 설탕을 조금씩 넣으며 튼튼한 거품체를 만든다.
  ㉡ 흰자와 설탕의 비율을 1:2로 하여 18~24℃의 실온에서 거품을 올린다.
  ㉢ 거품 안정을 위해 소금 0.5%와 주석산 0.5%를 넣기도 한다. 무스와 같이 열을 가하지 않는 제품이나 데커레이션용으로 많이 사용된다.
② 온제 머랭
  ㉠ 흰자와 설탕을 섞어 43℃로 데운 뒤, 거품 내다 안정되면 분설탕을 섞는다.
  ㉡ 이때 흰자 100, 설탕 200, 분설탕 20을 넣는다.
  ㉢ 공예 과자, 세공품을 만들 때 사용한다.
③ 스위스 머랭
  ㉠ 흰자(1/3)와 설탕(2/3)을 섞어 43℃로 데우고 거품 내면서 레몬즙을 첨가한 후, 나머지 흰자와 설탕을 섞어 거품 낸 냉제 머랭을 섞는다.
  ㉡ 머랭은 구웠을 때 표면에 광택이 나고 하루쯤 두었다가 사용해도 된다.
④ 이탈리안 머랭 : 흰자를 거품 내면서 뜨겁게 조린 시럽(설탕 100에 물 30을 넣고 114~118℃에서 끓임)을 부어 만든 머랭으로 무스나 냉과를 만들 때 사용한다.

▶ 이탈리안 머랭
제조 과정

주석산 크림의 사용

머랭 제조 시 주석산 크림은 흰자의 거품을 튼튼하게 하고 흰자의 알칼리성을 중화시켜 준다. 또한 색을 하얗게 하며 살균 효과가 있다.

4 퐁당(Fondant) 중요

설탕 100에 대하여 물 30을 넣고 114~118℃로 끓인 뒤 다시 희부연 상태로 재결정화 시킨 것으로 38~44℃에서 사용한다.

5 휘핑크림(Whipping cream)

유지방이 40% 이상인 생크림을 거품 낸 것으로 4~6℃에서 거품이 잘 일어난다. 케이크 아이싱에 적합하다.

2 포장

• 포장은 제품의 유통 과정에서 제품의 가치 및 상태를 보호하기 위해 담는 것을 말한다.
• 포장의 기본은 제품의 특징에 맞는 포장지 선택을 한다.
• 포장한 후 제품의 품질유지를 위해 표기 사항을 표시하여야 한다.
• 포장은 제품이 손상되지 않게 하기 위함으로 물리적, 화학적, 생물학적, 인위적인 요인으로부터 보호하는 것으로 제품 손상을 방지해야 한다.
• 포장지에 유통기한을 별도로 표시하여 소비자의 신뢰성을 높여야 한다.
• 포장 시 일반적인 제품의 온도가 35~40℃일 때, 빨리 노화가 되지 않고 포장지에 수분이 생기지 않는 최적의 상태가 된다.
• 제품의 유통기한 연장을 위해 포장에 불황성가스(질소)를 이용한다.

1 포장 용기의 선택 시 고려 사항 중요

① 방수성이 있고 통기성이 없어야 한다.
② 상품의 가치를 높일 수 있어야 한다.
③ 단가가 낮고 포장에 의하여 제품이 변형되지 않아야 한다.
④ 공기의 자외선 투과율, 내약품성, 내산성, 내열성, 투명성, 신축성 등을 고려한다.

2 변형 공기 포장

공기 조절 포장으로 대기의 가스조성을 인공적으로 조절하여 청과물을 포장하는 방법으로 품질 보전 효과를 높이는 포장법

3 제품의 평가 기준 중요

1 외부적 특성

① 부피 : 비용적과 비교하여 알맞게 부풀어야 한다.
② 껍질 색 : 식욕을 돋우는 색상으로 부위별 색상이 균일하고 반점과 줄무늬가 없어야 한다.
③ 형태의 균형 : 움푹 들어가거나 찌그러진 곳 없이 좌우전후 대칭이 균형 잡혀야 한다.
④ 껍질의 특성 : 얇으면서 부드러운 껍질이 좋다.

2 내부직 특성

① 기공 : 기공막이 얇고 크기가 고른 조직이 바람직하다.
② 속색 : 밝은 빛을 띠고 윤기가 있어야 한다.
③ 향 : 신선하고 달콤하며 천연적인 향이 바람직하다.
④ 맛 : 제품마다 각기 다른 특성의 맛을 살려야 한다.

⑤ 과자류 제품 저장 유통

1 식품의 저장

① 염장법
  ㉠ 소금에 절이는 방법으로 10% 정도의 소금 농도에서 미생물 발육이 억제된다.
  ㉡ 해산물, 육류, 채소 등의 저장에 주로 사용된다.
② 당장법
  ㉠ 설탕액에 담그는 방법으로 설탕 농도 50% 이상이면 미생물 발육이 억제된다.
  ㉡ 젤리, 잼, 연유 등의 저장에 주로 사용된다.
③ 산 저장법
  ㉠ 산 농도 3~4% 이상의 젖산, 초산, 구연산 등을 이용하여 저장하는 방법이다.
  ㉡ 피클 등에 사용된다.
④ 화학물질 첨가 : 합성 보존료, 살균제, 항산화제 등을 식품에 첨가하는 것이다. 식품첨가물 첨가 시 식품위생법에 의한 사용 기준과 첨가량을 준수해야 한다.
⑤ CA저장 : 탄산가스와 질소 가스 같은 불활성 가스를 충전하여 산소 함량을 적게 하여 호흡을 차단하는 것으로 채소, 과일 등의 저장에 주로 사용한다.

2 냉동 반죽 보관

① 냉동제품의 품질을 최대한 유지하기 위한 저장 온도조건은 –18℃ 이하이다.
② 냉동저장 중 냉동고 내의 이취가 제품에 흡착될 수 있으므로 저온에서 저장한다 하더라도 장기간 저장하게 되면 이취의 흡착을 막을 수 없다.
③ 동결저장이라 해도 전체적으로 노화가 촉진되므로 빠르게 사용한다.
④ 냉동 후에는 제품의 건조를 방지할 수 있는 필름으로 포장하고 냉동저장하며

냉동고의 저장 온도는 -18℃~-20℃로 하는 것이 좋다.
⑤ 냉동보관의 유효기간은 제품에 따라 다르지만 보통 3~6주 정도이다.
⑥ 냉동저장, 유통중 제품의 표면이 변색, 건조되는 것을 방지하기 위해 내한성, 내습성, 내기성이 우수한 필름을 사용해야 한다.

6 제품별 과자법

1 파운드 케이크

1 기본 배합률

밀가루 100%, 유지 100%, 설탕 100%, 계란 100%를 각각 1파운드씩 같은 양으로 배합해 만든 케이크이다.

2 제조 공정

① 크림법, 블렌딩법, 1단계법, 설탕·물 반죽법 중에서 선택하며 주로 크림법을 사용한다.
② 팬닝은 높이의 70% 정도만 채운다.
③ 파운드 케이크는 반죽 1g당 2.4cm³의 비용적을 갖는다.
④ 200/180℃로 굽다가 윗면에 일자로 칼집을 내고 180/160℃로 굽기를 한다.

3 윗면이 터지는 원인 🍰 중요

① 반죽의 수분이 부족하였다.
② 높은 온도에서 구워 껍질이 빨리 생긴다.
③ 틀에 채운 후 바로 굽지 않아 표피가 마른다.
④ 반죽의 설탕이 다 녹지 않았다.

2 레이어 케이크(Layer cakes)

① 반죽형 반죽 과자의 대표적인 제품이다.
② 설탕 사용량이 밀가루 사용량보다 많은 고배합 제품이다.
③ 레이어 케이크의 종류
　㉠ 옐로우 레이어 케이크(Yellow layer cake) : 전란 사용으로, 기본이 되는 케이크이다.
　㉡ 화이트 레이어 케이크(White layer cake) : 흰자 사용으로, 내상이 하얗다.
　㉢ 데블스 푸드 케이크(Devil's food cake) : 코코아 사용으로, 내상이 적갈색이다.
　㉣ 초콜릿 푸드 케이크(Chocolate food cake) : 초콜릿 사용으로, 내상이 갈색이다.
　㉤ 배합률
　　ⓐ 옐로우 레이어 케이크
　　　• 계란＝쇼트닝×1.1
　　　• 우유＝설탕＋25－계란
　　　• 분유＝우유×0.1
　　　• 물＝우유×0.9
　　　• 설탕 : 110~140%
　　ⓑ 화이트 레이어 케이크
　　　• 흰자＝쇼트닝×1.43
　　　• 우유＝설탕＋30－흰자
　　　• 분유＝우유×0.1
　　　• 물＝우유×0.9
　　　• 주석산 크림＝0.5%
　　　• 설탕 : 110~160%
　　ⓒ 데블스 푸드 케이크
　　　• 계란＝쇼트닝×1.1
　　　• 우유＝설탕＋30＋(코코아×1.5)－계란
　　　• 분유＝우유×0.1
　　　• 물＝우유×0.9
　　　• 설탕 : 110~180%
　　　• 중조＝천연 코코아×7%
　　　• 베이킹파우더＝원래 사용하던 양－(중조×3)
　　ⓓ 초콜릿 케이크
　　　• 계란＝쇼트닝×1.1
　　　• 우유＝설탕＋30＋(코코아×1.5)－계란
　　　• 분유＝우유×0.1
　　　• 물＝우유×0.9

- 설탕 : 110~180%
- 초콜릿＝코코아＋카카오 버터
- 코코아＝초콜릿 양×62.5%
- 카카오 버터＝초콜릿 양×37.5%
- 조절한 유화 쇼트닝＝원래 유화 쇼트닝－(카카오 버터×1/2)

④ 제조 공정
  ㉠ 재료 계량
  ㉡ 믹싱 : 반죽형 반죽으로 만들 수 있는 세법을 모두를 이용할 수 있으나 크림법이 가장 일반적이다. 단, 데블스 푸드 케이크는 블렌딩법으로 제조한다.
  ㉢ 팬닝 : 팬의 55~60% 정도 반죽을 채운다.
  ㉣ 굽기 : 구운 상태는 속이 완전히 익고, 껍질색은 황금 갈색이 되어야 한다.

3 엔젤 푸드 케이크(Angel food cake)

- 엔젤 푸드 케이크는 계란의 흰자 거품을 이용한다.
- 엔젤 푸드 케이크(pH 5.2~6.0)는 케이크류에서 반죽 비중이 제일 낮다.

1 배합표 작성

재료	비율(%)
밀가루	15~18
흰자	40~50
주석산 크림	0.5~0.625
소금	0.375~0.5
설탕	30~42
Total	100

2 배합률 조절 공식

① 주석산 크림과 소금의 합이 1%가 되게 선택한다.

② 설탕의 사용량을 결정한다. 설탕＝100－(흰자＋밀가루＋주석산 크림＋소금의 양)

3 사용 재료의 특성

① 표백이 잘된 특급 박력분을 사용한다.
② 주석산 크림은 흰자의 알칼리성을 중화시켜 튼튼한 거품을 만든다.
③ 머랭과 함께 주석산 크림을 섞는 산 전처리법과 밀가루와 함께 주석산 크림을 섞는 산 후처리법을 사용한다.
④ 전체 설탕량에서 머랭을 만들 때에는 2/3를 정백당의 형태로 넣고 밀가루와 함께 넣을 때는 1/3을 분설탕의 형태로 넣는다.

4 제조 공정

① 머랭 반죽 만들기의 제조법으로 제조한다.
② 팬닝 : 틀의 60~70% 정도 반죽을 채운다.
③ 오버 베이킹(Over baking) 시 제품의 수분 손실량이 많다.

4 스펀지 케이크(Sponge cake)

1 기본 배합률

밀가루 100%, 설탕 166%, 계란 166%, 소금 2%의 비율로 만든다.

2 재료의 특성

① 연질소맥으로 제분한 박력분을 사용한다.
② 중력분 사용 시 전분(12% 이하)을 섞어 사용할 수 있다.

3 제조 공정

① 공립법, 별립법, 1단계법 중에서 선택한다.
② 팬닝은 철판 원형틀에 60% 정도 반죽을 채운다.
③ 굽기가 끝나면 즉시 팬에서 분리해야 냉각 중 과도한 수축을 막을 수 있다.

5 롤 케이크(Roll cake)

- 스펀지를 변형시킨 제품이다.
- 기본 배합인 스펀지 케이크보다 수분이 많아야 표피가 터지지 않게 된다.
- 계란 사용량이 스펀지 케이크보다 많다.

1 제조 공정

① 거품형 반죽에서 전란을 사용하여 만드는 스펀지 반죽으로 한다.
② 공립법, 별립법, 1단계법에서 선택한다.

2 롤 케이크 말기를 할 때 표면의 터짐을 방지하는 방법

① 설탕의 일부는 물엿과 시럽으로 대치한다.
② 덱스트린을 사용하여 점착성을 증가시키면 터짐이 방지된다.
③ 팽창제 사용을 줄이거나 믹싱 상태를 조절한다.
④ 노른자의 비율이 높은 경우 노른자를 줄이고 전란을 증가시킨다.
⑤ 겉면이 마르기 때문에 오버 베이킹을 하지 않는다.
⑥ 밑불이 너무 강하지 않도록 하여 굽는다.
⑦ 반죽 온도가 낮으면 굽는 시간이 길어지므로 온도가 너무 낮지 않도록 한다.
⑧ 반죽의 비중을 너무 낮지 않게 믹싱한다.
⑨ 화학 팽창제 사용을 줄인다.

6 퍼프 페이스트리(Puff pastry)

- 유지층 반죽 과자의 대표적인 제품으로 프렌치 파이라고도 한다.
- 퍼프는 반죽을 팽창시키는 한 모금의 증기 압력을 의미한다.

1 기본 배합률

밀가루 100%, 유지 100%, 물 50%, 소금 1~3%
① 밀가루 : 양질의 제빵용 밀가루(강력분)를 사용한다.
② 유지 : 가소성 범위가 넓은 제품, 신장성이 좋은 제품을 사용한다.

2 제조 공정

① 반죽 만들기 : 반죽법에는 반죽형(스코틀랜드식)과 접기형(프랑스식) 두 가지가 있다.
② 정형 : 파치를 최소화한다.
③ 굽기 : 온도는 204~213℃로 한다.
  ㉠ 굽기 시 색이 날 때까지 오븐 문을 열지 않는다(주저앉기 때문).
  ㉡ 굽는 온도가 낮으면 글루텐이 말라 신장성이 줄고 증기압이 발생해 부피가 작고 묵직해진다.
  ㉢ 굽는 온도가 높으면 껍질이 먼저 생겨 글루텐의 신장성이 작은 상태에서 팽창이 일어나 제품이 갈라진다.
④ 굽는 동안 유지가 흘러나온 원인
  ㉠ 밀어펴기를 잘못했다.
  ㉡ 박력분을 썼다.
  ㉢ 오븐의 온도가 지나치게 높거나 낮았다.
  ㉣ 오래된 반죽을 사용했다.
  ㉤ 과도한 밀어펴기를 하였다.

7 찹쌀 도넛(Sweet rice doughnuts)

찹쌀도넛(Sweet rice doughnuts)은 찹쌀가루에 중력분을 혼합하여 익반죽으로 제조하여, 중앙에 앙금을 넣고 싼 후 기름에 튀겨내는 것으로 화학팽창제를 사용하여 팽창시킨다.

1 사용 재료의 특성

① 찹쌀가루를 사용한다.
② 밀가루는 중력분을 쓴다.
③ 모든 재료에 따뜻한 물로 익반죽으로 제조한다.
④ 앙금을 싼 후 기름에 튀기는데 계속 돌리면서 튀겨내야 색도, 모양도 좋아진다.

2 제조 공정

① 익반죽으로 제조한다.
② 반죽40g, 앙금20g
③ 튀김온도 : 185~195℃
④ 튀김기에 붓는 기름의 적정깊이 : 12~15cm 정도
⑤ 마무리로는 설탕을 묻힌다.
⑥ 도넛의 주요 문제점
　　㉠ 도넛에 묻힌 설탕이나 글레이즈가 수분에 녹아 시럽처럼 변하는 발한 현상이 생길 수 있다.

글레이즈
제조 과정

　　㉡ 발한 현상의 대책
　　　ⓐ 설탕 사용량을 늘린다.
　　　ⓑ 충분히 식히고 나서 아이싱한다.
　　　ⓒ 튀김시간을 늘린다.
　　　ⓓ 점착력이 높은 튀김기름을 사용한다.
　　　ⓔ 도넛의 수분 함량을 21~25%로 한다.
　　㉢ 도넛에 기름이 많은 이유
　　　ⓐ 설탕, 유지, 팽창제의 사용량이 많았다.
　　　ⓑ 튀김시간이 길었다.
　　　ⓒ 지친 반죽이나 어린 반죽을 썼다.
　　　ⓓ 묽은 반죽을 썼다.
　　　ⓔ 튀김온도가 낮았다.

8 애플파이(Apple pie)

• 미국을 대표하는 음식으로 일명 아메리칸 파이라고 한다.
• 쇼트(바삭한) 페이스트리라고도 한다.

1 사용 재료의 특징

① 밀가루는 비표백 중력분을 쓰거나 박력분 60%와 강력분 40%를 섞어 쓰기도 한다.
② 유지는 가소성이 높은 쇼트닝 또는 파이용 마가린을 쓴다.
③ 유지의 사용량은 밀가루를 기준으로 40~80% 사용한다.
④ 착색제로는 설탕, 포도당, 물엿, 분유, 버터, 계란칠 등을 사용할 수 있고 그중 가장 적

은 양으로 착색 효과를 낼 수 있는 재료는 탄산수소나트륨(중조, 소다)이다.

2 제조 공정

① 반죽 만들기
- ㉠ 밀가루와 유지를 섞어 유지의 입자가 콩알 크기가 될 때까지 다진다(유지의 입자 크기에 따라 파이의 결이 결정된다).
- ㉡ 소금, 설탕, 분유 등을 찬물에 녹여 위의 밀가루와 유지를 섞은 것에 넣고 물기가 없어질 때까지 반죽한다.
- ㉢ 15℃ 이하의 온도에서 4~24시간 휴지시킨다.

② 필링 준비
- ㉠ 버터를 제외한 전 재료를 가열하여 풀 상태가 되게 전분을 호화시킨다.
- ㉡ 잘라 둔 사과를 버무린다.
- ㉢ 파이 껍질에 담을 때까지 20℃ 이하로 식힌다.

애플파이 제조 시 휴지하는 이유
① 반죽을 연화시켜 성형을 용이하게 한다.
② 유지와 반죽의 되기를 같게 한다.
③ 밀가루가 충분히 수화하여 글루텐을 안정시킨다.
④ 끈적거림을 방지하여 작업을 좋게 한다.

③ 성형
- ㉠ 휴지된 반죽을 파이 팬에 맞게 알맞은 두께로 밀어서 팬에 깐다(바닥용은 0.3cm, 덮개는 0.2 cm로 밀어 편다).
- ㉡ 사과 충전물을 평평하게 고르며 팬에 담는다.
- ㉢ 위 껍질을 밀어서 구멍을 낸 후 가장 자리에 잘 붙게 물을 묻혀서 덮고 테두리는 모양을 잡아 준다.
- ㉣ 윗면에 계란 노른자를 풀어 발라 껍질 색을 좋게 한다.

- ㉤ 파이 껍질(Pie crust) 성형 : 성형하기 전에 15℃ 이하에 적어도 4~24시간 저장한다.

④ 굽기

⑤ 파이의 충전물이 끓어 넘친 원인
- ㉠ 껍질에 수분이 많았다.
- ㉡ 위, 아래 껍질을 잘 붙이지 않았다.
- ㉢ 껍질에 구멍을 뚫지 않았다.
- ㉣ 오븐의 온도가 낮다.
- ㉤ 충전물의 온도가 높다.
- ㉥ 바닥 껍질이 얇다.
- ㉦ 천연산이 많이 든 과일을 썼다.

파이의 바닥 껍질이 축축한 원인
① 반죽에 유지 함량이 많을 경우
② 바닥열이 낮은 경우
③ 오븐 온도가 낮은 경우
④ 너무 얇은 바닥 반죽의 경우
⑤ 파이 바닥 반죽에 유지 함량이 많을 경우

9 쿠키(Cookie)

- 쿠키의 반죽 온도 : 18~24℃
- 포장 보관 온도 : 10℃ 정도

1 쿠키의 퍼짐을 좋게 하기 위한 조치
① 팽창제를 사용한다.
② 입자가 큰 설탕을 사용한다.
③ 알칼리 재료의 사용량을 늘린다.
④ 오븐 온도를 낮게 한다.

2 쿠키의 퍼짐이 심한 이유
① 묽은 반죽을 사용했다.
② 쇼트닝이 너무 많다.
③ 팽창제를 과다하게 사용하였다.
④ 반죽이 알칼리성이었다.
⑤ 설탕을 많이 사용하였다.

3 **쿠키의 종류**

① 반죽형 쿠키

ⓐ 드롭 쿠키

ⓐ 계란의 사용량이 많아 수분이 가장 많은 부드러운 쿠키이다.

ⓑ 종류에는 버터 스카치 쿠키, 오렌지 쿠키가 있고 짤주머니로 짜서 성형한다.

ⓐ 스냅(슈거) 쿠키

ⓐ 계란 사용량이 적으며 낮은 온도에서 오래 굽는다.

ⓑ 밀어펴서 성형기로 찍어 제조하고 식감은 찐득찐득하다.

ⓐ 쇼트 브레드 쿠키

ⓐ 스냅 쿠키와 배합이 비슷하다.

ⓑ 밀어펴서 성형기로 찍어 제조한다.

ⓒ 식감은 부드럽고 바삭바삭하다.

② 거품형 반죽 쿠키

ⓐ 스펀지 쿠키

ⓐ 계란의 전란을 사용하며 수분이 가장 많은 쿠키이다.

ⓑ 짤주머니로 짜서 성형하고 종류에는 핑거 쿠키가 있다.

ⓐ 머랭 쿠키

ⓐ 흰자와 설탕을 믹싱한 머랭으로 만든 쿠키로 낮은 온도(100℃ 이하)에서 건조시키는 정도로 굽는다.

ⓑ 아몬드 분말과 코코넛을 넣으면 마카롱이 된다.

ⓒ 성형은 짤주머니로 성형한다.

---

10 | 슈(Choux)

- 구워진 형태가 흡사 양배추 같다 하여 프랑스어로 "슈"라 부른다.
- 텅 빈 내부에 크림을 넣으므로 슈크림이라고도 한다.

- 다른 반죽과 달리 밀가루를 먼저 익힌 뒤 굽는 것이 특징이다.
- 물, 유지, 밀가루, 계란을 기본 재료로 하여 만들고 기본 재료에는 설탕이 들어가지 않는다.
- 기본배합률

재료명	비율(%)	재료명	비율(%)
중력분	100	소금	1
물	125	계란	200
버터	100	충전용 크림	500

1 **슈에 설탕이 들어갈 경우** 🍰중요

① 상부가 둥글게 된다.

② 내부의 구멍 형성이 좋지 않다.

③ 표면에 균열이 생기지 않는다.

2 **제조 공정**

① 반죽 만들기

ⓐ 물에 소금과 유지를 넣고 센 불에서 끓인다.

ⓐ 밀가루를 넣고 완전히 호화가 될 때까지 젓는다.

ⓐ 60~65℃로 냉각시킨 다음, 계란을 소량씩 넣으면서 매끈한 반죽을 만든 후 베이킹파우더를 넣고 균일하게 혼합한다.

ⓐ 평철판 위에 짠 후, 굽기 중에 껍질이 너무 빨리 형성되는 것을 막기 위해 분무, 침지시킨다.

② 굽기

ⓐ 초기에는 아랫불을 높혀 굽다가 표피가 거북이 등처럼 되고 밝은 갈색이 나면 아랫불을 줄이고 윗불을 높혀 굽는다.

ⓐ 찬 공기가 들어가면 슈가 주저앉게 되므로 팽창 과정 중에 오븐 문을 자주 여닫지 않도록 한다.

11 | 냉과

냉과는 바바루아, 무스, 푸딩, 젤리, 블라망제 등이 있다.

1 무스

① 프랑스어로 거품이란 뜻이며, 무스를 흔히 미루아르(거울)라고도 한다.
② 커스터드 또는 초콜릿, 과일 퓌레에 생크림, 젤라틴 등을 넣고 굳혀 만든 제품이다.
③ 바바루아가 발전된 것이 무스 케이크이다.
④ 바바루아와 무스에 공통적으로 사용하는 안정제는 젤라틴이다.

2 푸딩

① 계란, 설탕, 우유 등을 혼합하여 중탕으로 구운 제품이다.
② 육류, 과일, 채소, 빵을 섞어 만들기도 한다.
③ 계란의 열 변성에 의한 농후화 작용을 이용한 제품이다.
④ 설탕과 계란의 비는 1 : 2의 비로 배합한다.
⑤ 팬닝은 95%로 채운다.

각 제품들의 팬닝량

① 파운드 케이크 : 70%
② 스펀지 케이크 : 50~60%
③ 초콜릿 케이크 : 55~60%
④ 푸딩 : 95%

chapter 02

제빵 이론

01 빵류 제품 재료 혼합

1 빵의 정의

- 주재료인 밀가루, 이스트, 소금, 물을 넣고 한 덩어리의 반죽으로 만든 후 부풀려서 구운 것이다.
- 빵의 역사 : 고대 빵의 중심지는 B.C 6000~7000년경 서남아시아를 비롯하여 발효 빵의 원조인 (이스트를 넣은 빵) 이집트, 지중해 연안 등이었다.

2 빵의 기원

- 밀을 재배하게 되면서 빵과 과자의 역사가 시작되었으며, 이란 서부부터 이란 동북부에 걸친 산악지대의 사람들의 약 만 년 전 기록이 존재한다.
- 약 6천 년 전에 납작하게 구운 굳은 빵을 만들어 먹었다.
- 발효 빵은 4천 년 전에 이집트 유적에서 발견된 빵과 벽화에서 나타났다. 약 200여 가지 종류의 빵이 존재했다.

1 제빵의 역사

구분	특징
메소포타미아 BC 4000년경	• 밀의 거친 가루를 이용한 납작한 무발효빵 제조 • 곡물제조법 전파
이집트 BC 1500년경	• 고대 그림, 유물을 통해 야생효모균을 이용한 발효빵 제조
그리스 BC 1000년경	• 과실류, 우유, 치즈 등을 이용한 다양한 제빵법 발달
로마 BC 200년경	• 제빵법의 상업화 시작 • 효모를 보존할 수 있는 제빵법이 개발
중세 1500~1800	• 상업성 퇴조, 지역적인 빵만 유지 • 옥수수빵 비스킷 제조 성행
근대 1800~1940	• 전기 가스 오븐의 사용으로 대량생산과 빵의 생산증가의 계기 마련

2 우리나라 제과제빵의 역사

① 1900년대 초로 추측 : 선교사에 의해 본격적으로 소개됨. 숯불 위에 시루를 얹고 빵 반죽을 구웠다.
② 1880년 정동 구락부에서 빵을 면포, 중국말로 빵이라는 뜻으로 불렀다.
③ 카스텔라는 백설과 같이 희다 하여 "설고"라 하였다.

④ 1890년 러시아 공관 설립, 손탁 부인이 빵과 과자를 제공하였다.
⑤ 1902년 손탁 부인이 설립한 손탁호텔에서 커피와 빵을 선보였다.
⑥ 1945년 이후 일본인 기술자들의 제빵 업소는 조선인 소유, 한국 제과업계는 다양화되었다.
⑦ 1968년 삼립식품 창립. 대량생산이 시작되었다.
⑧ 1970~1980년대 한국 제과제빵업계의 성숙시기였다.
⑨ 2000년대 이후 급속도로 발전, 대형화, 고급화되는 추세가 지속되었다.
⑩ 2010년 이후 많은 제과인들이 프랑스나 일본등지의 세계 제과 선진국으로 유학을 다녀와 선진기술을 전파하였으며, 세계에 내놓아도 손색없는 제과기술을 갖게 되었고, 외식산업은 꾸준히 성장을 하고 있다.

3 빵의 분류

1 식빵류

① 산형 식빵 : 토스트 식빵
② 풀먼 식빵 : 샌드위치
③ 반스 : 햄버거 빵
④ 불란서빵 : 바게트, 하드 롤
⑤ 원 로프 식빵
⑥ 쿠퍼 식빵

2 과자빵류

① 보통 과자빵
 ㉠ 충전계(내용물) : 단팥빵, 크림빵, 잼빵
 ㉡ 비충전계 : 소보로빵, 맘모스 빵
② 단과자 빵 : 스위트 롤, 커피 케이크 등
③ 고배합 빵
 ㉠ 브리오슈 : 오뚜기 모양
 ㉡ 크루아상 : 초승달 모양
 ㉢ 데니시 페이스트리 : 냉동빵, 즉석 빵
④ 특수 빵 : 프루츠 빵, 머핀, 러스크, 찐빵, 만두, 도너츠, 크로켓, 조리 빵

3 제법의 요소

배합, 발효, 시간, 온도

4 반죽법의 종류 및 특징

1 스트레이트법 중요

모든 재료를 믹서에 넣고 믹싱을 하는 방법으로 직접법이라고도 한다.
① 제조 공정상의 특징
 ㉠ 반죽 온도 : 27℃
 ㉡ 1차 발효 : 27℃, 습도는 75~80%, 1~3시간
 ㉢ 펀치 : 발효하기 시작하여 반죽의 부피가 2~2.5배(전체 발효 시간의 2/3, 60%가 지난 때)되었을 때 반죽에 압력을 주어 가스를 뺀다.
② 장점
 ㉠ 제조 공정이 단순하다.
 ㉡ 제조장, 제조 장비가 간단하다.
 ㉢ 노동력과 시간이 절감된다.
 ㉣ 발효 손실을 줄일 수 있다.
③ 단점
 ㉠ 발효 내구성이 약하다.
 ㉡ 잘못된 공정을 수정하기 어렵다.
 ㉢ 노화가 빠르다.
④ 기본 배합

재료명	비율(%)	재료명	비율(%)
밀가루	100	물	60~64
이스트	2~3	개량제	1~2
소금	1.75~2.0	유지	3~4
설탕	4~7	분유	3~5

2 스펀지 · 도우법 중요

처음의 반죽을 스펀지(Sponge), 나중의 반죽을 본반죽(Dough)이라 하여 믹싱을 두 번하므로 중종법이라고도 한다.

① 제조 공정의 특징
　ⓐ 스펀지 만들기
　　ⓐ 믹싱 : 저속에서 4~6분
　　ⓑ 스펀지 반죽 온도 : 22~26℃(통상 24℃)
　ⓑ 스펀지 발효 : 1차 발효는 27℃, 75~80% 습도에서 3~5시간 하며, 발효가 진행되면 온도는 올라가고 pH는 떨어진다.
　ⓒ 도우 믹싱(본반죽) 만들기 : 스펀지 반죽과 본빈죽용 재료를 진부 넣고 섞는다.
　ⓓ 플로어 타임 : 반죽 시 파괴된 글루텐층을 재결합시키기 위하여 10~40분 발효시킨다.
　ⓔ 분할 이후 공정은 스트레이트법과 동일하다.
② 장점
　ⓐ 작업 공정에 대한 융통성이 있어 잘못된 공정을 수정할 기회가 있다.
　ⓑ 발효 내구성이 강하다.
　ⓒ 노화가 지연되어 제품의 저장성이 좋다.
　ⓓ 부피가 크고 속결이 부드럽다.
③ 단점
　ⓐ 발효 손실이 증가한다.
　ⓑ 시설, 노동력, 장소 등 경비가 증가한다.

3 액체 발효법 🍞 중요

이스트, 개량제, 물, 설탕, 분유 등을 섞어 2~3시간 발효시킨 액종을 만들어 사용하는 스펀지 반죽법의 변형이다. 계량 → 액체 혼합 → 액체 발효 → 배합 → 플로어 타임 → 분할의 순서를 거친다.
① 제조 공정상의 특징
　ⓐ 액종용 재료를 같이 넣고 섞는다.
　ⓑ 온도 : 30℃
　ⓒ 발효 시간 : 2~3시간 발효
　ⓓ 본반죽은 믹서에 액종과 본반죽용 재료를 넣고 반죽한다.
　ⓔ 반죽 온도 : 28~32℃
　ⓕ 플로어 타임 : 15분 정도

　ⓖ 분할 이후 공정은 스트레이트법과 동일하다.
② 장점
　ⓐ 한 번에 많은 양을 발효시킬 수 있다.
　ⓑ 공간 설비가 감소한다.
　ⓒ 발효 손실에 따른 생산 손실을 줄일 수 있다.
　ⓓ 균일한 제품 생산이 가능하다.
　ⓔ 난백질 함량이 석어 발효 내구력이 약한 밀가루로 빵을 생산하는 데에도 사용할 수 있다.
③ 단점
　ⓐ 산화제 사용량이 늘어난다.
　ⓑ 환원제, 연화제가 필요하다.

4 연속식 제빵법 🍞 중요
(최신 방법) - 편하고 대량생산 가능

① 제조 공정상의 특징
　ⓐ 액체 발효기 : 액종용 재료를 넣고 섞어 30℃로 조절한다.
　ⓑ 열교환기 : 발효된 액종을 통과시켜 온도를 30℃로 조절 후 예비 혼합기로 보낸다.
　ⓒ 산화제 용액기 : 브롬산, 인산칼륨, 이스트 푸드 등 산화제를 녹여 예비 혼합기로 보낸다.
　ⓓ 쇼트닝 온도조절기 : 쇼트닝 플레이크(조각)를 녹여 예비 혼합기로 보낸다.
　ⓔ 밀가루 급송 장치 : 액종에 사용하고 남은 밀가루를 예비 혼합기로 보낸다.
　ⓕ 예비 혼합기 : 각종 재료들을 고루 섞는다.
　ⓖ 반죽기
　ⓗ 분할기
　ⓘ 팬닝
　ⓙ 2차 발효 : 35~43℃, 85~90%, 40~60분
　ⓚ 굽기
　ⓛ 냉각

② 장점
  ㉠ 설비, 설비 공간, 설비 면적을 감소시킨다.
  ㉡ 노동력을 1/3 감소시킨다.
  ㉢ 발효 손실을 감소시킨다.
③ 단점
  ㉠ 기계 구입 비용의 부담이 크다.
  ㉡ 산화제를 많이 첨가하여 발효향이 감소한다.

5 재반죽법 🔖중요

스트레이트법의 변형으로 모든 재료를 넣고 물을 8% 정도 남겨 두었다가 발효 후 나머지 물을 넣고 반죽하는 방법이다.

① 제조 공정상의 특징
  ㉠ 믹싱 : 저속에서 4~6분 믹싱, 25~26℃로 맞춘다.
  ㉡ 1차 발효 : 2~2.5시간, 26~27℃, 습도는 75~80%
  ㉢ 재반죽 : 중속에서 8~12분 믹싱, 28~29℃로 맞춘다
  ㉣ 플로어 타임 : 15~30분 정도
  ㉤ 분할 이후 공정은 스트레이트법과 동일하다.
② 장점
  ㉠ 반죽의 기계 내성이 양호하다.
  ㉡ 스펀지 · 도우법에 비해 공정 시간이 단축된다.
  ㉢ 균일한 제품을 생산할 수 있다.
  ㉣ 식감과 색상이 양호하다.

6 노타임 반죽

① 발효에 의한 글루텐의 숙성을 산화제와 환원제의 사용으로 대신함으로써 발효 시간을 단축하여 제조하는 방법이다.
② 계량 → 배합 → 플로어 타임 → 분할의 순서를 거친다.
③ 노타임 반죽의 산화제와 환원제

산화제	환원제
브롬산칼륨 : 지효성 작용 요오드칼륨 : 속효성 작용	L-시스테인 : S-S 결합을 절단하여 글루텐 약화 프로테아제 : 단백질을 분해하는 효소

④ 반죽 온도 : 30~32℃
⑤ 장점
  ㉠ 반죽의 기계 내성이 양호하다.
  ㉡ 반죽이 부드러우며 흡수율이 좋다.
  ㉢ 제조 시간이 절약된다.
  ㉣ 빵의 속결이 치밀하고 고르다.
⑥ 단점
  ㉠ 제품의 질이 고르지 않다.
  ㉡ 맛과 향이 좋지 않다.
  ㉢ 반죽의 발효 내성이 떨어진다.
  ㉣ 제품에 광택이 없다.
  ㉤ 1차 발효가 짧아서 노화가 빠르다.

7 비상 반죽법 🔖중요

갑작스런 주문에 빠르게 대처할 때 표준 스트레이트법 또는 스펀지법을 변형시킨 방법으로 공정중 발효를 촉진시켜, 전체 공정 시간을 단축하는 방법이다.

① 비상 반죽법의 필수 조치와 선택 조치
  ㉠ 필수 조치
    ⓐ 물 사용량 : 1% 감소
    ⓑ 설탕 사용량 : 1% 감소
    ⓒ 반죽 시간 : 20~30% 증가
    ⓓ 이스트 : 2배 증가
    ⓔ 반죽 온도 : 30℃
    ⓕ 1차 발효 시간 : 15~30분
  ㉡ 선택 조치
    ⓐ 소금을 1.75%로 감축(이스트 발효에 도움)
    ⓑ 이스트 푸드 사용량 증가
    ⓒ 분유 감량
    ⓓ 식초 첨가

② 장점
　　㉠ 제조 시간이 짧아 노동력, 임금이 절약된다.
　　㉡ 비상 시 대처가 용이하다.
③ 단점
　　㉠ 노화가 쉽다.
　　㉡ 부피가 고르지 못하다.
　　㉢ 이스트 냄새가 난다.

8 찰리우드법

① 영국의 찰리우드 지방에서 고안한 기계 반죽법으로 초고속 반죽기를 이용하여 반죽하므로, 초고속 반죽법이라고도 한다.
② 화학적 발효에 따른 숙성을 대신한다.
③ 초고속 믹서로 반죽을 숙성시키므로 플로어 타임 후 분할한다.
④ 공정 시간은 줄어드나 제품의 풍미가 떨어진다.

9 냉동 반죽법 🍰중요

① 1차 발효 또는 성형 후 −40℃로 급속 냉동시켜 −20℃ 전후로 보관한 후 해동시켜 제조하는 방법이다.
② 계량 → 배합 → 발효 → 밀기 → 유지 싸기 → 접기 → 냉동실의 순서를 거친다.
③ 제조 공정상의 특징
　　㉠ 보통 반죽보다 이스트를 2배 가량 더 넣는다.
　　㉡ 비상 스트레이트법, 노타임 반죽법을 사용한다.
　　㉢ 반죽 온도 : 20℃
　　㉣ 수분 : 63% → 58%
　　㉤ 1차 발효 : 노타임 반죽법이나 스트레이트법에 따라 발효 시간, 온도를 정한다.
　　㉥ 정형
　　㉦ 냉동 저장
　　㉧ 해동
　　㉨ 2차 발효
　　㉩ 굽기

④ 장점
　　㉠ 발효 시간이 줄어 전체 제조 시간이 짧다.
　　㉡ 부피가 커지고 결과 향이 좋다.
　　㉢ 제품의 노화가 지연된다.
　　㉣ 다품종소량생산이 가능하다.
　　㉤ 운송·배달이 용이하며, 소비자 선호도가 좋다.
⑤ 단점
　　㉠ 이스트가 죽어 가스 발생력이 떨어진다.
　　㉡ 반죽이 퍼지기 쉽다.
　　㉢ 많은 양의 산화제를 사용해야 한다.
　　㉣ 가스 보유력이 떨어진다.

10 오버나이트 스펀지법 중요

① 12~24시간 발효시킨 스펀지를 이용하는 방법으로 발효 손실이 최고로 크다.
② 효소의 작용이 천천히 진행되어 가스가 알맞게 생성되고 반죽이 알맞게 발전된다.
③ 적은 이스트로 매우 천천히 발효시킨다.
④ 강한 신장성과 풍부한 발효향을 지니고 있다.

---

5 ｜ 제빵 순서

1 제빵법 결정

제빵 순서는 제빵법에 따라 달라지나 스트레이트법의 기본적인 순서는 다음과 같다.

> 제빵법 결정 → 배합표 작성 → 재료 계량 → 원료의 전처리 → 반죽(믹싱) → 1차 발효 → 분할 → 둥글리기 → 중간발효 → 정형 → 팬닝 → 2차 발효 → 굽기 → 냉각 → 슬라이스 → 포장

2 배합표 작성 🍰중요

① 배합표 작성법
　　㉠ Baker's % : 밀가루의 양을 100%로 보고 각 재료가 차지하는 양을 %로 표시한 것이다.

ⓛ True % : 전 재료의 양을 100%로 보고 각 재료가 차지하는 양을 %로 표시한 것이다.
② 배합량 계산법
　㉠ 각 재료의 무게(g)＝분밀가루 무게(g)×각 재료의 비율(%)
　㉡ 밀가루 무게(g)
$$= \frac{\text{밀가루 비율(\%)} \times \text{총 반죽 무게(g)}}{\text{총 배합률(\%)}}$$
　㉢ 총 반죽 무게(g)
$$= \frac{\text{총 배합률(\%)} \times \text{밀가루 무게(g)}}{\text{밀가루 비율(\%)}}$$

6 원료의 전처리

반죽을 만들기 전에 전처리를 한다.
① 소맥분 : 체로 쳐 준다(밀가루, 탈지분유 등).

소맥분을 체로 치는 이유
이물질 제거, 가루 분산, 신선한 공기 함유, 균일한 혼합

② 이스트 : 잘게 부수어 사용하거나 물에 녹여 사용한다.
③ 이스트 푸드 : 가루 재료에 직접 혼합하여 사용한다.
④ 물 : 반죽 온도에 영향을 미치므로 물의 온도에 유의해서 사용한다.
⑤ 우유 : 살균한 뒤 차게 해서 사용한다.

7 믹싱 중요

　밀가루, 이스트, 소금, 그밖의 재료에 물을 혼합하여 결합시켜 글루텐을 만들어 탄산가스를 보호하는 막을 형성한다.

1 믹싱 중 반죽의 숙성 과정
① 픽업 단계(Pick up stage) : 물을 먹은 상태, 반죽이 혼합되는 상태이다.
② 클린업 단계(Cleanup stage) : 반죽이 배합기에서 닦여지는 상태이다. 믹싱볼이 깨끗해지면 유지를 투입시키며, 흡수율을 높이기 위해 이 단계에서 소금을 넣기도 한다(후염법).
③ 발전 단계(Development stage) : 반죽이 최대의 탄력을 가지며, 믹서 벽 치는 소리로 알 수 있다.
④ 최종 단계(Final stage) : 완성 단계, 신장성이 최고이다.
⑤ 렛다운 단계(Let down stage) : 최종 단계를 지나 생지가 탄력성을 잃으며, 신장성이 커져 고무줄처럼 늘어지며 점성이 많아진다. 오버 믹싱, 과반죽이라고 한다. 비상법 식빵과 잉글리시 머핀, 햄버거 빵은 렛다운 단계까지 반죽한다.
⑥ 파괴 단계(Break down stage) : 글루텐이 더 이상 결합하지 못하고 끊어지는 단계이다.

2 반죽의 흡수율에 영향을 미치는 요소
① 단백질 1% 증가에 흡수율은 2% 증가한다.
② 손상 전분 1% 증가에 수분 흡수율은 2% 증가한다.
③ 클린업 단계 이후 넣으면 흡수량이 많아진다.
④ 설탕 5% 증가 시 수분 흡수율은 1% 감소한다.
⑤ 분유 1% 증가 시 수분 흡수율은 0.75~1% 증가한다.
⑥ 온도가 ±5℃ 증감함에 따라 물 흡수율은 3% 감소한다.
⑦ 물의 종류
　㉠ 연수 사용 시 : 글루텐이 약해지며 흡수량이 적다.
　㉡ 경수 사용 시 : 글루텐이 강해지며 흡수량이 많다.

3 반죽 시간에 영향을 미치는 요소

① 반죽기의 회전 속도가 느리고 반죽량이 많으면 반죽 시간이 길어진다.
② 소금을 클린업 단계에 이후에 넣으면 반죽 시간이 짧아진다.
③ 설탕량이 많으면 반죽의 구조가 약해지므로 반죽 시간이 길어진다.
④ 분유, 우유량이 많으면 단백질의 구조를 강하게 하여 반죽 시간이 길어진다.
⑤ 유지를 클린업 단계 이후에 넣으면 반죽 시간이 짧아진다.
⑥ 물 사용량이 많아 반죽이 질면 반죽 시간이 길어진다.
⑦ 반죽 온도가 높을수록 반죽 시간이 짧아진다.
⑧ pH 5.0 정도에서 글루텐이 가장 질기고 반죽 시간이 길어진다.
⑨ 밀가루 단백질의 양이 많고, 질이 좋고 숙성이 잘되었을수록 반죽 시간이 길어진다.
　㉠ 반죽 온도 조절
　　ⓐ 스트레이트법에서의 반죽 온도 계산

- 마찰계수 = (결과 온도×3) − (밀가루 온도＋실내 온도＋수돗물 온도)
- 사용할 물 온도 = (희망 온도×3) − (밀가루 온도＋실내 온도＋마찰계수)
- 얼음 사용량
$$= \frac{\text{사용할 물의 양×(수돗물 온도 − 사용할 물 온도)}}{80＋\text{수돗물 온도}}$$

　　ⓑ 스펀지법에서의 반죽 온도 계산

- 마찰계수 = (결과 온도×4) − (밀가루 온도＋실내 온도＋수돗물 온도＋스펀지 반죽 온도)
- 사용할 물 온도 = (희망 온도×4) − (밀가루 온도＋실내 온도＋마찰계수＋스펀지 반죽 온도)
- 얼음 사용량
$$= \frac{\text{사용할 물의 양×(수돗물 온도 − 사용할 물 온도)}}{80＋\text{수돗물 온도}}$$

4 밀가루 반죽의 시험 기계

① 패리노 그래프 : 글루텐의 흡수율, 글루텐의 질, 믹싱 시간을 측정하는 기계
② 익스텐소 그래프 : 반죽의 신장성에 대한 저항을 측정하는 기계
③ 아밀로 그래프 : 온도 변화에 따라 밀가루의 -아밀라아제의 효과를 측정하는 기계
④ 레오 그래프 : 반죽이 기계적 발달을 할 때 일어나는 변화를 측정하는 기계
⑤ 믹소 그래프 : 반죽하는 동안 글루텐의 발달 정도를 측정하는 기계

02 빵류 제품 반죽 발효

1 1차 발효

반죽이 완료된 후 정형 과정에 들어가기 전까지의 발효 기간을 말한다.

1 발효의 목적

① 반죽의 팽창 작용 : 탄수화물이 이스트에 의해서 탄산가스와 알코올로 전환되며, 이때 탄산가스로 인해 반죽이 팽창한다.
② 반죽의 숙성 작용 : 효소가 작용하여 반죽을 부드럽게 만든다.
③ 빵의 풍미 생성 : 발효에 의해 생성된 아미노산, 유기산, 에스테르 등을 축적하여 상품성 있는 빵으로서의 독특한 맛과 향을 부여한다.

2 1차 발효의 조건

① 발효실 온도 : 27℃
② 발효실의 습도 : 75~80%
③ 발효 시간 : 1~3시간

3 발효 중의 생화학적 변화 🍰중요

요소	생화학적 변화
단백질	프로테아제에 의해 아미노산으로 변한다.
설탕	인베르타아제에 의해 포도당＋과당으로 분해되고 포도당과 과당은 치마아제에 의해 $2CO_2$(탄산가스)＋$2C_2H_5OH$(알코올)＋66cal(유기산 생성)
전분	아밀라아제에 의해 맥아당으로 변환되고 맥아당은 말타아제에 의해 2개의 포도당으로 변한다.
반죽 온도	반죽 온도 1℃ 상승에 따라 발효 시간이 10분 단축된다.
소금량	소금이 많으면 효소 작용을 억제하기 때문에 가스 발생을 저하시킨다.
반죽의 pH	발효가 진행됨에 따라 pH 4.6으로 떨어진다.
유당	잔당으로 남아 캐러멜화 역할을 한다.
삼투압	삼투압이 상승하면 발효력은 떨어진다.

4 발효 중의 변화 🍰중요

① 이스트의 변화
 ㉠ 이스트가 발효성 탄수화물을 소비하여 산도의 저하와 글루텐의 연화 등에 영향을 준다.
 ㉡ 발효 중의 이스트는 성장, 증식하지 않지만 이스트의 사용량이 적을수록 발효 시간은 길어지고 이스트의 사용량이 많을수록 발효 시간은 짧아진다.
 ㉢ 가감하고자 하는 이스트 양
$$= \frac{\text{기존 이스트의 양} \times \text{기존의 발효 시간}}{\text{조절하고자 하는 발효 시간}}$$
② 단백질의 변화
 ㉠ 글루테닌과 글리아딘은 물과 작용하여 글루텐을 만든다.

 ㉡ 글루텐은 발효 시 이스트의 작용으로 만들어지는 가스를 최대한 보유할 수 있도록 반죽에 신장성, 탄력성을 준다.
 ㉢ 이스트의 영양원으로도 이용된다.
 ㉣ 프로테아제의 작용으로 생성된 아미노산은 당과 메일라드 반응(Maillard reaction)을 일으켜 껍질에 황금 갈색을 부여하고 빵 특유의 향을 생성한다.
③ 전분의 변화
 ㉠ 맥아나 이스트 푸드에 들어 있는 α-아밀라아제가 전분을 분해한다.
 ㉡ 전분의 분해산물에 의해 발효 촉진, 풍미와 구운 색의 개선, 노화 방지 등이 된다.

5 발효 관리

① 가스 발생력과 가스 보유력이 평형, 균형을 이루어야 한다.
② 가스 발생력 : CO_2는 이스트 대사 과정의 부산물로 생성된다.
③ 가스 보유력 : 굽기 초기 단계에서 적절한 오븐 스프링으로, 빵의 기공, 조직, 껍질 색, 부피 등이 좋아진다.

가스빼기를 하는 이유

반죽 전체의 온도를 균일하게 하여 발효 속도를 일정하게 하고, 이산화탄소를 제거하여 과다한 탄산가스 축적에 따른 나쁜 영향을 감소시키며, 산소공급으로 이스트를 활성화하여 반죽의 산화, 숙성 정도를 촉진시켜 발효 속도를 증가시킨다.

6 발효 손실

① 요인 : 반죽 온도, 발효 시간, 배합률, 발효실 온도, 발효실 습도에 따라 영향을 받는다.
② 일반 발효 중에는 1~2% 정도 손실된다.

03 빵류 제품 반죽 정형

1 분할(Dividing) 중요

1 분할의 방법

① 기계 분할
- ㉠ 기계 분할 시 반주이 손상을 줄이는 방법이다.
- ㉡ 직접 반죽법보다 중종 반죽법이 내성이 강하다.
- ㉢ 반죽의 완성 온도는 비교적 낮은 것이 좋다.
- ㉣ 밀가루의 단백질 함량이 높고 상질의 것이 좋다.
- ㉤ 반죽은 흡수량이 최적이거나 약간 단단한 것이 좋다.

② 손 분할
- ㉠ 주로 소규모 빵집에서 적당하다.
- ㉡ 기계 분할에 비해 부드럽게 할 수 있으므로 약한 밀가루 반죽의 분할에 유리하다.
- ㉢ 덧가루는 제품의 줄무늬를 만들고 맛을 변질시키므로, 가능한 적게 사용해야 한다.

2 둥글리기

1 목적 중요

① 분할된 반죽을 성형하기 적절한 상태로 만든다.
② 가스를 균일하게 분산하여 반죽의 기공을 고르게 조절한다.
③ 분할로 흐트러진 글루텐의 구조와 방향을 정돈시킨다.
④ 반죽의 절단면은 접착성을 가지므로 이것을 안으로 넣어 표면에 막을 만들어 점착성을 적게 한다.

⑤ 가스를 보유할 수 있는 반죽 구조를 만들어 준다.

2 방법

① 수동 : 분할된 반죽이 작은 경우엔 손에서 둥글리고 큰 경우엔 작업대에서 둥글리기 한다.
② 자동 : 라운더를 사용하여 빠르게 둥글리기를 하나 반죽의 손상이 많다.

3 중간발효

둥글리기가 끝난 반죽을 정형하기 전에 잠시 발효시키는 것으로 벤치 타임(Bench time)이라고도 한다.

1 목적 중요

① 분할, 둥글리기하는 과정에서 손상된 글루텐 구조를 재정돈한다.
② 가스 발생으로 반죽의 유연성을 회복시킨다.
③ 반죽의 신장성을 증가시켜 정형 과정에서의 밀어펴기를 쉽게 한다.
④ 성형할 때 끈적거리지 않게 반죽 표면에 얇은 막을 형성한다.

2 조건

① 온도 : 27~29℃
② 습도 : 75%
③ 시간 : 10~20분
④ 크기 : 1.7~2.0배 팽창

3 방법 중요

① 젖은 헝겊이나 비닐, 종이로 덮어 둔다.
② 작업대에 놓거나 발효실에 넣기도 한다.

4 | 성형(정형)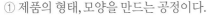

① 제품의 형태, 모양을 만드는 공정이다.
② Make up 분할 : 둥글리기 → 중간발효 → 성형 → 팬닝의 순서를 거친다.
③ 작업실 조건 : 온도는 27~29℃, 상대습도는 75% 내외로 한다.
④ 좁은 의미의 정형은 밀기 → 말기 → 봉하기 순으로 이루어진다.
⑤ 넓은 의미의 정형은 분할 → 둥글리기 → 중간발효 → 성형 → 팬닝을 말한다.

5 | 팬닝(Panning)

정형이 완료된 반죽을 팬에 채우거나 나열하는 공정으로 팬 넣기라고도 한다.

1 조건 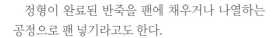

① 이음매를 팬의 바닥에 놓는다.
② 팬의 온도는 32~35℃가 적절하다.
③ 팬 오일은 발연점이 높은 것을 사용한다.
④ 팬 오일을 과도하게 사용하지 않는다.

2 팬 굽기의 목적

① 이형성을 좋게 하여 분리가 쉽도록 한다.
② 팬의 수명을 길게 한다.
③ 열의 흡수를 좋게 한다.
④ 제품의 구워진 색을 좋게 한다.

3 방법

① 틀을 마른 천으로 닦아 유분과 더러움을 제거한다.
② 물로 씻으면 안 된다.
③ 기름을 바르지 않고 철판은 280℃, 양철판은 220℃에서 1시간 굽는다.
④ 60℃ 이하로 냉각 후 이형유를 얇게 바르고 다시 굽는다.
⑤ 다시 냉각하여 기름을 바르고 보관한다.

6 | 2차 발효

성형 과정을 거치는 동안 불완전한 상태의 반죽을 발효실에 넣어 숙성시켜 좋은 외형과 식감의 제품을 얻기 위하여 제품 부피의 70~80% 까지 부풀리는 작업으로 발효의 최종 단계이다.

1 목적

① 성형에서 가스 빼기가 된 반죽을 다시 그물 구조로 부풀린다.
② 알코올, 유기산 및 그외의 방향성 물질을 생산한다.
③ 발효 산물인 유기산과 알코올이 글루텐에 작용한 결과 생기는 반죽의 신장성 증가가 오븐 팽창이 잘 일어나도록 돕는다.
④ 반죽 온도의 상승에 따라 이스트와 효소가 활성화된다.
⑤ 바람직한 외형과 식감을 얻을 수 있다.

2 제품에 따른 발효 온도, 발효 습도

상태	조건	제품
고온 고습 발효	평균 온도 35~38℃, 습도 85%	식빵, 단과자 빵
건조 발효	온도 32℃, 습도 65~70%	도너츠
고온 건조 발효	50~60℃	중화 만두
저온 저습 발효	온도 27~32℃, 습도 75%	데니시 페이스트리, 크루아상, 브리오슈, 하스 브레드

3 발효 시간

① 발효실 온도가 낮은 경우 : 시간이 지연되며, 거친 결의 제품이 된다.
② 발효실 온도가 높은 경우 : 테두리는 조직이 고우나 속은 밀집되어 좋지 않다.

③ 습도가 낮은 경우 : 마른 껍질이 형성되고, 색이 좋지 않게 된다.

④ 습도가 높은 경우 : 반죽에 수분이 응축되어 질긴 껍질이 형성되고, 껍질에 기포가 형성되어 거친 껍질이 형성된다.

⑤ 어린 반죽(발효 부족)

　㉠ 글루텐의 신장성이 불충분하여 부피가 작다.

　㉡ 껍질에 균열이 일어나기 쉽다.

　㉢ 속결은 조밀하고 조직은 가지런하지 않게 된다.

　㉣ 껍질의 색은 짙고 붉은 기가 약간 생긴다.

⑥ 지친 반죽(발효 과다)

　㉠ 당분 부족으로 착색이 나쁘고 결이 거칠다.

　㉡ 향기, 보존성도 나쁘며, 윗면이 움푹 들어간다.

2차 발효의 완료점

① 성형된 반죽의 2~4배의 부피가 된다.

② 완제품의 70~80%까지 팽창한다.

⑭ 빵류 제품 반죽 익힘

1 굽기

반죽을 가열하여 소화하기 쉬우며 향이 있는 완성 제품을 만들어 내는 것을 의미하며, 제빵 과정에서 가장 중요한 공정이라 할 수 있다.

1 목적

① 발효에 의해 생긴 탄산가스를 열 팽창시켜 빵의 부피를 갖추게 한다.

② 전분을 α화 하여 소화가 잘되는 빵을 만든다.

③ 껍질에 구운 색을 내어 맛과 향을 향상시킨다.

④ 이스트의 가스 발생력을 방지하며 각종 효소의 작용도 불활성화시킨다.

2 방법

① 처음 굽기 시간의 25~30%는 오븐 팽창 시간이다.

② 다음의 35~40%는 색을 띠기 시작하고, 반죽을 고정한다.

③ 마지막 30~40%는 껍질을 형성한다.

④ 저율 배합과 발효 과다의 반죽은 고온 단시간 굽기가 좋다.

⑤ 고율 배합과 발효 부족인 반죽은 저온 장시간 굽기가 좋다.

3 굽기의 변화

① 오븐 팽창(오븐 스프링 : Oven spring)

　㉠ 반죽 온도가 49℃에 달하면 반죽이 짧은 시간 동안 급격하게 부풀어 처음 크기의 약 1/3 정도 팽창하는 것을 말한다.

　㉡ 반죽 표면의 물방울은 방사열로 기화하기 시작하고 기화에 필요한 열을 반죽 표면에서 빼앗고 반죽 표면의 온도 상승을 억제하여 부피를 증대시킨다.

　㉢ 가스압 증가, 용해 탄산가스와 알코올이 기화된다.

　㉣ 글루텐의 연화와 전분의 호화, 가소성화가 팽창을 돕는다.

② 오븐 라이즈(Oven rise) : 반죽의 내부 온도가 아직 60℃에 이르지 않은 상태로, 여전히 이스트가 활동하여 반죽 속에 가스가 만들어지므로 반죽의 부피가 조금씩 커진다.

③ 전분의 호화

　㉠ 굽기 과정 중 전분 입자는 40℃에서 팽윤하기 시작하여 56~60℃에 이르면 유동성이 급격히 떨어진다.

ⓛ 전분의 팽윤과 호화 과정에서 전분 입자는 반죽 중의 유리수, 단백질과 결합된 물을 흡수한다.

ⓒ 전분의 호화는 주로 수분과 온도에 의해 영향을 받는다.

ⓔ 빵 속의 외부층은 좀 더 오랜 시간, 높은 온도에 노출되므로 내부의 전분보다 많이 호화되나, 열에 오래 노출되어 있는 만큼 수분 증발이 일어나 더 이상 호화할 수 없다.

④ 단백질 변성

㉠ 글루텐 막은 탄력과 신장성이 있어 탄산가스를 보유하고 유지할 수 있는데 이것이 오븐 안에서의 급격한 열팽창을 지탱하는 중요한 역할을 한다.

㉡ 오븐 온도가 74℃를 넘으면 단백질이 굳기 시작한다. 빵 속의 온도가 60~70℃에 이르면 열 변성을 일으켜 단백질의 물이 전분으로 이동하면서 전분은 호화되고, 단백질은 호화된 전분과 함께 빵의 구조를 형성하게 된다.

⑤ 효소 작용

㉠ 전분이 호화되기 시작하면서 효소가 활동을 한다.

㉡ 아밀라아제가 전분을 분해하여 반죽 전체를 부드럽게 한다.

㉢ 반죽의 팽창이 수월해진다.

㉣ 효소의 변성 온도 범위

ⓐ 이스트 : 60℃에서 불활성

ⓑ α-아밀라아제 : 65~95℃에서 불활성

ⓒ β-아밀라아제 : 52~72℃에서 불활성

⑥ 향의 생성

㉠ 주로 껍질에서 생성되어 빵 속으로 침투되고 흡수되어 형성된다.

㉡ 원인 : 사용 재료, 화학적 변화, 이스트에 의한 발효 산물, 열반응 산물 등이다.

㉢ 향에 관계하는 물질 : 알코올류, 에스테르류, 유기산류, 케톤류 등이다.

⑦ 껍질의 갈색 변화

캐러멜화와 메일라드 반응에 의하여 껍질이 진하게 갈색으로 나타나는 현상이다.

㉠ 캐러멜화 반응 : 설탕 성분이 높은 온도(160~180℃)에 의해 갈색으로 변하는 반응이다.

㉡ 메일라드 반응 : 껍질이 갈색으로 변하는 반응으로 낮은 온도에서 진행되며 캐러멜화에서 생성되는 향보다 중요한 역할을 한다.

4 굽기의 실패 원인

원인	제품에 나타나는 결과
너무 높은 오븐 온도	• 빵의 부피가 작다. • 굽기 손실도 적다. • 껍질의 색은 짙다. • 눅눅한 식감이 된다. • 과자빵은 반점이나 불규칙한 색이 나며 껍질이 분리되기도 한다.
너무 낮은 오븐 온도	• 빵의 부피가 크다. • 굽기 손실 비율도 크다. • 구운 색이 엷고 광택이 부족하다. • 껍질이 두껍다. • 퍼석한 식감이 난다. • 풍미가 떨어진다.
과량의 증기	• 오븐 팽창이 좋아 빵의 부피를 증가시킨다. • 껍질이 두껍고 질기다. • 표피에 수포가 생기기 쉽다.
부족한 증기	• 껍질이 균열되기 쉽다. • 구운 색이 엷고 광택이 없다. • 낮은 온도에서 구운 빵과 비슷하다.
부적절한 열의 분배	• 고르게 익지 않는다. • 자를 때 빵이 찌그러지기 쉽다. • 오븐 내의 팬 위치에 따라 빵의 굽기 상태가 달라진다.
팬의 간격이 가까울 때	• 열 흡수량이 적어진다. • 반죽의 중량이 450g인 경우 2cm의 간격을 유지하고 680g인 경우는 2.5cm를 유지한다.

05 빵류 제품 마무리

1 냉각 중요

- 갓 구워낸 빵을 식혀 상온의 온도로 낮추는 것을 말한다.
- 냉각 온도 : 35~40℃
- 수분 함유량 : 38%
- 냉각 손실 : 2%

1 목적

① 곰팡이, 세균의 피해를 막는다.
② 빵의 절단 및 포장을 용이하게 한다.
③ 저장성을 좋게 한다.

2 방법

① 자연 냉각 : 상온에서 냉각하는 것으로 소요 시간은 3~4시간이다.
② 터널식 냉각 : 공기 배출기를 이용한 냉각으로 소요 시간은 2~2.5시간이며, 수분 손실이 많다.
③ 공기 조절식 냉각 : 온도 20~25℃, 습도 85%의 공기에 통과시켜 90분간 냉각시키는 방법이다.

2 슬라이스

실온으로 식힌 빵을 일정한 두께로 자르거나 칼집을 내는 것을 말한다.

3 포장 중요

① 포장 온도 : 35~40℃
② 목적 : 수분 증발 방지, 미생물 오염 방지 등이다.

③ 포장 용기의 선택 시 고려 사항
  ㉠ 용기와 포장지에 유해물질이 없는 것을 선택해야 한다.
  ㉡ 포장재의 가소제나 안정제 등의 유해물질이 용출되어 식품에 옮기지 않아야 한다.
  ㉢ 세균, 곰팡이가 발생하지 않아야 한다.
  ㉣ 방수성이 있고 통기성이 없어야 한다.
  ㉤ 포장했을 때 상품의 가치를 높일 수 있어야 한다.
  ㉥ 단가가 낮고 포장에 의하여 제품이 변형되지 않아야 한다.

4 빵의 노화

① 제품의 품질이 퇴화되어 원래의 성질이 변하는 현상이다.
② 노화는 제품이 신선할 때 가장 빠르다.
③ 노화가 가장 잘 일어나는 온도 : 0~7℃(냉장 온도)
④ 노화의 원인 : 전분의 변화, 습도의 변화, 향의 손실 등이다.
⑤ 노화 지연 방법
  ㉠ 온도 -18℃ 이하 보관 또는 21~25℃ 보관
  ㉡ 당류 첨가
  ㉢ 고급지방산인 유화제 "모노글리세라이드" 계통 사용
  ㉣ 양질의 재료 사용, 제조 공정을 정확히
  ㉤ 반죽에 α- 아밀라아세를 첨가
  ㉥ 방습 포장지 사용

빵 전분의 노화 정도를 측정하는 방법 QUICK TIP
① 비스코 그래프에 의한 측정
② X-선 회전도에 의한 측정
③ 빵 속의 흡수력 측정
④ 아밀로 그래프에 의한 측정
⑤ 빵의 불투명도 측정

5 반죽의 급속동결방법

1 분할 후 둥글리기하여 동결하는 반죽
① 가능한 평평하고 작게 동결하는 반죽
② 열전달 속도가 빠른 재질을 선택해 보관
③ 가능한 재빠르게 냉동해야 한다.

2 성형하여 동결하는 반죽
① 믹싱이 끝난 직후 최종성형이 끝날 때까지 분할, 성형 시간을 가능한 단축해야 한다.
② 1회 사용분 씩 나누어 비닐에 밀봉 포장한다.

3 발효 후 동결하는 반죽
① 발효 냉동 반죽은 성형과 발효 후 냉동보관하는 방법으로 2차 발효실에 넣은 후 10~20분 발효하여 약 80% 진행 후 급속냉동한다.
② 긴 발효시간은 이스트의 손실과 냉동저장성이 줄어들어 동결 전 발효를 적당히 하여 반죽의 안정성을 증가시킨다.

4 반굽기 후 냉동하는 반죽
① 발효 후 반굽기 공정을 거친 후 냉동하는 것으로 오븐에서 꺼낸 빵의 중심 온도가 25~35℃가 되면 급속냉동시킨다.
② 냉각이 덜된 빵을 급속 냉동하면 표피가 벗겨지므로 주의해야 한다.

6 제품 평가 🍞중요

완성된 제품의 외관이나 내부를 평가하여 상품적인 가치를 평가하는 것을 말한다.

1 외부 평가 항목
껍질 색, 외형의 균형, 부피, 굽기의 균일화, 터짐성, 껍질 형성

2 내부 평가 항목
조직, 기공, 속결, 색상

3 식감 평가 항목(냄새, 맛)
① 어린 반죽과 지친 반죽으로 만든 제품 비교

항목	어린 반죽(발효, 반죽이 덜된 것)	지친 반죽(발효, 반죽이 많이 된 것)
부피	적다	크다 → 적다
껍질 색	어두운 적갈색	밝은 색깔
브레이크와 슈레드	터짐과 찢어짐이 아주 적다	커진 뒤에 작아진다
구운 상태	위, 옆, 아랫면이 모두 검다	연하다
외형의 균형	예리한 모서리, 매끄럽고 유리 같은 옆면	둥근 모서리, 움푹 들어간 옆면
껍질 특성	두껍고 질기고 기포가 있을 수 있다	두껍고 단단해서 잘 부서지기 쉽다
기공	거칠고 열린 두꺼운 세포	거칠고 열린 얇은 세포벽 → 두꺼운 세포벽
속색	무겁고 어두운 속색, 숙성이 안된 색	색이 희고 윤기가 부족
조직	거칠다	거칠다
향	생밀가루 냄새	신 냄새
맛	덜 발효된 맛	과발효된 맛

② 분유를 과다 사용했을 때 나타나는 현상
㉠ 껍질이 두껍다.
㉡ 껍질 색이 진하다.
㉢ 세포벽이 두껍다.
㉣ 모서리가 예리하다.
㉤ 브레이크와 슈레드가 적다.
③ 소금을 많이 사용했을 때 나타나는 현상
㉠ 발효 시간이 길어지고 부피가 작다.
㉡ 저장 기간이 길어진다.
㉢ 껍질은 거칠고 두껍다.
㉣ 속색은 진한 암갈색이다.
㉤ 향은 거의 없고 짜다.

7 제품의 결함과 원인 중요

1 식빵류에서 자주 발생하는 결함과 그에 대한 원인

결함	원인
껍질 색이 엷음	• 부족한 설탕 사용 • 오븐에서 거칠게 다룸 • 낮은 2차 발효실의 습도 • 부적당한 믹싱 • 효소제의 과다 사용 • 오래된 밀가루 사용 • 1차 발효 시간의 초과 • 굽기 시간의 부족 • 오븐 속 낮은 온도와 습도 • 단물(연수) 사용
껍질 색이 짙음	• 과다한 설탕 사용량 • 높은 오븐 온도 • 2차 발효실의 높은 습도
빵 속에 줄무늬 발생	• 덧가루 과다 사용 • 밀가루의 체치는 작업 생략 • 반죽 개량제의 과다 사용 • 건조한 중간발효 • 표면에 마른 스펀지 사용 • 믹싱 중 마른 재료가 고루 섞이지 않음
빵의 옆면이 찌그러진 경우	• 지친 반죽 • 오븐 열이 고르지 못함 • 팬 용적보다 넘치는 반죽량 • 지나친 2차 발효
빵의 바닥이 움푹 들어감	• 지나친 2차 발효실 습도 • 믹싱 조절의 오류 • 철판의 과도한 기름칠 • 초기 굽기의 지나친 온도 • 진 반죽 • 틀과 철판이 뜨거움
윗면이 납작하고 모서리가 날카로움	• 미숙성한 밀가루 사용 • 소금 사용량이 정량보다 많은 경우 • 지나친 믹싱 • 진 반죽 • 발효실의 높은 습도

브레이크와 슈레드 (터짐과 찢어짐)	• 발효가 부족했거나 지나치게 과다한 경우 • 단물(연수) 사용 • 효소제의 사용량이 지나치게 과다한 경우 • 이스트 푸드 사용 부족

2 과자빵류에서 자주 발생하는 결함과 그에 대한 원인

결함	원인
껍질 색이 짙음	• 질 낮은 밀가루 사용 • 낮은 반죽 온도 • 식은 반죽 • 높은 습도 • 어린 반죽
껍질 색이 엷음	• 배합 재료 부족 • 지친 반죽 • 발효 시간 과다 • 반죽의 수분 증발 • 덧가루 사용 과다
풍미 부족	• 부적절한 재료 배합 • 저율 배합표 사용 • 낮은 반죽 온도 • 낮은 오븐 온도 • 과숙성 반죽 사용 • 2차 발효실의 높은 온도

8 부패 중요

① 노화와 부패의 차이
   ㉠ 노화한 빵 : 수분의 이동, 발산 → 껍질이 눅눅해지고 빵 속이 푸석해진다.
   ㉡ 부패한 빵 : 미생물 침입 → 단백질 성분의 파괴 → 악취가 난다.
   ㉢ 보존료 : 프로피온산칼슘, 프로피온산나트륨, 솔빈산 칼륨(앙금에 주로 사용) 등이 있다.

6 제품별 제빵법

1 건포도 식빵

1 제조 공정상의 특징

① 건포도는 최종 단계에 넣는다.
② 밀어펴기할 때 건포도의 모양이 상하지 않도록 느슨하게 작업한다.
③ 당 함량이 높으므로 팬닝할 때 팬 기름을 많이 칠한다.

건포도 전처리의 목적

① 건포도의 풍미를 살려 준다.
② 씹는 촉감이 개선된다.
③ 건포도와 빵 반죽이 잘 결합하도록 한다.
④ 제품 내에서 건포도 쪽으로 수분이 이동하여 빵 내부가 건조하지 않게 한다.

2 단과자 빵

식빵 반죽보다 설탕, 계란, 유지 등을 더 많이 배합한 빵으로 크림빵, 단팥빵, 소보로빵 등이 있다.

단과자 빵의 공정상의 특징

단과자 빵은 무게가 적고 표면적이 커서 수분을 잃기 쉬워 일반 빵보다 발효할 때 온도와 습도를 높여 준다.

3 호밀빵

밀가루에 호밀 가루를 더하여 배합한 빵으로 흑빵이라 하며, 최고 90%의 호밀 가루를 섞어 만들기도 한다.

1 제조 공정상의 특징

① 호밀 가루가 많을수록 반죽 시간을 짧게 한다.
② 호밀은 신장성이 나빠 가스 세포가 찌그러지기 쉽다.
③ 1차 발효는 일반 식빵에 비해 약간 적게 발효시킨다.
④ 2차 발효는 오븐 팽창이 작으므로 팬 위로 2cm 정도 올라온 상태가 알맞다.
⑤ 반죽 온도는 25℃로 맞춘다.

곡물이 들어간 빵의 공정상의 특징

밀가루 이외의 곡물이 들어간 빵은 오븐 팽창이 작으므로 밀가루 식빵보다 2차 발효를 충분히 시킨다.

4 잉글리시 머핀

① 반죽에 사용되는 물의 양이 80~85%로 매우 진 반죽이 된다.
② 렛다운 단계까지 믹싱을 한다.
③ 이스트를 사용하여 부풀림을 주는 영국식 머핀이다.
④ 빵의 내상이 벌집 모양과 같다.
⑤ 반죽의 흐름성을 유도하기 위해 식초, 프로테아제, 사워 등을 사용한다.

5 데니시 페이스트리

① 과자용 반죽인 퍼프 페이스트리 반죽에 이스트를 넣어 발효시켜 구운 제품이다.
② 가소성이 뛰어난 롤인용 유지를 반죽 무게의 20~40% 사용한다.
③ 반죽을 1단계로 하며 반죽 온도는 18~22℃로 맞춘다.

6 프랑스빵

　일정한 모양의 틀을 쓰지 않고 바로 오븐 구움대 위에 얹어서 굽는 하스(Hearth) 브레드의 하나로 설탕, 유지, 계란을 거의 쓰지 않는 하드 브레드이기도 하다.

스팀을 분사하는 이유

① 껍질에 광택이 나게 한다.
② 껍질이 얇고 바삭하게 되도록 한다.
③ 거칠고 불규칙하게 터지는 것을 방지한다.

7 하드 롤

① 껍질이 딱딱한 빵으로 프랑스빵처럼 하드 브레드에 속하지만 약간 고배합 제품이다.
② 반죽은 40~60g 분할하여 반죽의 봉합 부분을 잘 매듭하고 표면이 매끄럽게 둥글린다.

chapter 03

기초 재료과학

01 기초과학

1 탄수화물(당질) 중요

탄소(C), 수소(H), 산소(O) 3원소로 구성된 유기화합물로 일명 당질이라고 불린다.

1 상대적 감미 비교

과당(175) > 전화당(130) > 자당(100) > 포도당(75) > 맥아당(32) > 갈락토오스(32) > 유당(16)

QUICK TIP

전화당, 이성화당, 환원당

1. 전화당
① 설탕을 가수분해하여 생긴 포도당과 과당의 혼합물이다.
② 설탕의 1.3배의 감미를 갖는다.

2. 이성화당
① 포도당액을 효소나 알칼리 처리로 포도당의 일부를 과당으로 이성화한 당액을 말한다.
② 포도당과 과당이 혼합된 액상의 감미료다.

3. 환원당
① 황산구리의 알칼리 용액을 환원하여 이산화구리를 만드는 당이다.
② 모든 단당류와 유당과 맥아당이 환원당이다.
③ 설탕은 비환원당이다.

2 당질의 분류

① 단당류의 종류 : 포도당, 과당, 갈락토오스
② 이당류의 종류 : 설탕(자당), 젖당(유당), 맥아당(엿당)
③ 다당류의 종류 : 전분, 섬유소(셀룰로오스), 펙틴, 글리코겐, 호정(덱스트린), 이눌린, 한천

3 전분(녹말)

① 전분의 호화 : 전분에 물을 넣고 가열하면 수분을 흡수하면서 팽윤되며, 점성이 커지는데 투명도도 증가하여 반투명의 α-전분의 상태가 된다.
② 전분의 가수분해 : 전분에 묽은산을 넣고 가열하면 쉽게 가수분해되어 당화된다. 또한 전분에 효소를 넣고 호화 온도(55~60℃)를 유지시켜도 쉽게 가수분해되어 당화된다.
③ 전분의 노화 : 빵의 노화는 빵 껍질의 변화, 풍미 저하, 내부 조직의 수분 보유 상태를 변화시키는 것으로, α-전분(익힌 전분), β-전분(생전분)으로 변화하는데 이것을 노화라고 한다.

2 지방(지질)

탄소(C), 수소(H), 산소(O)로 구성된 유기화합물

로 3분자의 지방산과 1분자의 글리세린(글리세롤, 3가의 알코올)이 결합되어 만들어진 에스테르, 즉 트리글리세리드이다.

1 지질의 분류

① 단순 지방 : 지방산이 C, H, O로만 구성된 단순한 지방이다.
  예 중성지방, 납(왁스) 등

② 복합 지방 : 지방산과 알코올 이외에 다른 분자가 함유된 지방이다.
  예 인지질, 당지질 등

③ 유도 지방 : 천연 지방의 일부 가수분해에 의해서 2차적으로 생성되는 지방이다.
  예 콜레스테롤, 글리세린, 에르고스테롤, 지방산 등

2 지방산의 화학적 분류 🍰 중요

① 포화지방산
  ㉠ 탄소와 탄소의 결합에 이중결합 없이 이루어진 지방산이다.
  ㉡ 물에 녹지 않고 융점이 높아 상온에선 고체이며, 산화되기 어려워 안전하다.
  ㉢ 동물성 유지에 다량 함유되어 있다.
    예 뷰티르산, 카프르산, 미리스트산, 스테아르산, 팔미트산 등

② 불포화지방산
  ㉠ 탄소와 탄소의 결합에 이중결합이 1개 이상 있는 지방산이다.
  ㉡ 산화되기 쉽고 융점이 낮으며, 상온에서 액체이며, 식물성유지에 다량 함유되어 있다.
    예 리놀레산, 리놀렌산, 아라키돈산, 올레산 등

③ 글리세린
  ㉠ 3개의 수산기(-OH)를 가지고 있어서 3가의 알코올이다.
  ㉡ 무색, 무취, 감미를 가진 시럽 형태의 액체이다.
  ㉢ 수분 보유력이 좋아 식품의 보습제로 사용된다.

  ㉣ 물에 잘 혼합되고, 향미제의 용매로서 사용된다.
  ㉤ 물과 기름의 분리를 억제하며, 식품의 색을 좋게 하는 용매제이다.

3 지방의 화학적 반응 🍰 중요

① 지방의 가수분해
  ㉠ 지방의 글리세린과 지방산의 결합이 분해되는 것이다.
  ㉡ 가수분해는 온도가 상승하면 속도가 빨라지며, 가수분해에 의해 생성된 유리지방산 함량이 높아지면 튀김기름에 거품이 일어나고 발연점이 낮아진다.

② 산패
  ㉠ 유지가 대기 중의 산소와 반응하여 냄새가 나고 색이 변하는 현상이다.
  ㉡ 대기 중에서 산화하여 산패가 되는 것을 자기 산화라 한다.

③ 산화 속도를 촉진시키는 요인
  ㉠ 이중결합 수가 많아 불포화도가 높을수록
  ㉡ 자외선
  ㉢ 금속 물질(철, 구리)
  ㉣ 높은 온도
  ㉤ 생물학적 촉매

4 항산화제

① 불포화지방산의 이중결합에서 일어나는 산화반응을 억제하는 물질이다.
  예 비타민 E(토코페롤), BHA, BHT, PG, EDTA

② 항산화제의 보완제로는 비타민 C, 구연산, 주석산, 인산 등이 있다.

5 유지의 경화

백금을 촉매제로 하여 불포화지방산의 이중결합에 수소를 첨가하여 포화지방산으로 만드는 방법이다.

6 요오드값

① 유지의 불포화도를 나타내는 지표로서, 100g의 유지에 흡수되는 요오드의 그램(g) 수를 나타내는 것이다.

② 요오드값이 클수록 불포화지방산이 많은 것이다. 또한 요오드값이 100 이하면 불건성유, 100~130 이하면 반건성유, 130 이상이면 건성유라 한다.

3 단백질 🍰 중요

• 탄소(C), 수소(H), 질소(N), 산소(O), 유황(S) 등의 원소로 구성된다.
• 질소가 단백질의 특성을 규정하는 원소이다.
• 아미노(-NH$_2$) 그룹과 카르복실기(-COOH) 그룹을 함유하는 유기산으로 이뤄진 아미노산이다.

1 단백질의 분류

① 단순단백질 : 가수분해에 의해 아미노산만이 생성되는 단백질이다.

ㄱ 종류

ⓐ 알부민 : 물이나 묽은 염류 용액에 녹으며, 열과 강한 알코올에 응고된다.

ⓑ 글로불린 : 물에 잘 용해되지 않으며 묽은 염류 용액에는 용해된다.

ⓒ 글루텔린 : 중성 용매에는 불용성이나 묽은산, 알칼리에는 가용성이며 열에 응고된다.

ⓓ 프롤라민 : 물과 중성 용매에는 불용성이지만 묽은산과 알칼리에는 녹는다(70~80%의 알코올에 용해되는 특징이 있으며, 밀의 글리아딘, 옥수수의 제인, 보리의 호르데인이 해당된다).

② 복합단백질 : 단순단백질에 다른 물질이 결합되어 있는 단백질이다.

ㄱ 종류

ⓐ 당단백질 : 탄수화물과 단백질이 결합된 화합물로 동물의 점액성 분비물에 존재한다.

ⓑ 핵단백질 : 핵산을 함유한 단백질로 세포의 활동을 지배하는 세포핵을 구성하는 단백질이다.

ⓒ 색소단백질 : 발색단을 가지고 있는 단백질 화합물로 일명 크로모 단백질이라고 한다.

ⓓ 금속단백질 : 철, 구리, 아연, 망간 등과 결합한 단백질로 호르몬의 구성 성분이 된다.

③ 유도단백질 : 효소, 산, 알칼리, 열 등의 적절한 작용제에 의한 분해로 얻어지는 단백질의 제1차, 제2차 분해산물이다.

ㄱ 종류

ⓐ 메타단백질 : 제1차 분해산물로 물에는 불용성이며 묽은산과 알칼리액에는 가용성이다.

ⓑ 프로테오스 : 메타단백질보다 가수분해가 더 많이 진행된 분해산물로 수용성이나 열에는 응고되지 않는다.

ⓒ 펩톤 : 펩티드 직전의 분자량이 적은 분해산물로 수용성이며 교질성이 없다.

ⓓ 펩티드 : 2개 이상의 α-아미노산이 펩티드 결합으로 연결된 형태의 화합물이다. 다수의 펩티드 결합으로 된 것을 폴리펩티드라고 한다.

4 효소 🍰 중요

• 유기화합물인 단백질로 구성된다.
• 생물체 속에서 일어나는 유기화학반응의 촉매 역할을 한다.
• 단백질로 구성되어 있으므로 온도, pH, 수분 등의 영향을 받는다.

1 효소의 분류

① 탄수화물 분해효소
　㉠ 이당류 분해효소
　　ⓐ 인베르타아제 : 설탕을 포도당과 과
당으로 분해한다.
　　ⓑ 말타아제 : 장에서 분비, 엿당(맥아
당)을 포도당 2분자로 분해한다.
　　ⓒ 락타아제 : 소장에서 분비하며, 유당
(젖당)을 포도당과 갈락토오스로 분
해한다.
　㉡ 다당류 분해효소
　　ⓐ 아밀라아제 : 전분이나 글리코겐과
같이 α-결합을 한 다당류를 분해한다.
　　ⓑ 셀룰라아제 : 섬유소를 분해한다.
　　ⓒ 이눌라아제 : 이눌린을 과당으로 분
해한다.
　㉢ 산화효소
　　ⓐ 치마아제 : 치마아제는 포도당, 갈락
토오스, 과당과 같은 단당류를 알코
올과 이산화탄소로 분해시키는 효소
로 제빵용 이스트에 있다.
　　ⓑ 퍼옥시디아제 : 카로틴계의 황색 색
소를 무색으로 산화시킨다.
② 지방 분해효소
　㉠ 리파아제 : 지방을 지방산과 글리세린으
로 분해한다.
　㉡ 스테압신 : 췌장에 존재하며, 지방을 지
방산과 글리세린으로 분해한다.
③ 단백질 분해효소
　㉠ 프로테아제 : 단백질을 펩톤, 폴리펩티
드, 펩티드, 아미노산으로 분해한다.
　㉡ 펩신 : 위액 속에 존재하는 단백질 분해
효소이다.
　㉢ 트립신 : 췌액의 한 성분으로 분비된다.
　㉣ 레닌 : 단백질을 응고시키며, 소, 양 등의
위액에 존재한다.
　㉤ 펩티다아제 : 췌장에 존재하는 단백질
분해효소이다.
　㉥ 에렙신 : 장액에 존재하는 단백질 분해
효소이다.

02 재료과학

1 밀가루

1 밀의 구조

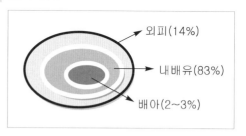

2 제분의 정의

밀의 내배유로부터 껍질, 배아 부위를 분리하고
내배유 부위를 부드럽게 만들어 전분이 손상되지
않게 고운 가루로 만드는 것이고, 이러한 공정이 이
루어지는 제분 공정을 템퍼링(조질)이라고 한다.

3 밀의 종류

① 강력분 : Spring red hard wheal(경춘밀) 즉,
봄에 파종하고 밀알의 색은 적색을 띠고 밀
알이 단단하다.
② 박력분 : Winter white soft wheal(연동밀)
즉, 겨울에 파종하고 밀알의 색은 흰색을
띠고 밀알이 부드럽다.
　㉠ 제품별 분류기준 : 단백질 함량

제품 유형	단백질 함량(%)	용도
강력분	11.5~13.0	빵용
중력분	9.1~10.0	우동, 면류
박력분	7~9	과자용
듀럼분	11.0~12.5	스파게티, 마카로니

ⓛ 등급별 분류기준 : 회분 함량

등급	회분 함량(%)	효소 활성도
특등급	0.3~0.4	아주 낮다
1등급	0.4~0.45	낮다
2등급	0.46~0.60	보통
최하등급	1.2~2.0	아주 높다

4 밀가루의 성분

① 단백질은 밀가루로 빵을 만들 때 품질을 좌우하는 가장 중요한 지표로 여러 단백질들 중에서 글리아딘과 글루테닌이 물과 결합하여 글루텐을 만든다.

② 탄수화물은 밀가루 함량의 70%를 차지하며, 대부분은 전분이고 나머지는 덱스트린, 셀룰로오스, 당류, 펜토산이 있다.

③ 지방 : 밀가루에는 1~2%가 포함되어 있다.

④ 회분 : 광물질을 회분이라 하며 주로 껍질(밀기울)에 많으며, 함유량에 따라 정제 정도를 알 수 있으며, 껍질 부위가 적을수록 회분이 적다. 회분 함량은 0.4~0.5%이다. 제분율(%)이 동일할 경우 회분 함량은 경질소맥이 연질소맥보다 높으며, 회분 함량이 높을수록 저급 밀가루로 평가한다.

⑤ 수분 : 10~14% 정도 존재한다.

⑥ 효소 : 전분을 분해하는 아밀라아제와 단백질을 분해하는 프로테아제가 있다.
  ㉠ 전분-덱스트린(α-아밀라아제, 액화효소)
  ㉡ 전분-맥아당(β-아밀라아제, 당화효소)

밀의 아밀라아제

밀에 있어서 α-아밀라아제의 활성은 아주 낮고, β-아밀라아제는 밀의 숙성 중 점차 증가한다.

5 밀가루 개량제

① 표백제란 갓 빻은 밀가루는 내배유 속의 카로티노이드계 색소로 인해 크림색을 띠는데, 이것을 탈색하는 것으로 표백제의 종류로는 과산화벤조일, 산소, 과산화질소, 이산화염소, 염소 가스 등이 있다.

② 영양 강화제란 비타민, 무기질 등 밀가루에 부족한 영양소를 보강해 주는 물질이다.

③ 밀가루 숙성제란 브롬산칼륨, ADA(아조디카본아미드), 비타민 C와 같이 표백 작용 없이 숙성제로만 작용한다.
  ㉠ 물리적 방법
    ⓐ 아밀로 그래프 : 밀가루의 α-아밀라아제 활성 측정 기구(전분의 질 측정)
    ⓑ 패리노 그래프 : 글루텐 질 측정, 흡수율, 배합 시간, 배합 내구성 측정 기구
    ⓒ 익스텐소 그래프 : 반죽의 신장성 측정 기구
    ⓓ 믹카엘 점도계 : 박력분의 제과 적성 측정 기구
    ⓔ 믹서트론 : 패리노 그래프와 거의 비슷하며, 믹싱 타임, 흡수량 교정 가능
  ㉡ 밀가루 저장 조건
    ⓐ 청결한 곳
    ⓑ 통풍이 잘되고 건조한 곳
    ⓒ 쥐류의 서식이 없는 곳
    ⓓ 냄새가 없는 곳
    ⓔ 온도 : 18~24℃, 습도 : 55~65%

2 기타 가루

1 호밀 가루

① 단백질이 밀가루와 양적인 차이는 없으나 질적인 차이가 있다.

② 글리아딘과 글루테닌은 밀 전체 단백질의 90%이고 호밀은 25%이다. 그래서 탄력성과 신장성이 나쁘기 때문에 밀가루와 섞어 사용한다.

③ 호밀 가루의 특징
  ㉠ 글루텐 형성 단백질이 밀가루보다 적다.
  ㉡ 펜톤산 함량이 높아 반죽을 끈적거리게 하고 글루텐의 탄력성을 약화시킨다.
  ㉢ 칼슘과 인이 풍부하고 영양가도 높다.
  ㉣ 호밀빵을 만들 땐 산화된 발효종이나 사워종을 사용하면 좋다.

2 활성 밀 글루텐

밀가루에서 단백질을 추출하여 만든 미세한 분말로 연한 황갈색이며 부재료로 인해 밀가루가 상당히 희석될 때 사용한다.

3 젖은 글루텐 반죽과 밀가루의 글루텐 양 🍰중요

밀가루와 물을 2 : 1로 섞어 반죽한 후 물로 전분을 씻어 낸 글루텐 덩어리를 젖은 글루텐 반죽이라고 한다. 이 젖은 글루텐 반죽의 중량을 알면 밀가루의 글루텐 양을 알 수 있다.

젖은 글루텐 함량(%)=(젖은 글루텐 반죽의 중량 ÷ 밀가루 중량)×100

건조 글루텐 함량(%)=젖은 글루텐 함량(%) ÷ 3

3 이스트

효모라고 불리며 출아 증식을 하는 단세포 생물로 반죽 내에서 발효하여 탄산가스와 알코올, 유기산을 생성하여 반죽을 팽창시키고 빵의 향미 성분을 부여한다.

1 이스트의 종류 🍰중요

① 압착 생이스트 : 수분 70~75%, 고형분 25~30%
② 건조 이스트
  ㉠ 수분 : 8~10%
  ㉡ 장점 : 균일성, 편리성, 정확성, 경제성

㉢ 사용법 : 온도가 40~45℃인 이스트 양의 4배의 물에 5~10분 수화시킨 후 사용한다.

2 이스트의 구성 성분

① 수분 : 68~83%
② 단백질 : 11.6~14.5%
③ 회분 : 1.7~2.0%
④ 인산 : 0.6~0.7%
⑤ pH : 5.4~7.5
⑥ 발육의 최적 온도 : 28~32℃

3 이스트에 들어 있는 효소

말타아제	맥아당을 2분자의 포도당으로 분해시켜 지속적인 발효가 진행되게 한다.
인베르타아제	자당을 포도당과 과당으로 분해시킨다.
치마아제	포도당과 과당을 분해시켜 탄산가스와 알코올을 만든다.
프로테아제	단백질을 분해시켜 펩티드, 아미노산을 생성한다.
리파아제	세포액에 존재하며, 지방을 지방산과 글리세린으로 분해한다.

4 이스트의 번식 조건

① 양분 : 당, 질소, 무기질
② 공기 : 호기성으로 산소가 필요
③ 온도 : 28~32℃
④ 산도 : pH 4.5~4.8

5 취급과 저장 시 주의할 점 🍰중요

① 48℃에서 파괴가 시작되므로 너무 높은 물과 직접 닿지 않도록 주의한다.
② 소금, 설탕과 직접 닿지 않도록 한다.
③ 사용 후 밀봉 용기에 옮겨 5℃ 정도의 냉장고에서 보관한다.

6 이스트 사용량과 관계되는 사항 🍰 중요

① 설탕 또는 소금의 사용량이 많은 경우 사용량을 증가
② 반죽의 온도가 낮은 경우 사용량을 증가
③ 분유 사용량이 많은 경우 사용량을 증가
④ 물이 경수이거나 알칼리성인 경우 사용량을 증가
⑤ 자연 효모와 병행 사용하는 경우 사용량 감소
⑥ 발효 시간을 지연시킬 때 사용량 감소

4 계란

1 계란의 구성 🍰 중요

구 분	수분(%)	고형질(%)	중량(%)
전란	75	25	100
흰자	88	12	60
노른자	50	50	30
껍질	0	0	10

2 성분

① 흰자 : 콘알부민으로 이루어져 있다.
② 노른자 : 레시틴(유화제), 트리글리세리드, 인지질, 콜레스테롤, 카로틴, 지용성비타민 등으로 이루어져 있다.
③ 껍질 : 대부분 탄산칼슘으로 구성되어 있고 세균 침입을 막는 큐티클로 싸여 있다.

콘알부민 QUICK TIP

철과 결합 능력이 강해서 미생물이 이용하지 못하는 항세균 물질이다.

3 계란의 신선도 측정 🍰 중요

① 난백 계수 : 흰자의 높이 ÷ 흰자의 지름＝0.3~0.4 혹은 0.3~0.4×1,000＝300~400

② 난백 계수가 0.4 혹은 400일 때가 가장 신선하다.
③ 흔들어 보았을 때 소리가 나지 않는다.
④ 껍질이 거칠고 윤기가 없다.
⑤ 6~10%의 소금물에 넣었을 때 가라앉는다.

4 계란의 역할

① 기포성
  ㉠ 흰자의 단백질에 의해 거품이 일어나는 성질이다.
  ㉡ 기포성을 응용한 제품에는 무스, 머랭, 스펀지 케이크 등이 있다.
② 열 응고성
  ㉠ 계란 단백질이 열에 의해 응고되어 농후화제의 역할을 한다.
  ㉡ 열 응고성을 응용한 제품에는 슈, 머랭, 마카롱, 버터케이크 등이 있다.
③ 유화성
  ㉠ 노른자의 인지질인 레시틴이 유화제 작용을 한다.
  ㉡ 유지를 골고루 반죽에 분산시키는 역할을 한다.
  ㉢ 대표적인 제품에는 버터케이크, 마요네즈, 아이스크림 등이 있다.
④ 영양성 : 양질의 단백질원으로 단백가가 100인 완전식품이다.

5 물

1 기능

원료를 분산시키고 글루텐을 형성시키며 반죽의 되기와 온도를 조절한다.

2 종류

① 연수 : 빗물(단물 : 빨래에 적합)
② 경수 : 센물
③ 알칼리수, 산성수, 염수, 흙탕물

3 경도에 따른 물의 분류

칼슘염과 마그네슘염을 탄산칼슘으로 환산한 양을 ppm으로 표시한다.
- ① 경수(180ppm 이상)
  - ㉠ 센물이라고도 하며, 광천수, 바닷물, 온천수가 해당된다.
  - ㉡ 반죽에 사용하면 질겨지고 발효 시간이 길어진다.
  - ㉢ 경수 시 조치 사항 : 이스트 사용량 증가, 맥아 첨가, 이스트 푸드 양 감소, 급수량 증가
  - ㉣ 경수의 종류
    - ⓐ 일시적 경수 : 칼슘염과 마그네슘염이 가열에 의해 탄산염으로 침전되어 연수가 되는 물
    - ⓑ 영구적 경수 : 황산이온이 들어 있어 끓여도 연수가 되지 않는 물
- ② 연수(60ppm 이하)
  - ㉠ 단물이라고 하며 빗물, 증류수가 해당된다.
  - ㉡ 반죽에 사용하면 글루텐을 연화시켜 연하고, 끈적거리게 한다.
  - ㉢ 연수 사용 시 조치 사항
    - ⓐ 반죽이 끈적거리므로 2% 정도 흡수율을 낮춘다.
    - ⓑ 가스 보유력이 적으므로, 이스트 푸드와 소금을 증가시킨다.
- ③ 아연수(61~120ppm 미만)
- ④ 아경수(120~180ppm 미만) : 제빵에 가장 좋다.

자유수와 결합수 QUICK TIP
- ① 자유수 : 분자와의 결합이 약해서 쉽게 이동이 가능한 물이다.
- ② 결합수 : 토양이나 생체 속에서 강하게 결합되어 쉽게 제거할 수 없는 물이다.

---

6 소금

1 소금의 개요
- ① 나트륨과 염소의 화합물로 염화나트륨(NaCl)이라 한다.
- ② 제빵용 식염으로는 염화나트륨에 탄산칼슘과 탄산마그네슘의 혼합물이 1% 정도 함유된 것이 좋다.
- ③ 칼슘은 제빵 개량 효과가 있고, 마그네슘은 반죽의 내구성을 증가시킨다.

2 제빵에서 소금의 역할
- ① 설탕의 감미와 작용하여 풍미를 증가시킨다.
- ② 잡균의 번식을 억제시킨다.
- ③ 글루텐의 힘을 좋게 한다.
- ④ 빵 내부를 누렇게 한다.
- ⑤ 글루텐 막을 얇게 하여 기공을 좋게 한다.
- ⑥ 이스트의 발효를 억제함으로써 발효 속도를 조절하여 작업 속도를 조절한다.
- ⑦ 껍질 색을 조절한다.

7 감미제

제과·제빵에서 배놓을 수 없는 기본 재료로 단맛을 제공하며, 영양소, 안정제, 발효 조질제의 역할을 한다.

1 설탕(자당, Sucrase)

사탕수수나 사탕무의 즙액을 농축하고 결정화시켜 원심 분리하면 원당과 제1당밀이 되는데 원당으로 만드는 당류를 설탕이라 한다.
- ① 정제당 : 원당 결정 입자에 붙어있는 당밀과 불순물을 제거하여 만든 순수한 자당을 말한다. 입상형 당, 분당, 변형 당 등이 있다.
- ② 액당 : 자당 또는 전화당이 물에 녹아있는 시럽을 말한다.

③ 전화당 : 자당을 산이나 효소로 가수분해하여 생성된 혼합물로 같은 양의 포도당과 과당이 들어 있다.

④ 황설탕 : 약과, 약식, 캐러멜 색소의 원료로 사용한다.

⑤ 분당 : 설탕의 분말로 3%의 전분을 혼합하여 덩어리가 생기는 것을 방지한다.

2 포도당(Glucose)

① 전분을 가수분해하여 만든다.

② 정제 포도당은 흰색의 결정형 제품으로 감미도가 설탕 100%에 대하여 75% 정도이다.

③ 이스트의 영양원이며, 이당류인 설탕보다 좋은 효과를 지닌다.

④ 제품의 촉촉함을 유지시키며, 유연성과 탄력성을 높인다.

포도당이 빵에 미치는 영향

① 당의 발효성 : 이스트 발효를 빠르게 하여 발효가 왕성해진다.

② 생지의 안정성 증대 : 글루텐의 가스 보존력이 안전성에 기여한다.

③ 감미 부여

④ 색상 및 향미 부여

3 물엿(Corn syrup)

① 전분을 산 또는 효소로 가수분해하여 만드는 제품이다.

② 포도당, 맥아당, 다당류, 덱스트린, 물이 섞여 있는 점성이 있는 끈끈한 액체이다.

③ 설탕에 비해 감미도는 낮지만 점성, 보습성이 좋아 제품의 조직을 부드럽게 할 목적으로 쓰인다.

4 맥아(Malt)

① 맥아는 발아시킨 낟알로 효소 아밀라아제가 전분을 맥아당으로 분해하여 이스트 발효가 촉진된다.

② 맥아당은 엿기름이나 발아한 보리 중에 함유되어 있으며 설탕과 다른 맛을 제공한다.

5 맥아 시럽(Malt syrup)

① 맥아분에 물을 넣고 가온하여 탄수화물 분해효소, 단백질 분해효소, 맥아당, 가용성 단백질, 광물질, 기타 맥아 물질을 추출한 액체로 물엿에 비해 흡습성이 적다.

② 제품의 보습을 위해 사용한다.

맥아를 사용하는 목적

① 가스 생산을 증가시킴

② 껍질 색상 개선

③ 완제품 향미 부여

④ 제품의 내부 수분 함량 증가

6 당밀

① 사탕수수 정제 공정의 1차 산물로 원당과 당밀이 나온다.

② 럼주는 당밀을 발효시켜서 만든 술이다.

7 유당(젖당)

① 우유나 분유에 들어있으며 이스트에 의해 발효되지 않고 잔류 당으로 남아 이 잔당은 갈변반응을 일으켜 껍질 색을 진하게 한다.

② 결정화가 빠르다.

8 메일라드 반응과 캐러멜화 반응 중요

① 메일라드 반응(Mailard reaction, 갈변 반응)
   ㉠ 아미노산과 환원당이 가열에 의해 반응하여 갈색으로 변하는 현상이다.
   ㉡ 비환원당인 설탕에서는 반응이 나타나지 않는다.

② 캐러멜화 반응(Caramelization) : 당을 고온에서 가열하면 착색 물질이 갈색으로 변하는 현상이다.

단당류	이당류	시럽류
포도당 과당 갈락토오스	자당 : 포도당+과당 맥아당 : 포도당+포도당 유당 : 포도당+갈락토오스	꿀과 과당에 많다 물엿 당밀, 옥수수 전분 시럽 맥아 시럽, 조청 전화당

9 기타 감미제

① 캐러멜 색소 : 설탕류를 가열하여 만든 암갈색의 무정형물질로 감미제보다는 착색제로 많이 쓰인다.

② 아스파탐(Aspatame) : 아스파트산과 페닐알라닌, 아미노산 2종류가 결합되어 이루어진 감미료로 감미도는 설탕의 200배이다. 주로 청량음료, 가열 조리가 필요하지 않은 껌, 저가당 식품 등에 사용된다.

③ 올리고당(Oligosaccharide) : 포도당 1개에 과당이 2~4개 결합된 3~5당류로 감미도는 설탕의 30% 정도이며 장내 비피더스균의 증식 인자로 알려져 있다.

④ 이성화당(Isomerized sugar) : 포도당의 일부를 과당으로 이성화시켜 과당과 포도당이 혼합된 당으로 고과당, 물엿 등이 있으며 시럽 상태가 많다.

⑤ 꿀(Honey) : 감미도가 높고 독특한 향이 있으며 수분 보유력이 좋아 제과 제품에 많이 쓰인다.

⑥ 전분당 : 선분을 가수분해하여 얻는 당을 가리키며, 물엿, 포도당, 이성화당, 맥아당 등이 있다.

8 유지류 🌾 중요

1 유지의 종류

① 버터(Butter)

㉠ 순수 우유 지방으로부터 제조하며, 수분 함량은 16% 내외이다.

㉡ 유지에 물이 분산되어 있고 독특한 향과 풍미를 낸다.

㉢ 구성 성분

ⓐ 우유 지방 : 80~85%

ⓑ 수분 : 14~17%

ⓒ 소금 : 1~3%

ⓓ 카세인, 단백질, 유당, 광물질을 합쳐 1%

㉣ 비교적 융점이 낮고 가소성 범위가 좁다.

㉤ 버터의 독특한 향미 성분은 디아세틸(Diacetyl)이다.

② 마가린(Margarine)

㉠ 버터 대용품으로 대두유, 면실유 등 식물성유지로 만든다.

㉡ 구성 성분

ⓐ 지방 : 80%

ⓑ 우유 : 16.5%

ⓒ 소금 : 3%

ⓓ 유화제 : 0.5%

ⓔ 향료, 색소 약간

㉢ 버터에 비해 가소성, 유화성, 크림성이 크다.

③ 라드(Lard)

㉠ 돼지의 지방조직을 분리해서 정제한 지방으로 품질이 일정하지 않고 보존성이 떨어진다.

㉡ 쇼트닝가를 높이기 위해 빵, 파이, 쿠키, 크래커에 사용된다.

㉢ 풍미가 좋고 가소성 범위가 넓다.

㉣ 크림성과 산화 안정성이 낮다.

④ 쇼트닝(Shortening)

㉠ 라드의 대용품으로 동·식물성유지에 수소를 첨가하여 경화유로 제조한다.

㉡ 통상 고체 및 액체 쇼트닝으로 사용한다.

㉢ 케이크 반죽의 유동성, 기공과 조직, 부피, 저장성을 개선한다.

㉣ 유화제 사용으로 공기 혼합 능력이 크고 유연성과 노화 지연 능력이 크다.

㉤ 유화 쇼트닝은 많은 수분과 설탕을 사용하여 고운 기공, 부드러운 속결과 수분 보유가 좋은 제품을 만들기 위해 만들어

진 것으로 모노글리세리드나 디글리세리드와 같은 유화제가 6~8% 결합되어 있다.

⑤ 튀김기름(Flying fat)
  ㉠ 튀김온도 : 180~195℃, 유리지방산이 0.1% 이상이 되면 발연 현상이 발생한다.
  ㉡ 튀김기름의 4대 적 : 온도, 수분, 공기, 이물질
  ㉢ 튀김기름이 갖추어야 할 요건
    ⓐ 열을 잘 전달하며, 불쾌한 냄새가 나지 않아야 한다.
    ⓑ 제품이 냉각되는 동안 충분히 응결되어야 한다.
    ⓒ 엷은 색을 띠며 발연점이 높아야 한다.

QUICK TIP

기름의 종류에 따른 발연점

땅콩기름 : 162℃, 올리브유 : 175℃, 라드 : 194℃, 면실유 : 223℃

    ⓓ 산가가 낮아야 한다.
    ⓔ 여름에는 융점이 높고 겨울에는 융점이 낮아야 한다.

2 유지의 화학적 반응

① 가수분해 : 유지가 가수분해 과정을 통해 모노글리세리드, 디-글리세리드와 같은 중간 산물을 만들고, 결국 지방산과 글리세린이 되는 것이다.
② 산패 : 유지를 공기 중에 오래 두었을 때 산화되어 불쾌한 냄새가 나고 맛이 떨어지며 색이 변하는 현상이다.

3 유지의 안정화

① 항산화제(산화방지제)
  ㉠ 산화적 연쇄반응을 방해함으로써 유지에 안정 효과를 갖게 하는 물질이다.
  ㉡ 식품첨가용 항산화제 : 비타민 E, PG(프로필갈레이트), BHA, BHT, NDGA, EDTA, 구아검 등이 있다.
  ㉢ 항산화제 보완제 : 비타민 C, 구연산, 주석산, 인산 등은 항산화제와 같이 사용하면 항산화 효과를 높일 수 있다.
② 수소 첨가 : 지방산의 이중결합에 니켈을 촉매로 수소를 첨가시켜 지방의 불포화도를 감소시켜 유지의 융점을 높이고 유지를 단단하게 하는 현상을 경화라 한다.

4 제과·제빵용 유지의 특성과 성질

① 크림성 : 유지가 믹싱 조작 중 공기를 포집하는 성질
  예 버터크림, 크림법으로 제조하는 케이크 등
② 가소성 : 유지가 상온에서 고체 모양을 유지하는 성질
  예 퍼프 페이스트리, 데니시 페이스트리, 파이 등
③ 안정성 : 지방의 산화와 산패를 장기간 억제하는 성질
  예 유통기간이 긴 쿠키와 크래커, 튀김기름, 팬 기름, 유지가 많이 들어가는 건과자 등
④ 유화성 : 유지가 물을 흡수하여 보유하는 성질
  예 레이어 케이크류, 파운드 케이크와 같이 고율 배합의 제품
⑤ 쇼트닝성 : 빵, 과자 제품에 부드러움과 바삭함을 주는 성질
  예 식빵, 크래커 등
⑥ 유리지방산가
  ㉠ 1g의 유지에 들어있는 유리지방산을 중화하는 데 필요한 수산화칼륨의 mg을 %로 표시한 것이다.
  ㉡ 유지의 가수분해 정도를 나타내는 지수로 유지의 질을 판단한다.
⑦ 검화가 : 유지 1g을 검화하는 데 필요한 KOH(수산화칼륨)의 mg의 수를 검화가라고 한다.

9 │ 유제품

1 우유의 특징

① 수분 87.5%, 고형분 12.5%로 이루어져 있다.
② 단백질 3.4%, 유당 4.75%, 유지방 3.65%, 회분 0.7%가 들어 있다.
③ 비중은 1.02~1.03이며, 산도는 pH 6.6이다.

QUICK TIP

우유의 살균법 및 오염

1. 우유의 살균법
① 저온 장시간 살균법 : 61~65℃에서 30분간 가열
② 고온 단시간 살균법 : 70~75℃에서 15초간 가열
③ 초고온 순간 살균법 : 130~150℃에서 2~3초간 가열

2. 우유의 오염
오염된 우유 섭취 시 발생할 수 있는 인수공통감염병에는 결핵, 파상열(브루셀라증), Q열 등이 있다.

---

2 유제품의 종류

① 시유 : 음용하기 위해 가공된 액상 우유이다.
② 농축 우유 : 우유의 수분 함량을 감소시켜 고형질 함량을 높인 것으로 연유나 생크림도 농축 우유의 일종이다.
③ 분유 : 우유의 수분을 제거하여 분말 상태로 한 것으로 전지분유, 탈지분유, 가당분유, 조제분유 등이 있다.
④ 유장
  ㉠ 우유에서 유지방, 카세인을 분리하고 남은 제품으로 유당이 주성분이며 건조시키면 유장 분말이 된다.
  ㉡ 유장에 탈지분유, 밀가루, 대두분을 혼합하여 탈지분유의 흡수력, 기능 등을 유사하게 만든 대용 분유도 유통되고 있다.
⑤ 요구르트 : 우유나 그밖의 유즙에 젖산균을 넣어 카세인을 응고시킨 후 발효, 숙성시켜 만든다.
⑥ 치즈 : 우유나 그밖의 유즙에 효소 레닌을 넣어 카세인을 응고시킨 후 발효, 숙성시켜서 만든다.
⑦ 연유 : 우유를 농축시킨 것이다.
  ㉠ 가당연유 : 우유에 40%의 설탕을 첨가하여 약 1/3의 부피로 농축시킨 것이다.
  ㉡ 무당연유 : 우유를 그대로 1/3 부피로 농축시킨 것으로 설탕을 넣지 않고 물을 첨가하여 3배 용적으로 하면 우유와 같이 된다.

10 │ 이스트 푸드(Yeast food) ◀중요▶

1 기능

① 반죽 조절제 : 반죽의 물리적 성질을 좋게 하기 위해 산화제와 효소제를 사용한다.
  ㉠ 산화제 : 반죽의 글루텐을 강화 - 브롬산칼륨, 아스코르브산(비타민 C), 아조디카본아미드(ADA), 요오드칼륨 등
  ㉡ 효소제 : 반죽의 신장성을 강화 - 아밀라아제, 프로테아제 등
  ㉢ 환원제 : 글루텐을 연화시킴
  예 시스테인, 글루타티온 등
② 물 조절제 : 물의 경도를 조절하여 제빵성을 향상시킨다.
  예 황산칼슘, 인산칼슘, 과산화칼슘 등
③ 이스트에 영양 공급 : 이스트의 영양원인 질소를 공급한다.
  예 염화암모늄, 황산암모늄, 인산암모늄 등
④ 반죽의 pH 조절 : 반죽은 pH 4~6 정도가 가스 발생력과 가스 보유력이 좋다.
  예 효소제, 산성인산칼슘 등

2 개량제의 요약

분류	소명제	사용 목적	효과
발효 촉진제	암모늄염, 칼슘염	발효 조성에서 촉진 글루텐 강화	빵 부피의 증대

산화제	브롬산칼륨, 아스코르빈산(Vit.C)	글루텐 강화	빵 부피의 증대, 기공 개선
환원제	L-시스테인	글루텐 연화	믹싱, 발효시간 단축, 제품수명 연장
효소제	아밀라아제, 프로테아제	발효 촉진, 글루텐 신장성 증가	빵 부피 증대, 색상 및 풍미 개선, 발효시간 단축
유화제	레시틴, 모노디글리세라이드	반죽의 물리 적성 향상, 빵의 노화 억제	반죽기계 적성 향상, 제품수명 연장
분산제 (충진제)	전분, 소맥분	분산 및 완충 작용	계량의 간편화, 보존성 향상 등

11 | 계면활성제(Surface active agent)

1 | 계면활성제의 기능

① 반죽의 기계 내성을 향상
② 유지를 분산
③ 제품의 조직과 부피를 개선
④ 노화를 지연
⑤ 세척
⑥ 삼투
⑦ 기포를 유화시킴

2 | 계면활성제의 종류

① 레시틴
　㉠ 쇼트닝과 마가린의 유화제로 쓰인다.
　㉡ 옥수수유와 대두유로부터 추출하여 사용한다.
② 모노-디-글리세리드
　㉠ 가장 많이 사용하는 계면활성제이다.
　㉡ 식품을 유화시키며, 지방의 가수분해로 생긴다.
　㉢ 유지에 녹으면서 물에도 분산되고 유화 식품을 안정시킨다.

　㉣ 쇼트닝 제품에 유지의 6~8%, 빵에는 밀가루 대비 0.375~0.5%를 사용하면 노화가 감소한다.
③ 모노-디-글리세리드의 디아세틸, 타르타르산, 에테르 : 친유성기와 친수성기가 1 : 1로 되어 있어 유지에도 녹고 물에도 분산된다.

3 | 화학적 구조

　친유성단에 친수성단의 크기와 강도의 비를 "HLB"로 표시한다.
① HLB의 수치는 1~20까지 표시하며, HLB의 수치가 9 이하면 친유성으로 기름에 용해되고 유중 수적형의 유화 상태를 나타낸다.
② HLB의 수치가 11 이상이면 친수성으로 수중 유적형의 유화 상태를 나타내며 물에 용해된다.
　㉠ 유중 수적형 : 기름에 물이 분산된 형태이다.
　　例 마가린, 버터 등
　㉡ 수중 유적형 : 물속에 기름이 분산된 형태이다.
　　例 마요네즈, 우유, 아이스크림, 프렌치드레싱 등

12 | 팽창제

1 | 팽창제의 종류

① 천연팽창제(생물학적) : 주로 빵에 사용되며 가스 발생이 많고 부피 팽창, 연화 작용, 향의 개선의 효과가 있으며, 사용에 많은 주의가 필요하다.
　例 이스트(효모)
② 합성품(화학적) : 사용하기는 간편하나 팽창력이 약하고 갈변 및 뒷맛을 좋지 않게 하는 결점이 있다.
　例 베이킹파우더, 탄산수소나트륨(중조), 암모늄계 팽창제

2 베이킹파우더

탄산수소나트륨에 산성제를 배합하고 분산제로 전분을 첨가한 팽창제이다. 계량의 용이성을 위패 첨가한다. 탄산수소나트륨과 산성제가 화학적반응을 일으켜 이산화탄소를 발생시켜 반죽을 부풀린다. 베이킹파우더 무게의 12% 이상의 유효 가스가 발생되어야 한다.

① 만두, 만주, 찐빵 등의 속색을 하얗게 만들 때 : 암모늄계 팽창제인 이스파타를 사용
② 만두, 만주, 찐빵 등의 속색을 누렇게 만들 때 : 탄산수소나트륨(중조, 소다)을 사용

3 탄산수소나트륨(중조,소다)

① 단독으로, 또는 베이킹파우더 형태로 사용한다.
② 가스 발생력이 적고 이산화탄소 외에 탄산나트륨이 생겨 식품을 알칼리성으로 만든다.
③ 사용량이 많으면 소다 맛, 비누 맛이 나며 제품을 누렇게 변화시킨다.
④ 과다하게 사용할 경우는 제품의 색이 어둡고 속결이 거칠고 기공이 크며, 소다 맛이 강하게 난다.
⑤ 반죽혼합 상태가 나쁠 땐 제품에 노란반점이 생성된다.

4 염화암모늄염

① 이산화탄소, 암모니아 가스를 발생시킨다.
② 제품의 색을 하얗게 한다.
③ 적은 양만 사용해도 효과가 크다.

5 주석산칼륨

① 중조와 작용하면 속효성 베이킹파우더가 된다.
② 산도를 높이면 속색이 밝아지고 캐러멜 온도를 높인다.

6 이스파타

① 염화암모늄에 탄산수소나트륨, 주석산수소칼륨, 소명반, 전분 등이 혼합된 팽창제이다.
② 찜류의 팽창제로 많이 사용한다.

13 안정제

1 용도

물과 기름, 콜로이드의 분산과 같이 상태가 불안정한 혼합물에 더하여 안정시키는 역할을 한다.

2 종류

① 한천
㉠ 해조류인 우뭇가사리에서 추출하여 물에 불려 녹여서 사용하며 80℃ 전후에서 녹고 30℃에서 응고한다.
㉡ 설탕을 첨가할 경우 한천이 완전히 용해된 후 첨가해야 한다.

② 젤라틴
㉠ 동물의 껍질과 연골 속에 있는 콜라겐을 정제한 것으로 끓는 물에만 용해되며, 식으면 단단하게 굳는다.
㉡ 용액에 대하여 1% 농도로 사용하며, 완전히 용해시켜야 한다.
㉢ 산이 존재하면 "젤"의 능력이 줄거나 없어진다.
㉣ 젤라틴의 콜로이드용액의 젤 형성 과정은 가역적 과정이다.

③ 펙틴
㉠ 과일과 식물의 조직 속에 존재하는 다당류의 일종이다.
㉡ 감귤류나 사과의 펄프로부터 얻는다.
㉢ 설탕 농도 50% 이상, pH 2.8~3.4의 산 상태에서 젤리를 형성한다.
㉣ 메톡실기 7% 이상의 펙틴에 당과 산이 가해져야 젤리나 잼이 만들어진다.

ⓜ 잼, 젤리,마멀레이드의 응고제로 사용된다.

④ 씨엠씨(C.M.C.)
　ⓖ 냉수에서 쉽게 팽윤되어 진한 용액이 된다.
　ⓛ 셀룰로오스로부터 만든 제품으로, 산에 대한 저항성이 약하다.

⑤ 알긴산
　ⓖ 큰 해초로오스로부터 추출된다.
　ⓛ 온수, 냉수에서 용해된다.
　ⓒ 산에 강하고 칼슘(우유)에 약하다.
　ⓔ 1%의 사용으로 단단한 교질을 형성한다.

⑥ 로거스트콩검
　ⓖ 로거스트빈 나무의 수지
　ⓛ 냉수에서 용해되지만 뜨거워야 완전 용해된다.
　ⓒ 산에 대한 저항성이 크다.
　ⓔ 0.5%에서 진한 용액이고, 5%에서 진한 페이스트이다.

3 　사용 목적

① 아이싱의 끈적거림과 부서짐 방지
② 머랭의 수분 배출 억제
③ 토핑의 거품 안정
④ 젤리, 무스의 제조
⑤ 파이 충전물의 농후화제로 사용
⑥ 흡수제로 노화 지연 효과
⑦ 포장성 개선의 목적으로 사용

14 　향료와 향신료(Flavors & Spice) 중요

1 　향료의 분류

① 제조 방법에 따른 분류
　ⓖ 천연 향 : 천연의 식물에서 추출한 것이다.
　　예 꿀, 당밀, 코코아, 초콜릿, 분말 과일, 감귤류, 바닐라 등

ⓛ 합성향 : 천연 향에 들어있는 향 물질을 합성시킨 것이다.
　예 버터의 디아세틸, 바닐라 빈의 바닐린, 계피의 시나몬 알데히드 등

ⓒ 인조 향 : 화학 성분을 조작하여 천연 향과 같은 맛을 나게 한 것이다.

② 가공 방법에 따른 분류
　ⓖ 비알코올성 향료(지용성 향료-오일) : 굽기 과정에서 향이 휘발하지 않으며 오일, 글리세린, 식물성유에 향 물질을 용해시켜 만든다. 캐러멜, 캔디, 비스킷에 이용한다.
　ⓛ 알코올성 향료(수용성 향료) : 굽기 중 휘발성이 큰 것으로 에틸알코올에 녹는 향을 용해시켜 만든다. 아이싱과 충전물 제조, 청량음료, 빙과에 적당하다.
　ⓒ 유화 향료 : 유화제를 사용하여 향료를 물속에 분산, 유화시킨 것으로 내열성이 있다. 알코올성, 비알코올성 향료 대신 사용할 수 있다.
　ⓔ 분말 향료 : 진한 수지액과 물의 혼합물에 향 물질을 넣고 용해시킨 후 분무, 건조하여 만든다. 가루 식품, 아이스크림, 제과, 추잉껌에 사용한다.

2 　향신료(Spice)

① 향신료는 직접 향을 내기보다는 주재료에서 나는 불쾌한 냄새를 막아 주고 다시 그 재료와 어울려 풍미를 향상시키고 제품의 보존성을 높여 주는 기능을 하며, 식물의 뿌리, 줄기, 잎, 열매 등을 원료로 한다.

② 종류
　ⓖ 계피 : 녹나무과의 상록수 껍질을 벗겨 만드는 향신료이다.
　ⓛ 넛메그 : 육두구과 교목의 열매를 일광 건조시킨 것으로 넛메그와 메이스를 얻는다.
　ⓒ 정향 : 정향나무의 열매를 말린 것으로 단맛이 강한 크림소스에 사용한다.

ⓔ 바닐라 : 제과에 가장 광범위하게 쓰이는 향신료로 초콜릿, 과자, 아이스크림 등에 사용된다.

ⓜ 올스파이스 : 올스파이스 나무의 열매를 익기 전에 말린 것으로 과일 케이크, 카레, 파이, 비스킷에 사용한다. 일명 자메이카 후추라고도 한다.

ⓗ 카다몬 : 생강과의 다년초 열매 깍지 속의 작은 씨를 말린 것으로 푸딩, 케이크, 페이스트리 등에 사용된다.

ⓢ 박하 : 박하 잎을 말린 것으로 산뜻하고 시원한 향이 특징으로, 박하 잎은 과자에 장식하거나 소스, 크림에 풍미를 낼 때 사용하기도 한다.

ⓞ 오레가노 : 피자 소스에 필수적으로 들어가는 것으로 톡 쏘는 향이 특징이다. 잎을 건조시킨 향신료로 토마토 요리와 피자 소스, 파스타 등에 사용한다.

ⓩ 생강 : 뿌리줄기로부터 얻는 향신료로 서아프리카, 인도, 중국 등에서 재배한다.

ⓒ 캐러웨이 : 씨를 통째로 갈아 만든 것으로 상큼한 향기와 부드러운 단맛과 쓴맛을 가진다. 채소수프, 샐러드, 치즈 등에 쓰인다.

ⓚ 후추 : 과실을 건조시킨 향신료로 가장 활용도가 높다. 인도가 주산지이며 상큼한 향기와 매운맛이 난다.

3 리큐르

증류주에 과실, 과즙, 약초, 향초 등을 배합하고 설탕 같은 감미료와 착색료를 더해 만든 술로 혼성주이다.

① 오렌지 리큐르 : 오렌지를 이용해서 만든 리큐르이다.

② 큐라소 : 베네수엘라의 네델란드령인 큐라소 섬에서 나는 오렌지 껍질로 만든 리큐르로 달면서도 쓴맛이 강하다.

③ 트리플 섹 : 오렌지로 만든 리큐르로 가격이 저렴하다.

④ 그랑 마르니에 : 오렌지를 원료로 한 큐라소라 불리는 리큐르 중 오렌지 큐라소의 대표적인 상품명이다.

⑤ 쿠앵트로 : 쿠앵트로사에서 만든 오렌지 술이다.

⑥ 마라스키노 : 유고슬라비아산의 마라스카 종(블랙 체리)을 사용한다. 달고 강렬한 풍미가 특징이다.

⑦ 키르슈 : 잘 익은 체리의 과즙을 발효, 증류시켜 만든 브랜디는 키르슈바서라고 한다.

⑧ 만다린 리큐르 : 만다린 오렌지의 껍질을 이용해서 만든 리큐르로 큐라소와 같은 오렌지계 리큐르의 하나이다.

⑨ 트로피컬 프루츠 리큐르 : 여러 가지 과일을 원료로 하여 만든 리큐르이다.

⑩ 칼루아 : 커피, 데킬라, 설탕으로 만든 술로 색상은 갈색이고 티라미수처럼 커피 향이 필요한 제품에 사용한다.

⑪ 브랜디 : 포도를 원료로 해서 만든 증류주이다.

⑫ 코냑 : 프랑스의 코냑 지방에서 생산되는 포도주를 원료로 한 브랜디이다.

⑬ 럼 : 사탕수수를 원료로 한 서인도제도 특산의 방향성이 강한 증류주이다.

15 초콜릿

1 구성 성분

① 코코아 : 62.5%(5/8)

② 코코아 버터 : 37.5%(3/8)

③ 유화제 0.2~0.8%, 설탕, 분유, 향

2 종류(배합 조성에 따른 분류)

① 카카오 매스 : 다른 성분이 포함되어 있지 않아 카카오 특유의 쓴맛이 그대로 살아있다. 식으면 굳으며, 커버추어용이다.

② 다크초콜릿 : 순수한 쓴맛의 카카오 매스에 설탕과 카카오 버터, 레시틴, 향을 넣어 만든다.

③ 밀크 초콜릿 : 다크초콜릿 구성 성분에 분유를 더한 것으로 가장 부드러운 맛이 난다.

④ 화이트 초콜릿 : 카카오 고형분과 카카오 버터 중 다갈색의 카카오 고형분을 빼고 카카오 버터에 설탕, 분유, 유화제, 향을 넣어 만든다.

⑤ 파타 글라세(코팅용 초콜릿) : 카카오 매스에서 카카오 버터를 제거한 다음 식물성유지와 설탕을 넣어 만든 것으로 유동성이 좋아 코팅용으로 사용된다.

⑥ 컬러 초콜릿 : 화이트 초콜릿에 유성 색소를 넣어 색을 낸 초콜릿이다.

⑦ 풍미를 첨가한 초콜릿 : 술이나 오렌지, 커피 등을 넣어 색다른 풍미를 낸 초콜릿이다.

⑧ 커버추어 초콜릿
  ㉠ 대형 판 초콜릿으로 카카오 버터를 35~40% 함유하고 있어 일정 온도에서 유동성과 점성을 갖는 제품이다.
  ㉡ 38~40℃로 처음 용해한 후 27~29℃로 냉각시켰다가 30~32℃로 두 번째 용해시켜 사용한다.

3 템퍼링 🍰중요

① 카카오 버터가 안정된 결정 상태로 되어 초콜릿 전체가 안정한 상태로 굳을 수 있도록 사전에 하는 온도 조절이다.

② 템퍼링을 하면 초콜릿을 구성하는 카카오 버터의 결정이 β형이 되어 입 안에서 녹는 감촉이 좋아진다.

4 템퍼링 방법

① 수냉법 : 초콜릿을 40℃로 용해한 후 27~29℃로 냉각시켰다가 30~32℃로 다시 온도를 올린다.

② 대리석법 : 초콜릿을 40℃로 용해한 후 전체의 2/3~1/2을 대리석 위에 부어 조심스럽게 혼합하면서 온도를 낮춘다. 점도가 생기면 나머지 초콜릿에 넣고 용해하여 30~32℃로 맞춘다.

③ 접종법 : 초콜릿을 완전히 용해한 다음 온도를 36℃ 정도로 낮추고 그 안에 템퍼링한 초콜릿을 잘게 부수어 용해한다.

5 블룸 현상 🍰중요

초콜릿의 표면에 하얀 무늬 또는 하얀 반점이 생기는 것을 말한다.

① 설탕 블룸(Sugar bloom) : 초콜릿을 습도가 높은 곳에 보관할 때 초콜릿에 들어있는 설탕이 수분을 흡수하여 녹았다가 재결정되어 표면이 하얗게 변하는 현상이다.

② 지방 블룸(Fat bloom) : 초콜릿을 온도가 높은 곳에 보관하거나 직사광선에 노출시켰을 때 지방이 분리되었다가 다시 굳어지면서 얼룩이 만들어지는 현상이다.

6 초콜릿 적정 보관 온도와 습도

① 온도 : 17~18℃에서 보관한다.
② 습도 : 50% 이하의 장소에 보관한다.
③ 직사광선이 없는 곳에 보관한다.

chapter 04

재료의 영양학적 특성

01 영양소의 종류와 기능

1 영양소의 기능별 분류

① 에너지원 열량 영양소 : 탄수화물, 지방, 단백질
② 근육, 골격, 효소, 호르몬 등 신체 구성의 성분이 되는 구성 영양소 : 단백질, 물, 무기질
③ 체내 생리작용을 조절하여 대사를 원활하게 하는 조절 영양소 : 무기질, 비타민, 물

2 탄수화물(당질)

1 종류와 영양학적 특성 중요

① 포도당(Glucose)
  ㉠ 포유동물의 혈액 중 0.1% 가량 포함되어 있다.
  ㉡ 동물 체내의 간장, 근육에 글리코겐 형태로 저장된다.
  ㉢ 두뇌와 신경, 적혈구의 열량원으로도 이용되며, 당 대사의 중심 물질이다.
② 과당(Fructose)
  ㉠ 당류 중 가장 빨리 소화, 흡수된다.
  ㉡ 포도당을 섭취해서는 안 되는 당뇨병 환자에게 감미료로서 사용된다.
  ㉢ 용해도가 가장 크며, 과포화 되기 쉽고, 흡습·조해성이 크다.
  ㉣ 단맛이 강하고 그 맛이 순수하고 상쾌하나, 점도가 낮다.
  ㉤ 이눌린, 자당의 가수분해로 얻을 수 있다.
  ㉥ 가열하면 감미도가 1/3로 낮아진다.
③ 갈락토오스(Galactase)
  ㉠ 지방과 결합하여 뇌 신경조직의 성분이 되므로 유아에게 필요하다.
  ㉡ 물에 잘 녹지 않지만 단당류 중 가장 빨리 소화, 흡수된다.
  ㉢ 효모에 의해 발효되지 않는다.
④ 설탕(자당, Sucrose)
  ㉠ 비환원당이다.
  ㉡ 포도당 1분자와 과당 1분자가 결합된 형태이다.
  ㉢ 사탕수수 줄기와 사탕무의 뿌리에 15% 정도 들어있다.
  ㉣ 감미도의 기준이 되며 상대적 감미도는 100이다.
  ㉤ 융점이 160℃ 이상이 되면 갈변되어 캐러멜을 생성한다.
  ㉥ 산이나 효소에 의하여 가수분해되면 포도당과 과당의 결합이 끊어지고 혼합되어 전화당이 된다.
⑤ 맥아당(엿당, Maltose)
  ㉠ 두 분자의 포도당이 결합한 형태이다.

ⓛ 쉽게 발효하지 않아 위 점막을 자극하지 않으므로 어린이나 소화기 계통의 환자에게 좋다.

ⓒ 보리가 적당한 온도와 습도에서 발아할 때 생성된다.

ⓔ 전분을 가수분해시켜 만든 엿, 식혜의 단맛 성분이다.

ⓜ 녹말의 노화를 방지하는 보습 효과가 있다.

⑥ 유당(젖당, Lactose)

　ⓐ 장내에서 잡균의 번식을 막아 정장 작용(장을 깨끗이 하는 작용)을 한다.

　ⓑ 칼슘의 흡수를 돕는다.

　ⓒ 포도당 1분자와 갈락토오스 1분자가 결합한 형태이다.

　ⓓ 포유동물의 젖 속에 존재하는 감미 물질이다.

　ⓔ 물에 잘 녹지 않으며 감미도가 16으로 낮다.

　ⓕ 이스트의 영양원이 되지는 못하지만 빵의 착색에 효과적이다.

⑦ 글리코겐(Glycogen)

　ⓐ 동물이 사용하고 남은 에너지를 간장이나 근육에 저장해 두는 탄수화물이다.

　ⓑ 쉽게 포도당으로 변해 에너지원으로 쓰이므로 동물성 전분이다.

　ⓒ 호화나 노화 현상은 일으키지 않는다.

　ⓓ 요오드 반응에서 갈색을 띤다.

　ⓔ 백색 분말이고 무미, 무취이다.

⑧ 셀룰로오스(Cellulose)

　ⓐ 체내에서 소화되지 않으나 장의 연동 작용을 자극하여 배설 작용을 촉진한다.

　ⓑ 대두 단백질이나 카세인과 작용하여 교질용액을 보호한다.

　ⓒ 식물 세포막의 주성분으로 소화효소에 의해 가수분해되지 않는다.

⑨ 펙틴(Factin)

　ⓐ 산과 설탕을 넣고 졸여 잼과 젤리를 만드는 데 응고제로 사용된다.

　ⓑ 펙틴산은 반섬유소라 하여 소화, 흡수는 되지 않지만 장내 세균 및 유독 물질을 흡착, 배설하는 성질이 있다.

2 기능 🍰중요

① 1g당 4kcal의 에너지 공급원이다.

② 피로 회복에 매우 효과적이다.

③ 간장 보호와 해독 작용을 한다.

④ 간에서 지방의 완전 대사를 돕는다.

⑤ 단백질 절약 작용을 한다.

⑥ 중추신경 유지, 혈당량 유지, 변비 방지, 감미료 등으로도 이용된다.

⑦ 급원 식품 : 설탕, 녹말, 곡류, 감자류 등

⑧ 과잉증과 결핍증

　ⓐ 과잉증

　　ⓐ 단백질 섭취량이 적어지고 질소 평형이 깨져서 단백질 결핍 혹은 필수아미노산 결핍이 일어난다.

　　ⓑ 당질 대사에 필요한 Vit B군의 필요량 증가로 인한 여러 가지 장애가 발생한다.

　　ⓒ 비만증, 소화불량증이 주요 증상이다.

　　ⓓ 결핍증 : 체중 감소, 발육 불량

3 당도의 비교 🍰중요

과당(175) 〉 전화당(130) 〉 자당(100) 〉 포도당(75) 〉 맥아당(40) 〉 갈락토오스(32) 〉 유당(16)

4 탄수화물의 공급원과 질병

① 탄수화물의 공급원

　ⓐ 곡류, 감자류, 과일, 채소 등 식물성 식품이 주요 공급원이다.

　ⓑ 우유, 난류, 패류 등 동물성 식품에 의해서도 공급된다.

② 탄수화물 권장량 및 과잉 섭취 시 유발되기 쉬운 질병

ⓒ 탄수화물의 권장량은 1일 총 에너지 필요량의 60~70%이다.
ⓒ 과잉 섭취할 경우 비만, 당뇨병, 동맥경화증을 유발한다.

5 탄수화물의 대사

① 단당류는 그대로 흡수되나, 이당류와 다당류는 소화관 내에서 포도당으로 분해되어 소장에서 흡수된다.
② 체내에 흡수된 포도당은 혈액에 섞여 간 조직 내 세포에 운반되어 TCA 회로를 거친 후 완전히 산화되어 이산화탄소와 물로 분해된다.
③ 에너지로 쓰이고 남은 여분의 포도당은 간과 근육에 글리코겐 형태로 저장된다.
④ 완전히 산화할 때 조효소는 비타민 B군이 작용하고 인, 마그네슘 등의 무기질이 필요하다.

효소명	기질 작용	분해산물
수크라제	자당	포도당+과당
말타아제	맥아당	포도당+포도당
락타아제	유당	포도당+갈락토오스

3 지방(지질)

1 지방의 종류와 영양학적 특성

① 단순 지방
  ⓒ 중성지방 : 3분자의 지방산과 1분자의 글리세린이 결합된 것으로 지방산의 종류에 따라 상온에서 고체인 지방과 액체인 기름으로 나뉘어진다.
  ⓒ 왁스 : 알코올과 지방산의 결합체이다.
② 복합 지방 : 지방산과 글리세롤 이외에 다른 분자군을 함유한 지방으로 친수성이 있어 식품의 유화제로 자주 이용된다.
  ⓒ 인지질 : 중성지방에 인산이 결합된 상태이다.
    ⓐ 레시틴 : 인체의 뇌, 신경, 간장에 존재하며 항산화제, 유화제로 쓰이고 지방 대사에도 관여한다. 노른자, 콩 등에 존재한다.
    ⓑ 세팔린 : 뇌, 혈액에 들어 있고 혈액응고에 관여한다.
  ⓒ 당지질 : 중성지방과 당류가 결합된 것으로 뇌, 신경조직 등의 구성 성분이다.
  ⓒ 단백지질 : 중성지방과 단백질이 결합된 것이다.
③ 유도 지방 : 중성지방, 복합 지방을 가수분해할 때 유도되는 지방으로 지방산, 글리세롤, 알코올, 스테롤 등이 있다.
  ⓒ 콜레스테롤 : 신경조직, 뇌 조직에 들어 있고, 담즙산, 성호르몬, 부신피질 호르몬 등의 주성분이고 자외선에 의해 비타민 D2로 전환된다. 과잉 섭취 시 고혈압, 동맥경화를 야기한다.
  ⓒ 에르고스테롤 : 효모, 버섯에 많으며 자외선에 의해 비타민 D2로 전환되므로 프로비타민 D라고도 한다.

2 기능

① 지질 1g당 9kcal의 에너지가 발생한다.
② 피하지방은 체온의 발산을 막아 체온을 조절한다.
③ 외부의 충격으로부터 인체의 내장 기관을 보호한다.
④ 지용성비타민의 흡수를 촉진한다.
⑤ 장내에서 윤활제 역할을 하여 변비를 막아준다.

3 포화도에 따른 분류

① 포화지방산
  ⓒ 탄소와 탄소 사이의 결합에 이중결합 없이 이어진 지방산이다.

ⓛ 탄소 수가 증가함에 따라 융점이 높아
진다.
ⓒ 팔미트산, 스테아르산 등이 있다.
② 불포화지방산
ⓐ 분자 내에 이중결합이 있는 지방산이다.
ⓛ 불포화도가 높을수록 융점이 낮아지며,
올레산, 리놀레산, 리놀렌산 등이 있다.
ⓒ 액체 상태이거나 반고체 상태이다.
ⓔ 융점이 포화지방산보다 낮고 불포화도
가 클수록 융점이 낮아진다.
ⓜ 이중결합이 많을수록 산화하기 쉽다.

필수지방산

체내에서 합성되지 않아 음식물에서 반드시 섭취를 해야
공급되는 지방산이며, 비타민 F라고도 한다. 종류로는
리놀레산, 리놀렌산, 아라키돈산 등이 있으며, 결핍될 경
우 신체성장 정지, 생식기능장애, 피부병 등이 발생할 수
있다.

**4 지방 권장량 및 과잉 섭쉬 시 유발되기 쉬
운 병**

① 권장량 : 1일 총 에너지 필요량의 20% 정도
를 섭취하며, 필수지방산은 2%의 섭취를
권장한다.
② 과잉 섭취 시 질병 : 비만, 동맥경화, 유방암,
대장암 등을 유발한다.

5 지방의 대사

① 지방산과 글리세린으로 분해, 흡수된 후 혈
액에 의해 세포로 이동한다.
② 글리세린은 탄수화물 대사 과정에 이용
된다.
③ 지방산은 산화 과정을 거쳐 1g당 9kcal의 에
너지를 방출하고 이산화탄소와 물이 된다.
④ 남은 지방은 피하, 복강, 근육 사이에 저장
된다.

⑤ 비타민 A와 비타민 D가 지방의 대사에 관
여한다.

6 기름의 건조성

① 건조성과 요오드가
ⓐ 기름의 건조성이란 유지가 공기 중에서
산소를 흡수하여 산화, 중합, 축합을 일
으킴으로써 차차 점성이 증가하며 고형
화하는 성질을 말한다.
ⓛ 그 강약은 유지류에 포함되는 이중결합
의 수에 비례하며, 요오드값에 따라 분
류할 수 있다.
② 요오드가에 따른 식물성기름의 분류
ⓐ 건성유 : 식물유지 중에서 요오드값이 130
이상인 건조성이 강한 기름으로 아마인
유, 들기름, 해바라기 기름, 호두 기름 등
이다.
ⓛ 반건성유 : 공기 속에 방치하면 서서히
산화하며 점성도 증가한다. 요오드값이
100~130의 것으로 채종유, 참기름, 면실
유, 미강유, 옥수수기름 등이 있다.
ⓒ 불건성유 : 산소와 결합하기 어려워 공
기 중에 방치하여도 굳어지지 않는 기름
으로, 요오드값이 100 이하로 올리브유,
피마자기름, 땅콩기름 등이다.

---

4 단백질 중요

1 단백질의 특성 및 기능

① 탄소(C), 수소(H), 산소(O), 질소(N) 등을
함유하는 유기화합물로 질소는 평균 16%
정도 함유하며 기본 구성단위는 아미노산
으로 단백질은 수많은 아미노산의 펩티드
결합으로 이루어진 것이다.
② 소화흡수율은 92%로 1g당 4kcal의 에너지
열량을 공급한다.
③ 체조직과 혈액, 단백질, 효소, 호르몬, 신경
전달물질, 글루타티온 등을 형성한다.

④ 체내 삼투압 조절로 체내 수분 평형 유지 및 체액의 pH를 유지한다.

⑤ 면역 작용에 관여한다.

2 단백질의 질소 계수

① 질소는 단백질만 가지고 있는 원소로서, 단백질에 평균 16% 들어있다. 따라서 식품의 질소 함유량을 알면 질소 계수인 6.25를 곱하여 그 식품의 단백질 함량을 산출할 수 있다. 단, 밀가루는 단백질 중 질소의 구성이 17.5%이기 때문에 질소 계수가 5.7이다.

② 단백질의 양 = 질소의 양 $\times \dfrac{100}{16}$

③ 질소의 양 = 단백질의 양 $\times \dfrac{16}{100}$

3 필수아미노산

① 체내 합성이 불가능하여 반드시 음식물에서 섭취하여야 한다.

② 성인에게는 이소류신, 류신, 메티오닌, 페닐알라닌, 트레오닌, 트립토판, 발린 등이 필요하다.

③ 어린이와 회복기 환자에게는 8종류 외에 히스티딘을 합한 9종류가 필요하다.

④ 동물성 단백질에 많이 함유되어 있다.

4 단백질의 영양학적 분류

분류 기준은 단백질에 함유된 아미노산의 종류와 양이다.

① 완전 단백질
  ㉠ 생명 유지, 성장 발육, 생식에 필요한 필수아미노산을 고루 갖춘 단백질이다.
  ㉡ 카세인(우유), 미오신(육류), 오브알부민(계란), 글리시닌(콩) 등이 있다.

② 부분적 완전 단백질
  ㉠ 생명 유지는 시켜도 성장, 발육은 하지 못하는 단백질이다.
  ㉡ 오리제닌(쌀), 글리아딘(밀), 호르데인(보리) 등이 있다.

③ 불완전 단백질
  ㉠ 생명 유지나 성장 모두에 관계없는 단백질이다.
  ㉡ 제인(옥수수), 젤라틴(육류) 등이 있다.

5 단백질의 영양가 평가 방법

① 생물가(%) : 체내의 단백질 이용률을 나타낸 것으로 생물가가 높을수록 체내 이용률이 높다.
  예 우유(90), 달걀(87), 돼지고기(79), 쇠고기(76), 생선, 대두(75), 밀가루(52)

② 단백가(%)
  ㉠ 필수아미노산 비율이 이상적인 표준 단백질을 가정하여 이를 100으로 잡고 다른 영양가를 비교하는 방법이다.
  ㉡ 단백가가 클수록 영양가가 크다.
    예 달걀(100), 쇠고기(83), 우유(78), 대두(73), 쌀(72), 밀가루(47), 옥수수(42)

③ 상호 보조
  ㉠ 단백가가 낮은 식품이라도 부족한 필수아미노산을 보충할 수 있는 식품과 함께 섭취하면 체내 이용률이 높아진다.
  ㉡ 쌀-콩, 빵-우유, 옥수수-우유 등이 상호 보조 효과가 좋다.

6 단백질의 권장량 및 결핍증

① 권장량 : 1일 단백질 섭취량은 에너지 총 권장량의 15~20%가 적당하며 체중 1kg당 1g이 요구된다.

② 결핍증 : 결핍 시 면역 기능 저하, 부종, 성장 저해, 허약 등이 나타난다.

③ 과잉증 : 체중 증가, 요독증, 혈압 증가, 빠른 피로 등이 나타난다.

7 단백질 대사

① 아미노산으로 분해되어 소장에서 흡수된다.

② 흡수된 아미노산은 각 조직에 운반되어 조직 단백질을 구성한다.

③ 남은 아미노산은 간으로 운반되어 저장됐다가 필요에 따라 분해된다.
④ 최종 분해산물인 요소와 그밖의 질소화합물들은 소변으로 배설된다.

5 무기질

1 무기질의 영양학적 특성 🍰 중요
① 인체의 4~5%가 무기질로 구성되어 있다.
② 체내에서는 합성되지 않으므로 반드시 음식물로부터 공급되어야 한다.
③ Ca(칼슘), P(인), Mg(마그네슘), S(황), Zn(아연), I(요오드), Na(나트륨), Cl(염소), K(칼륨), Fe(철), Cu(구리), Co(코발트) 등이 있다.
④ 무기질은 다른 영양소보다 요리할 때 손실이 크다.
⑤ 효소의 기능을 촉진하고 대사 작용에 관여한다.
⑥ pH와 삼투압의 조절에 관여하며, 체내 조직(뼈, 치아)의 성분이 된다.

2 무기질의 기능 및 결핍증 🍰 중요
① 구성소 역할
 ㉠ 경조직 구성(뼈, 치아) : Ca, P
 ㉡ 연조직 구성(근육, 신경) : S, P
 ㉢ 티록신 호르몬 : I
 ㉣ 인슐린 호르몬 : Zn(아연), 비타민 B_{12}, Co(코발트), 비타민 B_1, S(황)
 ㉤ 헤모글로빈 : Fe(철)
 ㉥ 체내 기능 물질 구성
② 조절소 역할
 ㉠ 삼투압 조절 : Na, Cl, K
 ㉡ 체액 중성 유지 : Ca, Na, K, Mg
 ㉢ 심장의 규칙적 고동 : Ca, K
 ㉣ 혈액응고 : Ca
 ㉤ 신경 안정 : Na, K, Mg
 ㉥ 샘 조직 분비 : 위액(Cl), 장액(Na)

③ 무기질의 결핍증과 과잉증, 급원 식품

종류	과잉증, 결핍증	급원 식품
칼슘(Ca)	구루병(안짱다리, 밭장다리, 새가슴) 골연화증, 골다공증	우유 및 유제품, 계란, 뼈째 먹는 생선
철(Fe)	빈혈	동물의 간, 난황, 살코기, 녹색 채소
구리(Cu)	악성빈혈	동물의 간, 콩, 버섯, 견과류
요오드(I)	과잉증 : 바세도우씨병 갑상선종, 부종, 성장 부진, 지능 미숙, 피로	해조류(다시다, 미역, 김, 어패류)
나트륨 (Na)	과잉증 : 동맥경화증	소금, 육류, 우유
염소(Cl)	소화불량, 식욕부진	소금, 우유, 계란, 육류

3 산, 알칼리의 평형
① 산성식품 : S, P, Cl과 같은 산성을 띠는 무기질을 많이 포함한 식품으로 곡류, 육류, 어패류, 난황 등이 있다.
② 알칼리성식품 : Ca, K, Na, Mg, Fe과 같은 알칼리성 무기질을 많이 포함한 식품으로 채소, 과일 등의 식물성 식품과 우유, 굴 등이 있다.

6 비타민 🍰 중요

1 비타민의 영양학적 특성
① 탄수화물, 지방, 단백질의 대사에 조효소 역할을 한다.
② 반드시 음식물을 통해서 섭취해야만 한다.
③ 에너지를 발생하거나 체조직이 되지는 않는다.
④ 신체 기능을 조절한다.

2 비타민의 일반적 성질

지용성비타민 (비타민 A, D, E, K)	수용성비타민 (비타민 B, C)
기름과 유기용매가 용해된다	물에 용해된다
하루의 섭취량이 조직의 포화 상태를 능가하면 체질 내에 저장된다	필요 이상의 섭취량은 체내에 저장되지 않고 방출된다
체내로 저장된다	소변으로 배출된다
결핍 증세가 서서히 나타난다	매일 필요량을 공급 못하면 결핍 증세가 비교적 신속히 나타난다
필요량을 매일 절대적으로 공급할 필요성은 없다	매일 필요량을 절대적으로 공급하여야 한다
비타민의 전구체가 존재한다	일반적으로 전구체가 존재하지 않는다
구성 원소는 H, C, O이다	구성 원소의 H,C,O 외에 N 및 S, CO 등을 함유하는 것도 있다

3 비타민의 종류와 결핍증, 급원 식품

① 수용성비타민

종류	결핍증	급원 식품
비타민 B₁ (티아민)	각기병, 식욕부진, 피로, 권태감, 신경통	쌀겨, 대두, 땅콩, 돼지고기, 난황, 간, 배아
비타민 B₂ (리보플래빈)	구순·구각염, 설염, 피부염, 발육 장애	우유, 치즈, 간, 계란, 살코기, 녹색 채소
니아신	펠라그라병, 피부염	간, 육류, 콩, 효모, 생선
비타민 B	피부염, 신경염, 성장정지, 충치, 저혈색소성 빈혈	육류, 간, 배아, 곡류, 난황
비타민 B₁₂	악성빈혈, 간질환, 성장 정지	간, 내장, 난황, 살코기
엽산	빈혈, 장염, 설사	간, 두부, 치즈, 밀, 효모, 난황
판토텐산	피부염, 신경계의 변성	효모, 치즈, 콩
비타민 C (아스코르브산)	괴혈병, 저항력 감소	신선한 채소 (시금치, 무청), 과일류(딸기, 감귤류)

② 지용성비타민

종류	결핍증	급원 식품
비타민 A (레티놀)	야맹증, 건조성 안염, 각막연화증 발육 지연, 상피세포의 각질화	간유, 버터, 김, 난황, 녹황색 채소 (시금치, 당근)
비타민 D	구루병, 골연화증, 골다공증	청어, 연어, 간유, 난황, 버터
비타민 E (토코페롤)	불임증, 근육위축증	곡류의 배아유, 면실유, 버터, 난황, 우유
비타민 K	혈액응고 지연	녹색 채소 (양배추, 시금치), 간유, 난황

7 물 중요

물은 성인 체중의 약 50~70%를 차지하고 있다. 신체 내에 함유되어 있는 물의 양은 연령, 성별에 따라 차이가 있으나 대략 체중의 50~70% 라고 보며, 갓난아기의 수분 함량은 75% 이상이나 성장함에 따라 점차 감소된다.

1 물의 기능

① 체내 대사 과정의 촉매작용
② 영양소와 노폐물의 체외 방출
③ 체온 조절 작용
④ 모든 분비액의 성분
⑤ 내장 기관의 보호 작용

② 소화와 흡수

1 소화 작용의 분류 🍰 중요

① 기계적 소화 작용 : 이로 씹어 부수는 일 및 위와 소장의 연동 작용이다.
② 화학적 소화 작용 : 소화액에 있는 소화효소의 작용을 받아 소화되는 일이다.
③ 발효 작용 : 소장의 하부에서 대장에 이르는 곳에서 세균류가 분해하는 작용이다.

2 소화 과정 🍰 중요

음식물로 섭취된 고분자 유기화합물이 소화효소의 작용을 받아 흡수 가능한 저분자 유기화합물로 분해되는 과정이다.

작용 부위	효소명	분비선 (소재)	기질	작용 생성물질
구강	프티알린 (타액, 아밀라아제)	타액선 (타액)	가열 전분	덱스트린, 맥아당
위	펩신, 리파아제, 레닌	위선(위액)	단백질, 지방, 우유	프로테오스, 펩톤 지방산과 글리세롤(미약), 카세인 응고
췌장 (소장)	트립신	췌장(췌액)	단백질, 펩톤	프로테오스, 폴리펩티드
	키모트립신	-	펩톤	폴리펩티드
	엔테로키나아제	장액	-	트립신의 부활 작용
	펩티다아제	췌액, 장액	펩티드	디펩티드
	디펩티다아제	-	디펩티드	아미노산
	아밀롭신 (췌장 아밀라아제)	췌장(췌액)	전분, 글리코겐, 덱스트린	맥아당
	수크라아제 or 인베르타아제	장액	자당	포도당, 과당
	말타아제	장액	맥아당	포도당
	락타아제	유아의 장액	유당	포도당, 갈락토오스
	스테압신	췌장(췌액)	지방	지방산, 글리세롤
	리파아제	장액	지방	지방산, 글리세롤

3 소화 효소

1 효소의 물리적, 화학적 특징

① 음식물의 소화를 돕는 작용을 가진 단백질의 일종이다.
② 소화액에 들어 있다.
③ 열에 약하고 최적 pH를 가진다.
④ 한 가지 효소는 한 가지 물질만을 분해한다.
⑤ 일반적으로 온도가 높아질수록 작용 능력이 커지지만 고온이 되면 능력이 없어진다.

2 효소의 종류 🍰 중요

① 탄수화물 분해효소 : 아밀라아제, 수크라아제, 말타아제, 락타아제 등
② 지방 분해효소 : 리파아제, 스테압신 등
③ 단백질 분해효소 : 프로테아제, 펩신, 트립신, 에렙신, 펩티다아제, 레닌 등

4 인체 내에서의 소화 작용 🍰 중요

1 입에서의 소화

① 프티알린이 녹말을 당으로 분해시킨다.
② 아밀라아제는 전분을 덱스트린과 맥아당으로 분해한다.

2 위에서의 소화

① 리파아제는 지방을 소화되기 쉽게 유화시킨다.

② 위액에 있는 펩신은 단백질을 펩톤과 프로테오스로 분해한다.
③ 레닌은 유즙을 응고시켜 펩신을 작용하기 쉽게 도와준다.

3 췌장에서의 소화

① 췌액의 아밀라아제에 의해 전분이 맥아당으로 분해된다.
② 지방은 담즙에 의해 유화되고 췌액의 스테압신에 의해 지방산과 글리세롤로 가수분해된다.
③ 트립신은 단백질과 그 분해산물인 펩톤과 프로테오스를 폴리펩티드로 분해하고 일부는 아미노산으로 분해된다.

4 소장에서의 소화

① 장액의 수크라아제는 자당을 포도당과 과당으로 분해한다.
② 말타아제는 맥아당을 포도당 2분자로 분해한다.
③ 락타아제는 유당을 포도당과 갈락토오스로 분해한다.
④ 에렙신이 프로테오스, 펩톤, 펩티드를 아미노산으로 분해한다.

5 대장에서의 소화

① 소화 효소는 분비되지 않는다.
② 장내 세균에 의해 섬유소가 분해되며, 대부분의 물이 흡수된다.

5 영양소의 흡수와 이동 경로 🍰 중요

1 영양소의 흡수 원리

① 구강 : 영양소 흡수는 일어나지 않는다.
② 위 : 물과 소량의 알코올이 흡수된다.

③ 소장
　㉠ 소장벽의 융털로 섭취 에너지의 95%가 흡수된다.
　㉡ 소장 구조는 효율적인 흡수를 위해 융털 구조라는 특수한 구조로 되어 있다.
④ 대장 : 수분은 대부분이 흡수되고, 흡수가 안 된 영양소는 변으로 배설된다.

2 이동 경로

① 수용성 영양소
　㉠ 종류 : 포도당, 아미노산, 글리세롤, 수용성비타민, 무기질
　㉡ 문맥순환 : 소장의 융모에 있는 모세혈관 → 문맥 → 간 → 간정맥 → 심장 → 전신으로 이동한다.
② 지용성 영양소
　㉠ 종류 : 지방산과 지용성비타민
　㉡ 림프관 순환 : 소장의 융모에 있는 림프관 → 정맥 → 심장 → 전신으로 이동한다.

6 에너지 대사 🍰 중요

1 기초대사량

① 사람의 생명을 유지하는 데 필요한 최소한의 대사량을 말한다.
② 아무 일도 하지 않고 정지한 상태에서 무의식적인 생리작용만 할 때 소요되는 에너지양을 밀한다. 싱인의 1일 기초대사량은 1,200~1,600kcal이다.
③ 기초대사량은 체표면적, 근육 양 등에 비례한다.

2 성인 남녀의 1일 에너지 권장량

① 남자 : 2,500 kcal
② 여자 : 2,000 kcal

chapter 05

위생안전 관리

01 식품위생 관련 법규 및 규정

1 식품위생학 개론

1 식품위생의 대상 범위 중요

① 식품, 식품첨가물, 기구, 용기와 포장을 대상 범위로 한다.
② 모든 음식물을 말하나 의약으로 섭취하는 것은 예외로 한다.

2 식품위생의 목적 중요

① 식품으로 인한 위생상의 위해 사고 방지
② 식품 영양의 질적 향상 도모
③ 국민 보건의 증진에 기여

3 식품 위생 관련 법규(식품위생법 제2조(정의))

① "식품"이란 모든 음식물(의약으로 섭취하는 것은 제외한다)을 말한다.
② "식품첨가물"이란 식품을 제조·가공·조리 또는 보존하는 과정에서 감미(甘味), 착색(着色), 표백(漂白) 또는 산화방지 등을 목적으로 식품에 사용되는 물질을 말한다. 이 경우 기구(器具)·용기·포장을 살균·소독하는 데에 사용되어 간접적으로 식품으로 옮겨갈 수 있는 물질을 포함한다.

③ "화학적 합성품"이란 화학적 수단으로 원소(元素) 또는 화합물에 분해 반응 외의 화학 반응을 일으켜서 얻은 물질을 말한다.
④ "기구"란 다음 각 목의 어느 하나에 해당하는 것으로서 식품 또는 식품첨가물에 직접 닿는 기계·기구나 그 밖의 물건(농업과 수산업에서 식품을 채취하는 데에 쓰는 기계·기구나 그 밖의 물건 및 「위생용품 관리법」 제2조제1호에 따른 위생용품은 제외한다)을 말한다.
   ㉠ 음식을 먹을 때 사용하거나 담는 것
   ㉡ 식품 또는 식품첨가물을 채취·제조·가공·조리·저장·소분[(小分): 완제품을 나누어 유통을 목적으로 재포장하는 것을 말한다. 이하 같다]·운반·진열할 때 사용하는 것
⑤ "용기·포장"이란 식품 또는 식품첨가물을 넣거나 싸는 것으로서 식품 또는 식품첨가물을 주고받을 때 함께 건네는 물품을 말한다.
⑥ "위해"란 식품, 식품첨가물, 기구 또는 용기·포장에 존재하는 위험요소로서 인체의 건강을 해치거나 해칠 우려가 있는 것을 말한다.
⑦ "영업"이란 식품 또는 식품첨가물을 채취·제조·가공·조리·저장·소분·운반 또는 판매하거나 기구 또는 용기·포장을 제조·운반·판매하는 업(농업과 수산업에 속하는 식품 채취업은 제외한다)을 말한다.

⑧ "영업자""란 제37조제1항에 따라 영업허가를 받은 자나 같은 조 제4항에 따라 영업신고를 한 자 또는 같은 조 제5항에 따라 영업등록을 한 자를 말한다.

⑨ "식품위생"이란 식품, 식품첨가물, 기구 또는 용기 · 포장을 대상으로 하는 음식에 관한 위생을 말한다.

⑩ "집단급식소"란 영리를 목적으로 하지 아니하면서 특정 다수인에게 계속하여 음식물을 공급하는 다음 각 목의 어느 하나에 해당하는 곳의 급식시설로서 대통령령으로 정하는 시설을 말한다.
　㉠ 기숙사
　㉡ 학교
　㉢ 병원
　㉣ 「사회복지사업법」 제2조제4호의 사회복지시설
　㉤ 산업체
　㉥ 국가, 지방자치단체 및 「공공기관의 운영에 관한 법률」 제4조제1항에 따른 공공기관
　㉦ 그 밖의 후생기관 등

⑪ "식품이력추적관리"란 식품을 제조 · 가공단계부터 판매단계까지 각 단계별로 정보를 기록 · 관리하여 그 식품의 안전성 등에 문제가 발생할 경우 그 식품을 추적하여 원인을 규명하고 필요한 조치를 할 수 있도록 관리하는 것을 말한다.

⑫ "식중독"이란 식품 섭취로 인하여 인체에 유해한 미생물 또는 유독물질에 의하여 발생하였거나 발생한 것으로 판단되는 감염성질환 또는 독소형질환을 말한다.

⑬ "집단급식소에서의 식단"이란 급식대상 집단의 영양섭취기준에 따라 음식명, 식재료, 영양성분, 조리방법, 조리인력 등을 고려하여 작성한 급식계획서를 말한다.

4 식품위생법 위반 사례
사업자가 아래 사항에 해당하는 경우 영업허가 취소 또는 6개월 이내의 영업정지나 영업소폐쇄를 명할 수 있다.
　① 위해식품판매 등
　② 허위 · 과대 · 비방의 표시나 광고, 과대포장 등
　③ 긴급대응이 필요한 식품등의 제조 · 판매
　④ 자가품질검사의무 위반
　⑤ 시설기준 위반
　⑥ 영업허가, 신고등 의무 위반
　⑦ 영업허가 등 제한규정의무 위반
　⑧ 건강진단의무 위반
　⑨ 식품위생교육의무 위반
　⑩ 품질관리 및 보고의무 위반
　⑪ 영업시간 · 행위 제한 위반
　⑫ 영업자준수사항 위반, 청소년보호법 위반, 유흥종사자 고용 · 알선 및 호객행위 등
　⑬ 위해식품 회수 및 회수결과 보고 의무위반
　⑭ 식품안전관인증기준 위반, 식품이력추적관리 등록 위반
　⑮ 조리사 배치의무 위반
　⑯ 시정명령, 폐기처분명령, 위해식품 공표명령, 시설개수명령 위반 등
　⑰ 성매매알선 등 행위의 처벌에 관한 법률 제4조의 금지행위를 한 경우

2 HACCP

1 HACCP 정의
식품안전관리 인증기준이란, 식품의 안전성을 보증하기 위해 식품의 원재료 생산, 제조, 가공, 보존, 유통을 거쳐 소비자가 최종적으로 식품을 섭취하기 직전까지 각각의 단계에서 발생할 수 있는 모든 유해한 요소에 대하여 체계적으로 관리하는 과학적인 위생 관리 체계를 말한다. HACCP은 위해 요소 분석(HA : Hazard Analysis)과 중요 관리점(CCP : Critical Control Points)으로 나뉜다.

HA는 원료와 생산 공정에서 위해 가능성 요소를 찾아 분석 · 평가하고, CCP는 해당 위해 요소를 예방 및 제거하고 안전성을 확보하기 위해 중점으로 다루어야 할 관리점을 말한다.

2 HACCP 준비 5단계 🍰 중요

① 제1단계(HACCP팀 구성) : HACCP 관리, 계획, 개발을 주도적으로 담당할 HACCP팀을 구성하는 것이다.
② 제2단계(제품 설명서 작성) : 취급하는 각 식품의 종류, 특성, 원료, 성분, 제조 및 유통 방법을 포함하는 제품에 대한 전반적인 취급 내용이 기술되어 있는 제품 설명서를 작성하는 것이다.
③ 제3단계(제품의 사용 용도 파악) : 해당 식품의 의도된 사용 방법 및 대상 소비자를 파악하는 것이다.
④ 제4단계(공정 흐름도, 평면도 작성) : HACCP팀은 업소에서 직접 관리하는 원료의 입고에서부터 완제품의 출하까지 모든 공정 단계들을 파악하여 공정 흐름도를 작성하고 각 공정별 주요 가공 조건의 개요를 기재한다.
⑤ 제5단계(공정 흐름도, 평면도의 작업 현장과의 일치 여부 확인) : 작성된 공정 흐름도 및 평면도가 현장과 일치하는지를 검증하는 것이다.

3 HACCP 7원칙 설정 🍰 중요

① 원칙1 : 위해요소 분석과 위해평가
② 원칙2 : CCP 결정
③ 원칙3 : CCP에 대한 한계 기준 설정
④ 원칙4 : CCP 모니터링 방법 설정
⑤ 원칙5 : 개선 조치 설정
⑥ 원칙6 : 기록 유지 및 문서 유지
⑦ 원칙7 : 검증 방법 수립

4 HACCP 구성 요소

① HACCP PLAN(HACCP 관리 계획) : 전 생산 공정에 대해 직접적이고 치명적인 위해요소 분석, 집중 관리가 필요한 중점 관리점 결정, 한계 기준 설정, 모니터링 방법 설정, 개선 조치 설정, 검증 방법 설정, 기록 유지 및 문서 관리 등에 관한 관리 계획
② SSOP(표준 위생 관리 기준) : 일반적인 위생 관리 기준, 영업자 관리, 종업원 관리, 보관 및 운송 관리, 검사 관리, 회수 관리 등의 운영 절차
③ GMP(우수 제조 기준) : 위생적인 식품 생산을 위한 시설, 설비 요건 및 기준, 건물 위치, 시설, 설비 구조, 재질 요건 등에 관한 기준

5 식품안전관리 인증기준의 2014년 개정한 HACCP의 적용 대상

① 어육 가공품 중 어묵, 어육, 소시지
② 냉동 수산 식품 중 어류, 연체류, 조미 가공품
③ 냉동식품 중 피자류, 만두류, 면류
④ 과자류 중 과자, 캔디, 빙과류
⑤ 음료류
⑥ 레토르트식품
⑦ 김치류 중 배추김치
⑧ 빵 또는 떡류 중 빵류, 떡류
⑨ 코코아 가공품 또는 초콜릿류 중 초콜릿류
⑩ 면류 중 국수, 유탕, 면류
⑪ 특수 용도 식품
⑫ 즉석 섭취, 편의 식품류 중 즉석 섭취 식품

6 HACCP 필요성

① 식품을 위생적이고 안전한 상태로 유지, 관리 보급하기 위해서는 과학적이며, 규격화된 매뉴얼이 필요하다.
② 대기업에서 점차 중소 상인에 이르기까지 안전한 식품의 원료 구입, 가공, 운반, 판매, 고객에게 이르는 전 과정에 HACCP의 기준을 적용한다.

7 **HACCP 도입의 효과**
① 더욱 안전한 식품 제공
② 식중독 발생 원인 억제
③ 식중독 사고 감소
④ 더욱 효율적으로 식품을 조리하고 제공
⑤ 학교 급식 및 급식 관리자의 신뢰성 제고

3 식품첨가물

1 **식품첨가물의 정의**
식품을 제조, 가공 또는 보존함에 있어 식품에 첨가, 혼합, 침윤 등의 방법으로 사용되는 물질이다.

2 **식품첨가물의 사용 목적**
① 보전성과 기호성 향상
② 품질 개량
③ 영양적 가치 증진
④ 품질 가치 증진
⑤ 식품 변질, 변패 방지

3 **식품첨가물의 조건**
① 사용 방법이 간편해야 한다.
② 가격이 저렴해야 한다.
③ 독성이 없거나 적어야 한다.
④ 미량으로 효과가 있어야 한다.
⑤ 이화학적 변화에 안정해야 한다.

4 **식품첨가물의 종류 및 용도**
① 방부제 : 미생물의 번식으로 인한 식품의 변질을 방지하기 위해 사용한다.
  예 디하이드로초산(치즈, 버터, 마가린), 프로피온산칼슘(빵류), 프로피온산나트륨(빵류, 과자류), 안식향산(간장, 청량음료), 소르브산(어육 연제품, 식육 제품, 된장, 고추장)
② 살균제 : 미생물을 단시간 내에 사멸시키기 위한 목적으로 사용한다.
  예 표백분, 차아염소산나트륨 등

③ 산화방지제 : 유지의 산패에 의한 이미, 이취, 식품의 변색 및 퇴색 등의 방지를 위해 사용되는 첨가물이다.
  예 BHT, BHA, 비타민 E(토코페롤), 프로필갈레이드, 에르소르브산 등
④ 표백제 : 식품을 가공, 제조할 때 색소의 퇴색, 착색으로 인한 품질 저하를 막기 위하여 미리 색소를 파괴시킴으로써 완성된 식품의 색을 아름답게 하기 위하여 사용한다.
  예 과산화수소, 무수아황산, 아황산나트륨 등
⑤ 밀가루 개량제 : 밀가루의 표백과 숙성 기간을 단축시키고, 제빵 효과의 저해 물질을 파괴시켜 품질을 개량하는 것이다.
  예 과황산암모늄, 브롬산칼륨, 과산화벤조일, 이산화염소, 염소 등
⑥ 호료(증점제) : 식품의 점착성 증가, 유화 안정성, 선도 유지, 형체 보존에 도움을 주며, 점착성을 줌으로써 촉감을 좋게 하기 위하여 식품에 첨가하는 것이다.
  예 카세인, 메틸셀룰로오스, 알긴산나트륨 등
⑦ 착향류 : 후각신경을 자극함으로써 특유한 방향을 느끼게 하여 식욕을 증진시킬 목적으로 식품에 첨가하는 물질이다.
  예 C-멘톨, 계피알데히드, 벤질알코올, 바닐린 등
⑧ 발색제 : 착색료에 의해 착색되는 것이 아니고 식품 중에 존재하는 유색 물질과 결합하여 그 색을 안정화하거나 선명하게 또는 발색되게 하는 물질이다.
⑨ 착색료 : 인공적으로 착색시켜 천연색을 보완, 미화하여, 식품의 매력을 높여 소비자의 기호를 끌기 위하여 사용되는 물질이다.
  예 캐러멜, β-카로틴 등
⑩ 강화제 : 식품에 영양소를 강화할 목적으로 사용되는 첨가물이다. 조리, 제조, 가공 또는 보존 중에 파괴되기도 하고 식품의 종류에 따라 함유되어 있지 않거나 부족한 것을 영양소로 첨가하여 영양가를 높여 준다.
  예 비타민류, 무기염류, 아미노산류 등

⑪ 유화제 : 물과 기름처럼 서로 혼합하지 않는 두 종류의 액체를 혼합할 때, 분리되지 않고 분산시키는 기능을 갖는 물질을 유화제 또는 계면활성제라고 한다.

　예 대두 인지질, 글리세린, 레시틴, 모노-디-글리세리드 등

⑫ 품질 개량제 : 햄, 소시지 등 식육 훈제품류에 결착성을 높여 씹을 때 식감을 향상시키며, 변질, 변색을 방지하게 하는 효과를 주는 첨가물이다.

　예 피로인산나트륨, 폴리인산나트륨 등

⑬ 피막제 : 과일이나 채소류 표면에 피막을 만들어 호흡 작용을 적당히 제한하고, 수분의 증발을 방지하는 목적에 사용되는 것이다.

　예 몰포린지방산염, 초산 비닐수지 등

⑭ 소포제 : 식품 제조 공정 중 생긴 거품을 없애기 위해 첨가하는 것이다.

　예 규소수지 1종 등

⑮ 이형제 : 빵의 제조 과정에서 빵 반죽을 분할기에서 분할할 때나 구울 때 달라붙지 않게 하고, 모양을 그대로 유지하기 위하여 사용하는 것이다.

　예 유동파라핀 등

②　개인위생 관리

1　개인위생관리

① 개인위생관리 작업자의 소지품, 머리카락, 메니큐어와 화장, 손톱, 피부상처 등으로 인해 식품에 위해를 일으킬 수 있는 것을 예방하고 위생복, 위생모, 앞치마, 장갑, 마스크 등의 위생상태를 관리하는 것을 말한다.

② 식품을 다루는 사람의 위생관념은 그 어느 때보다도 신중하고 비중 높게 대두되고 있다. 위생을 관리 감독하는 기관도 식약처, 시, 구, 위생과를

비롯하여 민간단체에서도 적극적인 단속과 지도 계몽을 하고 있다.

③ 작업장의 출입구에는 개인위생관리를 위한 세척, 건조, 소독 설비를 마련하여 개인위생관리 설비를 갖추고 입, 출입시 사용하게 해야 한다.

④ 식품 및 식재료 등의 근처에서 기침이나 재채기를 하거나, 담배를 피우는일, 껌을 씹는행위, 장갑을 허리에 차기, 옆사람과 잡담하기, 작업장바닥에 침 뱉기, 행주로 땀닦기 등은 제품에 오염을 일으키는 요소가 될수 있다. 제품에 교차오염의 발생을 방지하기 위해 작업자는 신체부위를 만지거나 깨끗하지 않은 기구, 불결한 옷 등을 만졌을 경우 세척 및 소독을 실시하여 교차오염이 발생하지 않도록 한다.

2　식품의 변질 중요

1　변질의 종류

① 부패 : 단백질 식품에 혐기성세균이 증식한 생물학적 요인에 의하여 단백질이 분해되어 악취와 유해물질(아민류, 암모니아, 페놀, 황화수소 등) 등을 생성하는 현상이다.

② 발효(Fermentation) : 식품에 미생물이 번식하여 식품의 성질이 변화를 일으키는 현상으로 그 변화가 인체에 유익할 경우를 말한다. 빵, 술, 간장, 된장 등은 모두 발효를 이용한 식품들이다.

③ 변패 : 탄수화물을 많이 함유한 식품이 미생물의 분해 작용으로 맛이나 냄새가 변화하는 현상이다.

④ 산패 : 지방의 산화 등에 의해 악취나 변색이 일어나는 현상이다.

2　변질에 영향을 미치는 인자

① 영양소
　㉠ 탄소원 : 탄수화물, 포도당, 유기산, 알코올, 지방산에서 주로 에너지원으로 이용된다.

ⓛ 질소원 : 단백질 식품을 구성하는 기본
단위인 아미노산을 통해 질소원을 얻기
위해서 균 체외로 단백질 분해효소를 분
비하여 단백질을 아미노산까지 분해한
후 균 체내로 흡수하여 질소원을 얻는
다. 세포 구성 성분에 필요하다.
ⓒ 무기염류 : 황(S)과 인(P)을 다량 요구하
며, 세포 구성 성분, 생리 기능 조절 작용
에 필요하다.
ⓔ 발육소 : 세포 내에서 합성되지 않아 세
포 외에서 흡수하여야 하며, 미량 필요
하다. 주로 비타민 B군이다.
② 수분
ⓐ 미생물의 몸체의 주성분이며, 생리 기능
을 조절하는 데 필요하다.
ⓛ 증식 촉진 수분 함량은 60~65%, 증식 억
제 수분 함량은 13~15%이다.
ⓒ 수분활성도 : 세균은 Aw 0.95 이하, 효모
는 Aw 0.87, 곰팡이는 Aw 0.80일 때 증
식이 저지된다.

수분과 곰팡이
① 곰팡이의 생육 억제 수분량은 13% 이하이다.
② 일반적인 건조 식품의 수분 함량은 15% 정도로 곰팡
이는 건조 식품에서도 생육할 수 있는 미생물이다.

③ 온도
ⓐ 저온균 : 0℃에서 20℃ 사이에서 자라며
최적온도는 10~15℃이다.
ⓛ 중온균 : 20~40℃이다.
ⓒ 고온균 : 50~70℃이다.
④ pH(수소이온농도)
ⓐ pH 4~6(산성) : 효모, 곰팡이
ⓛ pH 6.5~7.5(약산성에서 중성) : 일반 세
균의 증식 최적 수소이온농도
ⓒ pH 0~8.6(알칼리성) : 콜레라균

⑤ 산소
ⓐ 호기성균 : 산소가 존재하는 상태에서만
증식하는 균이다.
　예 결핵균, 디프테리아균, 백일해균
ⓛ 통성 혐기성균 : 산소가 있어도 이용하
지 않는, 산소가 있거나 없어도 증식 가
능한 균이다.
　예 장내세균, 연쇄상균, 포도상구균
ⓒ 혐기성균 : 산소가 있으면 생육에 지장
을 받고 없어야 증식되는 균이다.
⑥ 삼투압
ⓐ 식염, 설탕에 의한 삼투압은 세균 증식
에 영향을 끼친다.
ⓛ 일반 세균은 3% 식염에서 증식 억제, 호
염세균은 3%의 식염에서 증식, 내염성
세균은 8~10% 식염에서 증식한다.

3 │ 식중독의 종류, 특성 및 예방 방법

1 채소를 통해 감염되는 기생충
① 요충 : 직장 내에서 기생하는 성충이 항문
주위에 산란하여 경구 침입한다.
② 회충 : 손, 파리, 바퀴벌레 등에 의해 식품이
나 음식물이 오염되어 경구 침입한다.
③ 구충(십이지장충) : 경구 감염 및 경피 침입
된다(감염형 피낭 유충).
④ 동양모양선충(동양털회충) : 위, 십이지장, 소
장에 기생한다.
⑤ 편충 : 주로 맹장에 기생하며, 빈혈과 신경
증을 유발시키고, 설사증도 일으킨다.

2 어패류를 통해 감염되는 기생충

구 분	제1중간숙주	제2중간숙주
간디스토마 (간흡충)	왜우렁	민물고기(잉어, 참붕어, 피라미, 모래무지)

구 분	제1중간숙주	제2중간숙주
폐디스토마 (폐흡충)	다슬기	가재, 게
요코가와흡충 (횡천흡충)	다슬기	민물고기(은어 등)
광절열두조충 (긴촌충)	물벼룩	농어, 연어, 숭어(담수어, 반담수어)

3 육류를 통해 감염되는 기생충

구 분	중간숙주 및 특징
유구조충(갈고리촌충, 돼지고기 촌충)	돼지고기를 생식하는 지역에서 감염된다
무구조충 (민촌충, 쇠고기 촌충)	급속 냉동에도 사멸되지 않는다
선모충	쥐 → 돼지고기로부터 감염된다

4 식중독 🍰 중요

① 식중독의 정의

오염된 식품, 첨가물, 기구, 용기 등의 포장 등에 의하여 생리적 이상(급성 위장 장애, 설사 등)을 일으키는 질병이다.

② 세균성식중독의 분류와 성질

구분	경구 감염병	세균성식중독
필요한 균량	소량의 균이라도 숙주 체내에서 증식하여 발병	대량의 세균, 또는 발병 양의 독소에 의해서 발병
감염	원인 병원균에 의해 오염된 물질에 의한 2차 감염이 있다	종말 감염이며 원인 식품에 의해서만 감염해 발병, 2차 감염이 없다 (단, 살모넬라균은 2차 오염도 가능)
잠복기	일반적으로 길다	경구 감염병에 비해 짧다
면역	면역이 성립되는 것이 많다	면역성이 없다

세균성 식중독

1. 여시니아균
   ① 그람 음성, 호기성 또는 조건적 혐기성균이다.
   ② 냉장 온도와 진공 포장에서도 증식한다.
2. 리스테리아균
   ① 냉장, 냉동 온도에서도 증식 가능하다.
   ② 적은 균량으로도 식중독을 일으킨다.
   ③ 임산부의 경우 패혈증, 뇌수막염, 유산을 유발할 수 있다.
   ④ 임산부의 경우 태아에게 감염되어 유산이나 사산의 원인이 되기도 한다.
3. 캠필로박터 제주니
   ① 미호기성 세균으로 3~6%의 산소에서 생장한다.
   ② 오염된 식육 및 식육 가공품, 우유 등에서 원인이 된다.
   ③ 발육온도는 30~46℃ 정도이다.
4. 로프균
   ① 바실러스속 세균으로 자연계의 토양, 물, 마른 풀 등에 분포한다.
   ② 내열성이 강하다.
   ③ 빵에 로프균이 번식하면 악취가 나고 어두운색으로 변한다.

5 감염형 식중독

① 살모넬라(Salmonella)균 식중독 : 어육류, 튀김 등 모든 식품에 의하여 감염되며, 급성 위장염을 일으킨다.
② 장염비브리오(Vibrio)균 식중독 : 여름철에 어패류, 해조류 등에 균이 부착해서 감염, 구토, 상복부의 복통, 발열, 설사가 나타난다.
③ 병원성대장균 식중독 : 환자나 보균자의 분변, 설사로 감염되며, 식욕부진, 구토, 복통, 두통, 치사율이 거의 없다.

6 독소형 식중독

① 포도상구균 식중독
   ㉠ 화농에 황색포도상구균이 있으며, 포도상구균 자체는 열에 약하나, 이 균이 체외로 분비하는 엔테로톡신에 의하여 발병한다.

ⓛ 구토, 복통, 설사 증상이 나타난다.

ⓒ 독소는 엔테로톡신이다.

② 보툴리누스균 식중독(클로스트리디움 보툴리눔 식중독)

　ⓖ 병조림, 통조림, 소시지, 훈제품 등의 원제품에서 발아, 증식하여 독소를 생산하며, 이 식품을 섭취하게 되면 발병한다.

　ⓛ 신경독(신경증상)을 일으킨다.

　ⓒ 독소는 뉴로톡신이다.

③ 웰치균 식중독

　ⓖ 사람의 분변을 통해 감염된다.

　ⓛ 토양에 분포하며, 심한 설사, 복통이 나타난다.

　ⓒ 독소는 엔테로톡신이다.

7 자연성 식중독

① 식물성 식중독

　ⓖ 독버섯 : 무스카린

　ⓛ 감자 : 발아 부위와 녹색 부위에 존재(독성분-솔라닌)

　ⓒ 청매, 은행, 살구씨 : 아미그달린

　ⓔ 수수 : 듀린

　ⓜ 불순 면실유(목화씨) : 고시폴

　ⓗ 독보리 : 테물린

　ⓢ 독미나리 : 시큐톡신

　ⓞ 땅콩 : 아플라톡신

② 동물성 식중독

　ⓖ 복어

　　ⓐ 독성분 : 테트로도톡신

　　ⓑ 부위 : 장기와 특히 산란기 직전의 난소, 고환

　ⓛ 섭조개, 대합 : 삭시톡신

　ⓒ 모시조개, 굴, 바지락 : 베네루핀

③ 곰팡이 독

　ⓖ 아플라톡신 : 쌀, 보리, 땅콩 등에 곰팡이가 침입하여 독소 생성, 간장독을 유발한다.

　ⓛ 맥각중독 : 맥각균이 보리, 밀, 호밀에 기생하여 에르고타민 등의 독소를 생성한다.

　ⓒ 황변미 중독 : 쌀이 곰팡이에 의해 누렇게 변하는 현상으로 페니실리움속 곰팡이가 원인이다. 수분 14~15% 이상 함유한 쌀에 발생하며 신경독, 간암을 유발한다.

④ 알레르기성 식중독

　ⓖ 원인 : 부패 산물인 히스타민에 의한 것이다.

　ⓛ 원인 식품 : 꽁치, 고등어, 참치 등 붉은색 어류나 그 가공품 등이다.

　ⓒ 증상 : 전신에 홍조와 두드러기 현상이 나타난다.

8 화학성 식중독

① 허가하지 않은 유해물질

　ⓖ 유해 방부제 : 붕산, 포름알데히드(포르말린), 우로트로핀(Urotropin), 승홍(HgCl₂)

　ⓛ 유해 인공착색료 : 아우라민, 로다민 B

　ⓒ 유해 표백제 : 롱가리트가 감자, 연근, 우엉 등에 사용되는 일이 있다. 아황산과 다량의 포름알데히드가 잔류하여 독성을 나타낸다.

　ⓔ 유해 감미료 : 시클라메이트, 둘신, 페릴라틴, 에틸렌글리콜 등

② 유해금속에 의한 식중독

　ⓖ 납(Pb) : 도료, 안료, 농약 등에서 오염된다. 수도관의 납관에서 수산화납이 생성되어 납중독, 구토, 복통, 빈혈, 피로, 소화기 장애가 유발된다.

　ⓛ 수은(Hg, 미나마타병) : 유기수은에 오염된 해산물 섭취로 발생하며, 구토, 복통, 설사, 위장 장애, 전신 경련 등을 일으킨다.

수은 - 미나마타병

수은중독으로 인한 신경학적 증상이 나타난다(위장 장애, 언어 장애, 반사 신경 마비 등).

ⓒ 카드뮴(이타이이타이병) : 카드뮴 공장 폐수에 오염된 음료수, 오염된 농작물 식용으로 발병하며 신장 장애, 골연화증 등을 일으킨다.

카드뮴 – 이타이이타이병

① 칼슘과 인의 대사 이상을 초래하여 골연화증을 유발한다.
② 신장 장애와 칼슘 배설을 증가시킨다.

ⓔ 주석 : 주석은 통조림관 내면의 도금 재료로 이용되는 것으로, 산성식품에서 용출되며, 캔류를 통해 감염된다.
ⓜ 아연 : 기구의 합금, 도금 재료로 쓰이며, 산성식품에 의해 아연염으로 바뀐다.
ⓗ 구리 : 기구, 식기 등에 생긴 녹청에 의한 식중독으로 구토, 설사, 위통, 신장 등에 장애를 일으킨다.
ⓢ 비소 : 농약, 불순물로 식품에 혼입되는 경우가 많다. 밀가루로 오인하는 경우 구토, 위통, 경련 등을 일으키는 급성중독과 피부발진, 탈모 등을 일으키는 만성중독이 있다.

4 감염병의 종류, 특성 및 예방 방법

1 감염병의 발생 조건 ◎중요

① 감염원 : 병원체, 환자, 보균자의 분변
② 감염경로 : 병원소로부터 접촉, 공기, 물, 새로운 숙주로의 침입
③ 숙주의 감수성 : 면역성

2 법정감염병 ◎중요

① 제1군 : 콜레라, 세균성이질, 장티푸스, 파라티푸스, 장출혈성대장균 감염증, A형 간염

② 제2군 : 디프테리아, 백일해, 파상풍, 홍역, 유행성이하선염, 풍진, 폴리오, B형 간염, 일본뇌염, 수두, b형 헤모필루스 인플루엔자, 폐렴 구균
③ 제3군 : 말라리아, 결핵, 한센병, 성홍열, 수막구균성 수막염, 레지오넬라증, 비브리오패혈증, 발진티푸스, 발진열, 쯔쯔가무시증, 렙토스피라증, 브루셀라증, 탄저, 공수병, 신증후군출혈열, 인플루엔자, 후천성면역결핍증, 매독, 크로이츠 펠트-야콥병 및 변종크로이츠펠트-야콥병
④ 제4군 : 페스트, 황열, 뎅기열, 바이러스성 출혈열, 두창, 보툴리눔독소증, 동물인플루엔자 인체 감염증, 신종인플루엔자, 야토병, Q열, 신종감염병 증후군, 중증 급성호흡기 증후군(SARS), 웨스트나일열, 라임병, 진드기매개뇌염, 유비저, 치쿤구니야열, 중증열성혈소판감소 증후군(SFTS), 중동 호흡기 증후군(MERS)

3 경구 감염병(소화기계 감염병) ◎중요

① 경구 감염병 : 병원체가 오염된 식품, 손, 물, 곤충, 식기류 등으로부터 입을 통하여 체내로 침입하여 발병하는 감염병이다. 콜레라, 장티푸스, 파라티푸스, 디프테리아, 이질, 성홍열, 감기 등이 있다.
② 주된 경구 감염병의 병원체에 따른 분류
　ⓐ 세균성 감염 : 세균성이질, 장티푸스, 파라티푸스, 콜레라 등
　ⓑ 바이러스성 감염 : 폴리오(급성회백수염, 소아마비), 전염성 설사증, 유행성간염, 천열 등
　ⓒ 기생충 감염 : 아메바성 이질
　ⓓ 장티푸스
　　ⓐ 병원체 : 장티푸스균(Salmonella typhi)
　　ⓑ 혈청학적 진단 : 위달(Widal) 시험
　ⓔ 콜레라 : 병원체는 콜레라균(Vibrio cholera)

③ 경구 감염병과 세균성식중독

경구 감염병	세균성식중독
잠복기가 길다 세균 수가 소량 2차 감염 많다 면역이 된다 음용수에 의한 감염	잠복기가 경구 감염병에 비해 짧다 세균 수가 다량 2차 감염 거의 없다 면역이 안 된다 음용수에 의한 감염

④ 경구 감염병의 예방 대책
  ㉠ 환자를 조기 발견하여 격리 치료한다.
  ㉡ 식품을 가열 처리 후 섭취한다.
  ㉢ 손을 깨끗이 씻는다.
  ㉣ 보균자의 식품 취급을 막는다.
  ㉤ 오염이 의심되는 식품을 수거하여 검사
    기관에 보낸다.

QUICK TIP

식품위생법상 영업에 직접 종사할 수 없는 질병
① 제1군 법정감염병
② 제3군 법정감염병 중 결핵
③ 피부병, 화농성질환
④ 후천성면역결핍증(성병에 관한 건강진단을 받아야 하는 영업에 종사하는 사람만 해당)

4 인수공통감염병 중요

① 병원체에 따른 인수공통감염병의 분류

병원체	인수공통감염병
세균	결핵, 탄저, 브루셀라증, 돈단독, 리스테리아, 야토병
리케차	발진열, 쯔쯔가무시증, 발진티푸스, Q열
바이러스	일본뇌염, 인플루엔자, 광견병, 유행성 출혈열
기타	광우병

② 인수공통감염병의 종류
  ㉠ 인수공통감염병 : 사람과 동물이 같은
    병원체에 의하여 발생되는 질병이다.
  ㉡ 중요 인수공통감염병과 이환되는 가축
    • 탄저 : 소, 말, 양 등 포유동물에 급성
      패혈증을 일으킨다.
    • 결핵 : 병에 걸린 소, 산양의 유즙이나
      유제품을 거쳐 사람에게 감염시킨다.
    • 야토병 : 산토끼, 양에 유행하는 감염
      병으로 오한과 발열 증상이 나타난다.
    • 파상열(브루셀라증) : 소, 돼지, 산양,
      개, 닭 등에 브루셀라균에 의한 유산
      을 일으킨다.
    • 살모넬라증 : 각종 온혈동물을 감염시
      킨다.
    • 돈단독 : 돼지에 급성 패혈증과 만성
      병변을 일으키는 것이 특징이다.
    • Q열 : 쥐, 소, 양 등에 호흡기 증상이
      나타난다.
    • 리스테리아증 : 병에 감염된 동물과
      접촉하거나 오염된 식육, 유제품을 섭
      취하여 감염된다.

QUICK TIP

유즙이나 유제품으로 인한 병
불완전 살균우유로 감염되는 병에는 결핵, 파상열, Q열
등이 있다.

QUICK TIP

식품위생법상 영업에 직접 종사할 수 없는 질병
제1종 법정 전염병 중 소화기계 전염병, 제3종 법정 전
염병 중 결핵, 성병, 피부병, 화농성질환, B형감염(전염
의 우려 없는 비활동성염 제외), AIDS

❸ 환경위생 관리

1 작업환경위생 관리 🌾

1 작업장 관리
① 제과제빵 작업장은 누수, 외부 오염물질이나 해충 설치류의 유입을 차단할 수 있도록 밀폐 가능한 구조여야 한다.
② 작업장에서 발생할 수 있는 교차 오염 방지를 위해 물류 및 출입자의 이동 동선에 대한 계획을 세우고 운영하여 교차 오염이 일어날 수 있는 근본대책을 마련한다.
③ 작업장은 배수가 잘되어야 하고 퇴적물이 쌓이지 않아야 하며, 역류 현상이 일어나지 않도록 한다.
④ 주방 안의 타일은 홈에 먼지, 이물질, 곰팡이 등이 생기지 않도록 깨진 것이나 홈이 파인 곳은 사용하지 않아야 한다.
⑤ 바닥, 벽, 천장, 출입문, 창문 등은 오븐, 가스 스토브 등의 사용 시 안전하고 실용적인 재질을 사용해야 한다.
⑥ 채광 및 조명은 조도를 맞게 설치하고 밝기를 유지해야 한다.
⑦ 작업장 내에 작업자의 이동 동선에 물건을 적재하거나 다른 용도의 사용은 자제해야 한다.

2 작업장 온도와 습도 관리
① 작업장은 재료 및 제품의 특성에 따라 변질되거나 부패가 일어나지 않도록 적정 온도와 습도를 유지해야 한다.
② 주방은 제과제빵 작업에 적당한 환경이 되도록 주방의 온도와 습도를 달리하여 관리하는 것이 좋다.
③ 주방과 판매장의 온도 및 습도 관리를 위한 공조시설의 필터나 망 등은 주기적으로 세척하고 교체하여 이물질의 오염이 발생치 않도록 관리하는 것이 좋다.

3 환경위생의 예방방법
① 쥐 또는 해충 등의 먹이가 되는 음식물 찌꺼기를 없애야 한다.
② 작업장 내에 청결하게 청소하고 건조시켜야 한다.
③ 해충에 대한 화학적, 물리적, 생물학적 약품 처리를 포함한 관리를 전문업체에 관리토록 한다.
④ 작업장의 바닥은 항상 깨끗하고 건조하게 관리해야 한다.
⑤ 복장과 위생복장, 작업장 외부에서 들어오는 식중독균이 교차 오염을 유발할 수 있으니 외부에서 옷을 갈아입고, 발바닥 등을 소독한다.

4 공장 건물의 입지 조건
① 주변 환경의 공기 청정
② 양질의 용수와 수량 확보
③ 오수, 폐수물 처리의 편리성
④ 운수 교통 및 전력 사정

5 공장 건물의 구조 🍰 중요
① 원료로부터 시작하는 제조 공정은 반드시 일정 방향으로 진행되어야 한다.
② 청결과 불결 지역의 작업이 서로 교차되어서는 안 된다.
③ 시설 설계는 병원미생물의 오염을 전제로 하여 이에 대응하는 적절한 배려가 있어야 한다.
④ 작업장의 면적 : 작업장의 면적은 구체적으로 면적이 제시되어 있지는 않지만 공장에서 종업원의 건강관리와 작업 능률 및 품질 위생상의 여러 가지 문제점 등이 밀접한 관계를 가지므로 적절한 면적(공간) 확보는 중요한 요소이다.

⑤ 바닥
  ㉠ 불침수성이고 표면이 편편하여 청소하기가 쉽고 내구성인 자재로 한다.
  ㉡ 배수구는 측면으로부터 15cm 띄어서 벽에 평행하게 하고 실외 배수구에 통하는 부분은 방서 구조(30mesh)로 한다.
  ㉢ 바닥의 경사는 1cm 높이(1.5/100 배율)가 적당하고 배수구의 경사는 3/100 이상으로 하여야 배수가 빠르고 물이 고여 섞은 냄새를 최소화할 수 있다.
⑥ 벽의 조건
  ㉠ 바닥과 같이 불침수성 재료로 처리하고 표면이 평평하여 청소하기 쉽게 한다.
  ㉡ 내측 벽 하부는 부식되기 쉬우므로 약 1m 정도의 높이까지는 타일이나 시멘트 등의 불침투성 재료로 시공하는 것이 좋다.
⑦ 천장
  ㉠ 평평하고 밝은색의 재료로 처리하고 가능하면 수세도 할 수 있으면 좋다.
  ㉡ 통풍이 잘되고 수증기의 응축에 의한 물방울이 생겨 식품에 직접 떨어져서 식품을 오염시키는 것을 막기 위하여 천장은 벽을 향해서 완만하게 경사지도록 한다.
⑧ 채광, 조명
  ㉠ 자연의 햇볕을 충분히 이용하기 위해서 창의 면적은 벽의 면적을 기준으로 할 때 70% 이상이며, 바닥의 면적을 기준으로 하면 20~30% 정도로 하는 것이 좋다.
  ㉡ 야간이나 인공 광선에 의한 조명으로 이용하는데 조도는 50lux 이상이 바람직하다.
⑨ 환기, 통풍 : 식품의 제조, 가공 시설에는 효과적으로 환기 또는 배기를 할 수 있는 설비를 하게 되는데 수증기나 폐기(연기, 가스) 등이 빨리 배출될 수 있게 배기팬이나 벤추레이터 등을 이용하여 인공적으로 환기를 하기도 한다.

⑩ 방충, 방서 : 쥐와 곤충의 출입을 방지하기 위해서는 작업장 내·외의 배수구와 출입구 또는 화장실과 출입구에는 방서 시설을 하고 조리장과 창문에는 방충, 방서용 금속망으로 30mesh 정도의 것이 적당하다.
⑪ 배수
  ㉠ 하수도, 폐수 탱크 등은 당국이 인정하는 적당한 처리 방법과 시설로 되어 있어야 하고, 폐수는 배수관을 통하여 역류의 가능성이 있으면 안 된다.
  ㉡ 건물 주위의 배수구는 적당한 경사가 필요하며, 항상 청결하고 배수 및 빗물이 자연적으로 흘러내려가야 한다.

2 소독체

1 소독과 멸균의 정의
① 소독 : 물리·화학적 방법으로 병원미생물만을 사멸시키는 것이다.
② 살균 : 미생물에 물리·화학적 자극을 주어 단시간 내에 사멸시키는 것이다.
③ 멸균 : 병원미생물뿐 아니라 모든 미생물을 사멸시켜 완전한 무균 상태가 되게 하는 것이다.
④ 방부 : 보존료를 사용하여 부패를 방지하는 것이다.
⑤ 정균 : 냉장 등으로 균의 증식을 억제시키는 것이다.

2 물리적인 방법(열) 중요
① 화염 멸균(소각 멸균) : 불연성 기구(백금이 등)의 멸균에 이용된다.
② 증기 멸균 : 증발 중에서 30분 이상 가열, 아포 사멸에 불충분하다.

③ 자비 멸균 : 끓는 물속에서 15~30분간 가열하는 방법으로, 주사기 멸균에 이용된다.
④ 고압멸균 : 고압증기 멸균솥을 이용하여 121℃에서 15~20분간 살균하는 방법으로 통조림 멸균에 이용된다.
⑤ 저온멸균 : 우유의 병원미생물들을 살균하는 데 이용하며, 62~65℃에서 30분간, 71℃에서 14~16초간 가열한다.

3 화학적인 방법 중요

① 알코올 : 70% 수용액을 금속, 유리 기구, 손 소독에 사용한다.
② 과산화수소 : 3% 용액을 피부 상처 소독에 사용한다.
③ 석탄산(페놀) : 3~5% 용액을 사용하며, 손, 의류, 오물, 기구 등의 소독에 이용되며 살균력을 알아보기 위한 표준시약으로 사용한다.
④ 크레졸 : 1~2% 용액에 비누액 50%를 섞어 오물 소독, 손 소독 등에 사용하며, 석탄산보다 2배의 소독력이 있다.
⑤ 승홍 : 단백질과 결합하여 살균 작용을 한다. 0.1% 용액을 사용한다.
⑥ 역성비누 : 원액을 200~400배로 희석하여 손, 식품, 기구 등에 사용하며 무독성이고 살균력이 강하다.
⑦ 포르말린 : 30~40% 용액을 오물 소독에 이용한다.

3 미생물 중요

1 미생물 종류의 특성

① 세균류(Bacteria)
  ㉠ 구균 : 단구균, 쌍구균, 연쇄상구균, 포도상구균 등
  ㉡ 간균 : 결핵균 등
  ㉢ 나선균 : 나사 모양의 나선 형태(콜레라 등)
  ㉣ 종류 : 비브리오속, 락토바실루스속, 바실루스속 외에 여러 종류가 있다.
② 곰팡이(Mold) : 무성 포자나 유성포자가 있어 식품 변패 원인도 되고, 술, 된장, 간장 등 양조에 이용되는 누룩곰팡이처럼 유용한 것도 있다.
③ 효모(Yeast) : 단세포의 진균으로 구형, 난형, 타원형 등 여러 형태를 한 미생물로 세균보다 크기가 크다. 출아에 의하여 무성생식법으로 번식하며 비운동성이다.
④ 바이러스(Virus) : 미생물 중에서 가장 작은 것으로 살아있는 세포 중에서만 생존하며, 형태와 크기가 일정치 않고, 순수배양이 불가능하다(가장 작은 미생물). 천연두, 인플루엔자, 일본뇌염, 광견병, 소아마비 등이 있다.
⑤ 리케차(Rickettisa) : 세균과 바이러스의 중간 형태에 속하며, 구형, 간형 등의 형태를 가지고 있다. 발진열, 발진티푸스 등이 있다.
⑥ 비브리오(Vibrio)속 : 무아포, 혐기성 간균이다. 콜레라균, 장염비브리오균 등이 있다.
⑦ 락토바실루스(Lactobacillus) : 간균으로 당류를 발효시켜 젖산을 생성하므로 젖산균이라고도 한다. 젖산음료의 발효균으로 이용된다.
⑧ 바실루스(Bacillus)속 : 호기성 간균으로 아포를 형성하며 열 저항성이 강하다. 토양 등 자연계에 널리 분포하며, 전분과 단백질 분해 작용을 갖는 부패세균이다. 빵의 점조성 원인이 되는 로프균이 이에 속한다.

4 방충, 방서 관리

① 주방 및 재료 창고 등의 작업장은 해충의 출입 및 번식을 방지할수 있도록 관리하고 정기적으로 확인하도록 관리지침을 마련한다.
② 벽이나 천정의 모서리, 구석진 곳에 해충의 번식을 막기 위해 철저한 관리 감독이 요구된다.
③ 출입구에는 벌레를 유인하지 않는 옐로우등을 설치한다.
④ 작업장 내·외부에 설치되어 있는 방충문 등을 점검하여야 한다.
⑤ 쥐막이 시설은 식품과 사람에 대해 오용되지 않도록 적정성 여부를 확인한다.
⑥ 배수구와 트랩에 0.8cm 이하의 그물망을 설치한다.
⑦ 시설바닥의 콘크리트 두께는 10cm 이상, 벽은 15cm 이상, 배수구 지름은 최소 10cm로 한다.

04 공정 점검 및 관리

1 작업환경 및 작업자 위생 점검

① 작업장의 환경 관리는 제과, 제빵 작업장, 초콜릿, 케이크 작업장, 재료창고, 포장실, 완제품 보관실, 매장 등의 각각의 작업장에서 온도와 습도의 관리 지침서를 따로 작성하여 관리해야 한다.
② 건물 외부, 탈의실, 발바닥 소독 등의 관리가 철저히 이루어지도록 관리한다.

2 기기안전 관리

① 설비 및 기기의 종류
  • 진열대 관리하기
  • 진열장 관리하기
  • 에어컨 관리하기
  • 정수기 관리하기
  • 작업대 관리하기
  • 냉동, 냉장 시설 안전관리

  • 오븐 안전관리
  • 발효실 안전관리
  • 반죽기 안전관리
  • 가스 스토브 안전관리
  • 파이롤러 및 튀김기 관리
  • 기타 설비관리
② 설비 및 기기의 위생 안전관리
  ㉠ 기기관리 지침서의 적용 범위를 정하기
    • 제조업체의 생산 공정에 사용되는 생산 설비와 보조 적용한다.
    • 설비의 도입, 유지관리, 보수, 폐기등에 대한 업무를 적용한다.
  ㉡ 운영절차 작성
    • 설비 도입 검토하기
    • 설비 도입 설치하기
    • 설비 도입 완료 보고서 작성
  ㉢ 설비 등록하기
  ㉣ 설비 운영하기
  ㉤ 설비 유지 및 관리하기
  ㉥ 설비 이력 관리하기
  ㉦ 설비의 개조, 보수 폐기하기

3 생산관리의 개요

사람, 자금, 재료의 3요소를 유효·적절하게 사용하여 양질의 물건을 적은 비용으로 필요한 양만큼 정해진 시기에 만들어 내는 관리, 또는 경영이라 할 수 있다.

1 기업 활동의 구성 요소 📖중요

① 1차 관리 : Man(사람, 질과 양), Material(재료, 품질), Money(자금, 원가)
② 2차 관리 : Method(방법), Minute(시간, 공정), Machine(기계, 시설), Market(시장)

2 생산계획의 분류

① 인원 계획 : 평균적인 결근율, 기계의 능력 등을 감안하여 인원 계획을 세운다.

② 설비 계획 : 기계화와 설비 보전을 계획하는 일이다.

③ 제품 계획 : 신제품, 제품 구성비, 개발계획을 세우는 일이다.

④ 합리화 계획 : 생산성 향상, 외주, 구매 계획을 세우는 일이다.

⑤ 교육 훈련 계획 : 관리, 감독자 교육과 작업 능력 향상 훈련을 계획하는 일이다.

3 실행 예산

① 예산 계획 : 제조원가를 계획하는 일이다.

② 계획 목표 : 노동생산성, 가치 생산성, 노동 분배율, 1인당 이익을 세우는 일이다.

㉠ 노동생산성 $= \dfrac{\text{생산 금액}}{\text{소요 인원 수}}$

㉡ 가치 생산성 $= \dfrac{\text{생산 가치}}{\text{연인원}}$

㉢ 노동분배율 $= \dfrac{\text{인건비}}{\text{생산 가치}}$

㉣ 1인당 이익 $= \dfrac{\text{이익}}{\text{연인원}}$

4 생산 시스템의 분석 🧁중요

① 생산 시스템의 정의 : 투입에서 생산 활동과 산출까지의 전 과정을 관리하는 것이다.

② 생산 가치의 분석

㉠ 1인당 생산 가치 $= \dfrac{\text{생산 가치}}{\text{인건비}}$

㉡ 생산 가치율(%) $= \dfrac{\text{생산 가치}}{\text{생산 금액}}$

㉢ 노동분배율(%) $= \dfrac{\text{인건비}}{\text{생산 가치}} \times 100$

5 생산관리 체계 🧁중요

① 원가 구성 요소 : 직접원가, 제조원가, 총원가

② 직접원가 : 직접경비 + 직접노무비 + 직접재료비

③ 제조원가 : 제조간접비+직접원가

④ 총원가 : 일반관리비+판매비+제조원가(직접원가+제조간접비)

⑤ 판매가격 : 이익+총원가

직접원가	제조원가	총원가	판매가격
			이익
		일반관리비	
		판매비	
	제조간접비		
직접경비		제조원가	총원가
직접노무비	직접원가		
직접재료비			

개당 제품의 노무비

① 사람 수×시간×인건비 ÷ 제품의 개수

② 제품의 개수 ÷ 사람 수 ÷ 시간

6 제과·제빵 공정상의 조도 기준

작업 내용	표준 조도 (lux)	한계 조도 (lux)
발효	50	30~70
계량, 반죽, 조리, 성형	200	150~300
굽기	100	70~150
포장, 장식(수작업), 마무리 작업	500	300~700

조도

어떤 면이 받는 빛의 세기를 나타내는 양으로 단위는 럭스(lux)이다.

confectionary & bread

PART 02

제과·제빵기능사
실전 모의고사

 **제과기능사** 제1회 실전 모의고사

수험번호
수험자명
제한시간 : **60분**

01 글리코겐이 주로 합성되는 곳은?

① 간, 신장
② 소화관, 근육
③ 간, 혈액
④ 간, 근육

해설 에너지로 쓰고남은 여분의 포도당은 간과 근육에 글리코겐 형태로 저장된다.

02 케이크 반죽의 pH가 적정 범위를 벗어나 알칼리일 경우 제품에서 나타나는 현상은?

① 부피가 작다.
② 향이 약하다.
③ 껍질색이 여리다.
④ 기공이 거칠다.

해설 케이크 반죽이 알칼리일 경우 : 부피가 크다, 향이 강하다, 껍질색이 진하다, 기공이 거칠다.

03 다음 중 반죽형 케이크의 반죽 제조법에 해당하는 것은?

① 공립법
② 별립법
③ 머랭법
④ 블렌딩법

해설 반죽형반죽법 - 크림법, 블렌딩법, 1단계법, 설탕/물반죽법 등이 있다.

04 어떤 과자빈죽의 비중을 측징하기 위하여 다음과 같이 무게를 달았다면 이 반죽의 비중은? (단, 비중컵＝50g, 비중컵＋물＝250g, 비중컵＋반죽＝170g)

① 0.40
② 0.60
③ 0.68
④ 1.47

해설 비중＝$\dfrac{\text{반죽 무게}-\text{비중컵 무게}}{\text{물 무게}-\text{비중컵 무게}}$
＝(170－50)÷(250－50)＝120÷200
＝0.60

05 흰자를 거품내면서 뜨겁게 끓인 시럽을 부어 만든 머랭은?

① 냉제 머랭
② 온제 머랭
③ 스위스 머랭
④ 이탈리안 머랭

해설 이탈리안 머랭은 흰자를 거품내면서 114~118℃로 끓인 시럽을 부어 만든다.

06 유지의 경화에 대한 설명으로 옳은 것은?

① 포화 지방산의 수증기 증류를 말한다.
② 불포화 지방산에 수소를 첨가하는 것이다.
③ 규조토를 경화제로 하는 것이다.
④ 알칼리 정제를 말한다.

해설 유지의 경화란 불포화지방산에 니켈을 촉매로 수소를 첨가하여 지방의 불포화도를 감소시킨 것을 가리킨다.

07 밀가루 중에 가장 많이 함유된 물질은?

① 단백질
② 지방
③ 전분
④ 회분

해설 밀가루는 전분 65~78%, 단백질 6~15%, 회분 1% 이하, 수분 13~14%로 구성된다.

08 다음 중 1mg과 같은 것은?

① 0.0001g
② 0.001g
③ 0.1g
④ 1000g

해설 1mg은 질량을 나타내는 단위로 0.001g이다.

정답 01 ④ 02 ④ 03 ④ 04 ② 05 ④ 06 ② 07 ③ 08 ②

09 다음 중 효소와 온도에 대한 설명으로 틀린 것은?

① 효소는 일종의 단백질이기 때문에 열에 의해 변성된다.
② 최적온도 수준이 지나도 반응 속도는 증가한다.
③ 적정온도 범위에서 온도가 낮아질수록 반응속도는 낮아진다.
④ 적정 온도 범위 내에서 온도 10℃ 상승에 따라 효소 활성은 약 2배로 증가한다.

해설 효소를 구성하는 단백질은 열에 불안정하여 가열하면 변성된다. 온도, pH, 수분에 영향을 받으며 선택적으로 반응한다.

10 다음 중 당 알코올(Sugar alcohol)이 아닌 것은?

① 자일리톨 ② 솔비톨
③ 갈락티톨 ④ 글리세롤

해설 글리세롤은 지방을 가수분해 하면 지방산과 함께 생성된다. 글리세린이라고 하며 무색으로 투명하고 단맛이 있는 액체이다.

11 맥아당은 이스트의 발효과정 중 효소에 의해 어떻게 분해되는가?

① 포도당＋포도당
② 포도당＋과당
③ 포도당＋유당
④ 과당＋과당

해설 맥아당은 말타아제에 의해 2분자의 포도당으로 분해된다.

12 케이크 제품에서 달걀의 기능이 아닌 것은?

① 영양가 증대
② 결합제 역할
③ 유화작용 저해
④ 수분 증발 감소

해설 달걀은 팽창제, 유화제, 농후화제, 결합제 및 제품의 구조를 형성하는 구성 재료이다.

13 밀 제분 공정 중 정선기에 온 밀가루를 다시 마쇄하여 작은 입자로 만드는 공정은?

① 조쇄 공정(break roll)
② 분쇄 공정(reduct roll)
③ 정선 공정(milling separator)
④ 조질 공정(tempering)

해설 제분은 밀로부터 밀가루를 생산하는 단계로 큰 덩어리를 작게 하는 조쇄 공정을 거쳐 고운가루로 만들어주는 분쇄 공정을 거친다.

14 리놀렌산(Linolenic acid)의 급원식품으로 가장 적합한 것은?

① 라드 ② 들기름
③ 면실유 ④ 해바라기씨유

해설 리놀렌산은 필수지방산으로 체내에서 흡수되지는 않는다. 식물성유지인 들기름에서 리놀렌산을 얻는다.

15 일반적으로 초콜릿은 코코아와 카카오 버터로 나누어져 있다. 초콜릿 56%를 사용할 때 코코아의 양은 얼마인가?

① 35% ② 37%
③ 38% ④ 41%

해설 초콜릿은 코코아 5/8와 코코아버터 3/8을 함유하고 있어 코코아양＝56%×0.625＝35%이다.

16 머랭 제조에 대한 설명으로 옳은 것은?

① 기름기나 노른자가 없어야 튼튼한 거품이 나온다.
② 일반적으로 흰자 100에 대하여 설탕 50의 비율로 만든다.
③ 저속으로 거품을 올린다.
④ 설탕을 믹싱 초기에 첨가하여야 부피가 커진다.

해설 머랭 제조 시 볼이나 휘퍼에 기름기나 노른자가 있으면 흰자의 표면장력이 커져 기포가 잘 일어나지 않는다.

17 다음 중 쿠키의 과도한 퍼짐 원인이 아닌 것은?

① 반죽의 되기가 너무 묽을 때
② 유지함량이 적을 때
③ 설탕 사용량이 많을 때
④ 굽는 온도가 너무 낮을 때

해설 **쿠키가 퍼짐이 심한 이유**
- 묽은 반죽, 쇼트닝이 너무 많다.
- 과다한 팽창제 사용
- 알칼리성 반죽
- 설탕을 많이 사용
- 너무 낮은 온도

18 케이크 반죽이 30ℓ 용량의 그릇 10개에 가득 차 있다. 이것으로 분할 반죽 300g 짜리 600 개를 만들었다. 이 반죽의 비중은?

① 0.8
② 0.7
③ 0.6
④ 0.5

해설 ℓ = 부피 단위, g = 질량 단위이다.
물 1ℓ = 1kg이다.

19 다음 중 밀가루 제품의 품질에 가장 크게 영향을 주는 것은?

① 글루텐의 함유량
② 빛깔, 맛, 향기
③ 비타민 함유량
④ 원산지

해설 글루텐은 단백질의 질과 함량에 의해 결정된다.

20 전분을 효소나 산에 의해 가수분해시켜 얻은 포도당액을 효소나 알칼리 처리로 포도당과 과당으로 만들어 놓은 당의 명칭은?

① 전화당
② 맥아당
③ 이성화당
④ 전분당

해설 이성화당은 생화학적 반응에 의해 분자식은 같으나 구조식이 다른 당으로 변환된 당으로 이성질화당이라고도 한다. 과자나 청량음료수, 통조림 등에 이용된다.

21 검류에 대한 설명으로 틀린 것은?

① 유화제, 안정제, 점착제 등으로 사용된다.
② 낮은 온도에서도 높은 점성을 나타낸다.
③ 무기질과 단백질로 구성되어 있다.
④ 친수성 물질이다.

해설 검류는 식물의 수지로부터 얻을 수 있으며, 탄수화물과 단백질로 구성되어 있다.

22 아미노산의 성질에 대한 설명 중 옳은 것은?

① 모든 아미노산은 선광성을 갖는다.
② 아미노산은 융점이 낮아서 액상이 많다.
③ 아미노산은 종류에 따라 등전점이 다르다.
④ 천연단백질을 구성하는 아미노산은 주로 D형이다.

해설 등전점이란 단백질이 중성이 되는 pH 시기를 말하며, 단백질의 종류에 따라 등전점은 달라진다.

23 무기질에 대한 설명으로 틀린 것은?

① 나트륨은 결핍증이 없으며 소금, 육류 등에 많다.
② 마그네슘 결핍증은 근육약화, 경련 등이며 생선, 견과류 등에 많다.
③ 철은 결핍 시 빈혈증상이 있으며 시금치, 두류 등에 많다.
④ 요오드 결핍 시에는 갑상선종이 생기며 유제품, 해소류 등에 많다.

해설 황은 담즙 생성에 필요하므로 지방의 소화흡수를 돕는다. 머리카락, 피부 손톱 등의 단백질 제조에 필요하다.

24 옐로 레이어 케이크의 비중이 낮을 경우에 나타나는 현상은?

① 부피가 작아진다.
② 상품적 가치가 높다.
③ 조직이 무겁게 된다.
④ 구조력이 약화되어 중앙 부분이 함몰한다.

해설 비중이 낮으면 반죽에 혼입된 공기량이 많아 구조력이 약화되어 중앙 부분이 함몰된다.

25 혈당의 저하와 가장 관계가 깊은 것은?

① 인슐린　　　　② 리파아제
③ 프로테아제　　④ 펩신

> 해설 • 리파아제 : 지방 분해효소
> • 프로테아제 : 단백질 분해효소
> • 펩신 : 단백질 분해효소, 인슐린이 부족하면
> 　　　 혈당이 증가되므로 인슐린과 혈당과 관
> 　　　 계가 깊다.

26 데블스푸드 케이크에서 전체 액체량을 구하는 식은?

① 설탕 + 30 + (코코아 × 1.5)
② 설탕 − 30 − (코코아 × 1.5)
③ 설탕 + 30 − (코코아 × 1.5)
④ 설탕 − 30 + (코코아 × 1.5)

> 해설 전체 액체량은 우유와 계란의 합으로 이루어진
> 다. 우유 + 달걀 = 설탕 + 30 + (코코아 × 1.5)

27 물엿을 계량할 때 바람직하지 않은 방법은?

① 설탕 계량 후 그 위에 계량한다.
② 스테인리스 그릇 혹은 플라스틱 그릇을 사용하는 것이 좋다.
③ 살짝 데워서 계량하면 수월할 수 있다.
④ 일반 갱지를 잘 잘라서 그 위에 계량하는 것이 좋다.

> 해설 갱지를 잘라 위에 계량하면 재료 손실량이 많아
> 진다.

28 다음 중 비용적이 가장 큰 제품은?

① 파운드 케이크　　② 레이어 케이크
③ 스펀지 케이크　　④ 식빵

> 해설 스펀지 케이크 〉 식빵 〉 레이어 케이크 〉 파운드
> 케이크

29 다음 중 파이롤러를 사용하지 않은 제품은?

① 케이크 도넛　　　② 데니시 페이스트리
③ 롤 케이크　　　　④ 퍼프 페이스트리

> 해설 롤 케이크는 긴 밀대를 사용한다.

30 퍼프 페이스트리 제조 시 다른 조건이 같을 때 충전용 유지에 대한 설명으로 틀린 것은?

① 충전용 유지가 많을수록 결이 분명해진다.
② 충전용 유지가 많을수록 밀어펴기가 쉬워진다.
③ 충전용 유지가 많을수록 부피가 커진다.
④ 충전용 유지는 가소성 범위가 넓은 파이용이 적당하다.

> 해설 충전용 유지가 많을수록 밀어펴기가 어려워진다.

31 도넛을 튀길 때의 설명으로 틀린 것은?

① 튀김기름의 깊이는 12cm 정도가 알맞다.
② 자주 뒤집어 타지 않도록 한다.
③ 튀김온도는 185℃ 정도로 맞춘다.
④ 튀김기름에 스테아린을 소량 첨가한다.

> 해설 도넛을 자주 뒤집으면 흡유율이 많아진다.

32 도넛의 튀김온도로 가장 적당한 것은?

① 140~156℃　　② 160~176℃
③ 180~196℃　　④ 220~236℃

> 해설 도넛의 튀김온도는 180~190℃가 적당하며, 튀
> 김온도가 너무 낮으면 기름의 흡유가 많다.

33 언더 베이킹(Under baking)에 대한 설명으로 틀린 것은?

① 제품의 윗부분이 올라간다.
② 제품의 중앙 부분이 터지기 쉽다.
③ 제품의 윗부분이 평평하다.
④ 케이크 속이 익지 않을 경우도 있다.

> 해설 제품의 윗부분이 평평한 경우는 오버 베이킹이다.

34 고율배합의 제품을 굽는 방법으로 알맞은 것은?

① 저온 단시간　　② 고온 단시간
③ 저온 장시간　　④ 고온 장시간

> 해설 고율배합제품은 낮은 온도에서 장시간 굽는다.

---

35 튀김에 기름을 반복 사용할 경우 일어나는 주요한 변화 중 틀린 것은?

① 중합의 증가 ② 변색의 증가
③ 점도의 증가 ④ 발연점의 상승

해설 튀김기름을 반복 사용하면 발연점이 낮아진다.

36 우유를 살균할 때 많이 이용되는 저온 장시간 살균법으로 가장 적합한 온도는?

① 18~20℃ ② 63~65℃
③ 38~40℃ ④ 78~80℃

해설 • 저온 장시간 살균법 : 62~65℃, 30분
• 고온 단시간 살균법 : 72~75℃, 15초
• 초고온 순간 살균법 : 120~140℃, 1~3초

37 거품을 올린 흰자에 뜨거운 시럽을 첨가하면서 고속으로 믹싱하여 만드는 아이싱은?

① 마시멜로 아이싱
② 콤비네이션 아이싱
③ 초콜릿 아이싱
④ 로얄 아이싱

해설 마시멜로 아이싱은 흰자에 114℃로 끓인 시럽을 넣고 젤라틴과 고속으로 믹싱한다.

38 퐁당에 대한 설명으로 가장 적합한 것은?

① 시럽을 214℃까지 끓인다.
② 20℃ 전후로 식혀서 휘젓는다.
③ 물엿, 전화당 시럽을 첨가하면 수분 보유력을 높일 수 있다.
④ 유화제를 사용하면 부드럽게 할 수 있다.

해설 퐁당은 설탕 100에 대하여 물 30을 넣고 114~118℃로 끓인 뒤 냉각하여 희뿌연 상태로 재결정화시킨 것이다. 퐁당에 물엿이나 전화당 시럽을 첨가하면 식감이 부드러워지고, 수분 보유력을 높일 수 있다.

39 다음 제품 중 굽기 전 침지 또는 분무하여 굽는 제품은?

① 다쿠아 ② 오믈렛
③ 핑거쿠키 ④ 슈

해설 굽기 전 반죽을 침지하거나 분무시키는 제품은 슈이다.

40 생산관리의 기능과 먼 것은?

① 품질보증기간 ② 적시, 적량기능
③ 원가조절기능 ④ 글루텐응고

해설 생산관리는 좋은 제품을 저렴한 비용으로 정해진 시기에 만들어 내는 것이다.

41 새로운 팬의 사용방법으로 옳은 것은?

① 코팅되지 않은 팬은 218℃ 이하의 오븐에서 1시간 정도 굽는다.
② 실리콘으로 코팅된 팬은 고온으로 장시간 굽는다.
③ 팬을 중성세제를 사용하여 씻고 물속에 보관한다.
④ 사용 후에는 수세미로 깨끗이 씻어 이물질을 제거한다.

해설 새로운 팬은 218℃ 이하의 오븐에서 1시간 정도 굽기를 해서 사용하고 물속에 보관하면 녹이 슬고, 수세미로 닦으면 코팅이 벗겨진다.

42 제품의 판매가격이 1,000원일 때 생산원가는 약 얼마인가? (단, 손실율10%, 이익률 20%, 부가가치세10%가 포함된 가격이다.)

① 580원 ② 689원
③ 758원 ④ 909원

해설 생산원가＝판매가격÷부가세÷이익률÷손실률
1,000÷1.1÷1.2÷1.1＝689원

43 제빵 생산의 원가를 계산하는 목적으로만 연결된 것은?

① 순이익과 총매출의 계산
② 이익계산, 가격결정, 원가관리
③ 노무비, 재료비, 경비산출

 정답 35 ④ 36 ② 37 ① 38 ③ 39 ④ 40 ④ 41 ① 42 ② 43 ②

④ 생산량관리, 재고관리, 판매관리

[해설] 제빵 생산의 원가를 계산하는 이익계산, 판매가격결정, 원, 부재료관리등이며, 설비보수는 생산계획의 감가상각의 목적이 된다.

44 밀 제분 공정 중 정선기에 온 밀가루를 다시 마쇄하여 작은 입자로 만드는 공정은?

① 조쇄공정(break roll)
② 분쇄공정(reduct roll)
③ 정선공정(milling separator)
④ 조질공정(tempering)

[해설] 제분은 밀로부터 밀가루를 생산하는 단계로 큰덩어리를 작게 하는 조쇄공정을 거쳐 고운가루로 만들어주는 분쇄공정을 거친다.

45 공장 설비시 배수관의 최소 내경으로 알맞은 것은?

① 5cm   ② 7cm
③ 10cm   ④ 15cm

[해설] 배수관의 내경은 최소 10cm로 한다.

46 식자재의 교차오염을 예방하기 위한 보관방법으로 잘못된 것은?

① 원재료와 완성품을 구분하여 보관
② 바닥과 벽으로부터 일정거리를 띄워 보관
③ 뚜껑이 있는 청결한 용기에 덮개를 덮어서 보관
④ 식자재와 비식자재를 함께 식품 창고에 보관

[해설] 교차오염을 예방하기위해서는 식자재와 비식자재를 구분하여 보관한다.

47 원가의 구성에서 직접원가에 해당되지 않는 것은?

① 직접재료비   ② 직접노무비
③ 직접경비   ④ 직접판매비

[해설] 직접원가＝직접재료비＋직접노무비＋직접경비
총원가＝제조원가＋판매비＋일반관리비

48 병원성대장균 식중독의 가장 적합한 예방책은?

① 곡류의 수분을 10% 이하로 조정한다.
② 어류의 내장을 제거하고 충분히 세척한다.
③ 어패류는 민물로 깨끗이 씻는다.
④ 건강보균자나 환자의 분변 오염을 방지한다.

[해설] 병원성대장균의 식중독은 분변을 통해 감염된다.

49 다음 세균성 식중독 중 일반적으로 치사율이 가장 높은 것은?

① 살모넬라균에 의한 식중독
② 보툴리누스균에 의한 식중독
③ 장염비브리오균에 의한 식중독
④ 포도상구균에 의한 식중독

[해설] 보툴리누스균의 아포는 열에 강하고 독소인 뉴로톡신은 열에 약해 80℃에서 30분이면 파괴된다. 식중독 중 치사율이 가장 높으며, 원인식품은 완전 가열, 살균되지 않은 병조림, 통조림, 소시지 훈제품 등이다.

50 주로 단백질이 세균에 의해 분해되어 악취, 유해물질을 생성하는 현상은?

① 발효   ② 부패
③ 변패   ④ 산패

[해설]
• 발효 : 식품에 미생물이 번식하여 식품의 성질이 변화를 일으키는 현상으로, 그 변화가 인체에 유익한 경우를 말한다.
• 변패 : 탄수화물을 많이 함유한 식품이 미생물의 분해작용으로 맛이나 냄새가 변화하는 현상이다.
• 산패 : 지방의 산화 등에 의해 악취나 변색이 일어나는 현상이다.

정답 44 ②   45 ③   46 ④   47 ④   48 ④   49 ②   50 ②

51 다음 중 감염형 식중독 세균이 아닌 것은?

① 살모넬라균
② 장염비브리오균
③ 황색포도상구균
④ 캠필로박터균

> **해설** 감염형 식중독에는 살모넬라균 식중독, 장염비브리오균 식중독, 병원성대장균 식중독이 있다.

52 호염성 세균으로서 어패류를 통화여 가장 많이 발생하는 식중독은?

① 살모넬라 식중독
② 장염비브리오 식중독
③ 병원성대장균 식중독
④ 포도상규균 식중독

> **해설** 감염형 식중독인 장염비브리오균 식중독은 병원성호염균으로 약 3% 식염배지에서 발육이 잘되고, 어패류, 해조류 등에 의해 감염된다.

53 절대적으로 공기와의 접촉이 차단된 상태에서만 생존할 수 있어 산소가 있으면 사멸되는 균은?

① 호기성균
② 편성 호기성균
③ 통성 혐기성균
④ 편성 혐기성균

> **해설** 편성 혐기성균은 산소가 있으면 생육에 지장을 받는 균으로 보툴리누스균, 파상풍균 등이 이에 해당된다.

54 법정 전염병 중 전파속도가 빠르고 국민건강에 미치는 위해 정도가 커서 발생 즉시 방역대책을 수립해야 하는 전염병은?

① 제1군 전염병
② 제2군 전염병
③ 제3군 전염병
④ 제4군 전염병

> **해설** 1군법정 전염병 : 장티푸스, 파라티푸스, 세균성이질, 콜레라, 디프테리아, 성홍열 등이 있다.

55 모노글리세리드(monoglyceride)와 디글리세리드(diglyceride)는 제과에 있어 주로 어떤 역할을 하는가?

① 유화제
② 항산화제
③ 감미제
④ 필수영양제

> **해설** 유화제란 물과 기름처럼 서로 혼합되지 않는 두 종류의 액체를 혼합할 때 분리되지 않고 분산시키는 기능을 갖는 물질로 종류에는 대두인지질, 글리세린, 레시틴, 모노디글리세리드 등이 있다.

56 부패의 진행에 수반하여 생기는 부패산물이 아닌 것은?

① 암모니아
② 화화수소
③ 메르캅탄
④ 일산화탄소

> **해설** 부패란 단백질 식품에 혐기성 세균이 증식한 생물학적 요인에 의해 분해되어 악취와 유해물질을 생성하는 현상이다.

57 인수공통전염병으로만 짝지어진 것은?

① 폴리오, 장티푸스
② 틴지, 리스데리이증
③ 결핵, 유행성 간염
④ 홍역, 브루셀라증

> **해설** 인수공통전염병은 탄저병, 파상열(브루셀라증), 결핵, 야토병, 돈단독, Q열, 리스테리아증 등이 있다.

58 다음 중 부패세균이 아닌 것은?

① 어위니아균(Erwinia)
② 슈도모나스균(Pseudomonas)
③ 고초균(Bacillus subtilis)
④ 티포이드균(Sallmonella typhi)

> **해설** 티포이드균(Sallmonella typhi)은 감염형 식중독균의 일종이다.

59 부패를 판정하는 방법으로 사람에 의한 관능 검사를 실시할 때 검사하는 항목이 아닌 것은?

① 색 　　　　　② 맛
③ 냄새 　　　　④ 균수

해설 부패의 판정은 관능검사로 후각, 시각, 미각, 촉각에 의한 방법을 말한다.

60 식품첨가물에 관한 설명 중 틀린 것은?

① 식품의 조리 가공에 있어 상품적, 영양적, 위생적 가치를 향상시킬 목적으로 사용한다.
② 식품에 의도적으로 미량 첨가되는 물질이다.
③ 자연의 동·식물에서 추출된 천연식품첨가물은 식품의약품안전처장의 허가 없이도 사용이 가능하다.
④ 식품에 첨가, 혼합, 침윤, 기타의 방법에 의해 사용되어진다.

해설 식품첨가물은 식품위생법에 의한 사용기준과 첨가량을 준수해야 하며, 그 규격과 기준은 식품의약품안전처장이 작성한 식품 첨가물 공전에 수록되어 있다.

01 화이트 레이어 케이크의 반죽 비중으로 가장 적합한 것은?

① 0.90~1.0   ② 0.45~0.55
③ 0.60~0.70   ④ 0.80~0.85

[해설] 화이트 레이어 케이크는 0.8~0.85 로 맞춘다.

02 다음 중 제과제빵 재료로 사용되는 쇼트닝 (shortening)에 대한 설명으로 틀린 것은?

① 쇼트닝을 경화유라고 말한다.
② 쇼트닝은 불포화 지방산의 이중결합에 촉매 존재하에 수소를 첨가하여 제조한다.
③ 쇼트닝성과 공기포집 능력을 갖는다.
④ 쇼트닝은 융점(melting point)이 매우 낮다.

[해설] 쇼트닝은 액상의 식물기름에 니켈을 촉매로 수소를 첨가하여 경화시킨 유지류이다. 쇼트닝의 특징은 바삭함을 주고 공기포집 능력을 갖는다.

03 비중이 0.75인 과자 반죽 1ℓ 의 무게는?

① 75g   ② 750g
③ 375g   ④ 1750g

[해설] 비중＝과자 반죽 무게÷물무게
$0.75 = \times \div 1,000mL$
$x = 0.75 \times 1,000$
$x = 750$

04 과일 파운드 케이크에 대한 설명 중 잘못된 것은?

① 첨가하는 과일양은 일반적으로 전체 반죽의 25~50% 정도이다.
② 시럽에 담긴 과일은 사용시 시럽도 충분히 넣는다.
③ 과일을 반죽에 투입하기 전에 밀가루에 묻혀 밑바닥으로 가라앉는 것을 방지한다.
④ 견과류와 과실류는 믹싱 최종단계에 투입하여 가볍게 섞어 준다.

[해설] 시럽에 담긴 과일과 시럽을 많이 넣으면 제품의 구조력이 약화되어 과일이 바닥으로 가라앉는다.

05 다음 중 크림법을 사용하여 만들 수 있는 제품은?

① 슈
② 마블 파운드 케이크
③ 버터 스펀지 케이크
④ 엔젤 푸드 케이크

[해설] 크림법으로 제조하는 반죽의 형태는 반죽형 케이크이고, 파운드 케이크가 이에 속한다.

06 제과용 포장재로 적합하지 않은 것은?

① P.E(Polt ethylene)
② O.P.P(Oriented Poly propylene)
③ P.P(Polt propylene)
④ 흰색의 형광 종이

[해설] 형광 종이는 발암물질이 들어 있어 포장재로 적합하지 않다.

07 시유의 일반적인 수분과 고형질 함량은?

① 물 68%, 고형질 38%
② 물 75%, 고형질 25%
③ 물 88%, 고형질 12%
④ 물 95%, 고형질 5%

[해설] 시유는 시판되고 있는 우유라는 뜻으로 수분 88%, 고형분 12%로 구성되어 있다.

08 다음 중 다당류에 속하는 것은?

① 올리고당   ② 맥아당
③ 포도당   ④ 설탕

해설 올리고당은 단당류가 글리코시드 결합을 한 것으로, 단당 2개로 이루어지는 이당류로부터 단당 10개로 이루어지는 다당류를 총칭한다.

09 총 사용물량 500g, 수돗물 온도 20℃, 사용할 물 온도 14℃일 때, 얼음사용량은?

① 30g
② 32g
③ 34g
④ 36g

해설
$$얼음사용량 = \frac{사용할물양 \times (수돗물온도 - 사용할물온도)}{80 + 수돗물의온도}$$
$$= 500 \times (20-4) \div (80+20) = 30g$$

10 다음 쿠키 중 반죽형이 아닌 것은?

① 드롭 쿠키
② 스냅 쿠키
③ 쇼트브레드 쿠키
④ 스펀지 쿠키

해설 거품형 쿠키에는 스펀지 쿠키, 머랭 쿠키 등이 있다.

11 반죽형 케이크의 결점과 원인의 연결이 잘못된 것은?

① 고율 배합 케이크의 부피가 작음 - 설탕과 액체재료의 사용량이 적었다.
② 굽는 동안 부풀어 올랐다가 가라앉음 - 설탕과 팽창제 사용량이 많았다.
③ 케이크 껍질에 반점이 생김 - 입자가 굵고 크기가 서로 다르나 설탕을 사용했다.
④ 케이크가 단단하고 질김 - 고율배합 케이크에 맞지 않은 밀가루를 사용했다.

해설 고율 배합의 부피가 작은 이유는 달걀 등의 액체재료가 많이 들어가 구조력이 약해졌기 때문이다.

12 다른 조건이 모두 동일할 때 케이크 반죽의 비중에 관한 설명으로 맞는 것은?

① 비중이 높으면 제품의 부피가 크다.
② 비중이 낮으면 공기가 적게 포함되어 있음을 의미한다.
③ 비중이 낮을수록 제품의 기공이 조밀하고 조직이 묵직하다.
④ 일정한 온도에서 반죽의 무게를 같은 부피의 물의 무게로 나눈 값이다.

해설 비중이 높으면 공기의 포집이 적게 있음을 의미하며, 제품의 부피가 작고 기공이 조밀하고 조직이 무겁다.

13 밀가루 중 밀기울 혼입율의 확정 기준이 되는 것은?

① 지방 함량
② 섬유질 함량
③ 회분 함량
④ 비타민 함량

해설 밀의 껍질쪽에 밀기울과 회분이 많아서 회분의 함량으로 밀기울 혼입율을 예측한다.

14 파이 반죽을 냉장고에서 휴지시키는 효과가 아닌 것은?

① 밀가루의 수분 흡수를 돕는다.
② 유지의 결 형성을 돕는다.
③ 반점 형성을 방지한다.
④ 유지가 흘러나오는 것을 촉진시킨다.

해설 유지가 흘러나오는 것을 방지시킨다.

15 젤리 롤 케이크를 말 때 터지는 경우의 조치 사항이 아닌 것은?

① 달걀에 노른자를 추가시켜 사용한다.
③ 설탕(자당)의 일부를 물엿으로 대치한다.
② 덱스트린의 점착성을 이용한다.
④ 팽창이 과도한 경우에는 팽창제 사용량을 감소시킨다.

해설 젤리 롤 케이크를 말 때 수분이 많아야 터지지 않는다. 노른자를 줄이고 전란을 증가시키는 것은 흰자의 성분에는 수분이 많이 함유되어 터지지 않기 때문이다.

정답 09 ① 10 ④ 11 ① 12 ④ 13 ③ 14 ④ 15 ①

16 팽창제에 대한 설명으로 틀린 것은?

① 반죽 중에서 가스가 발생하여 제품에 독특한 다공성의 세포구조를 부여한다.
② 팽창제로 암모늄명반이 지정되어 있다.
③ 화학적 팽창제는 가열에 의해서 발생되는 유리 탄산가스나 암모니아 가스만으로 팽창하는 것이다.
④ 천연 팽창제로는 효모가 대표적이다.

┃해설 암모늄명반은 종이나 섬유에 색소가 잘 물들 수 있도록 사용한다.

17 아이스크림 제조에서 오버런(over-run)이란?

① 교반에 의해 크림의 체적이 몇 % 증가하는가를 나타낸 수치
② 생크림 안에 들어 있는 유지방이 응집해서 완전히 액체로부터 분리된 것
③ 살균 등의 가열조작에 의해 불안정하게 된 유지의 결정을 적용으로 해서 안정화시킨 숙성 조작
④ 생유 안에 들어 있는 큰 지방구를 미세하게 해서 안정화하는 공정

┃해설 오버런은 교반에 의해 크림의 체적이 몇 % 증가하는가를 나타낸 수치로 최초 부피에 대한 최종 부피 증가분의 백분비이며, 증량률이라고도 한다. 즉, 아이스크림은 제조과정에서 공기와 혼합되어 재료의 부피가 커지는 현상을 오버런이라고 한다.

18 다음 제품 중 찜류 제품이 아닌 것은?

① 만쥬   ② 무스
③ 푸딩   ④ 치즈케이크

┃해설 무스는 냉과류에 속한다.

19 다음 중 수용성 비타민은?

① 비타민 C   ② 비타민 A
③ 비타민 D   ④ 비타민 K

┃해설 수용성 비타민은 물에 용해되는 성질을 갖고 있다. 비타민 B군과 비타민 C가 이에 속한다.

20 초콜릿 템퍼링의 방법으로 올바르지 않은 것은?

① 중탕 그릇이 초콜릿 그릇보다 넓어야 한다.
② 중탕시 물의 온도는 60℃로 맞춘다.
③ 용해된 초콜릿의 온도는 40~45℃로 맞춘다.
④ 용해된 초콜릿에 물이 들어가지 않도록 주의한다.

┃해설 중탕 그릇이 초콜릿 그릇보다 넓으면 증기가 그릇에 들어가 초콜릿 블룸 현상이 생긴다.

21 다음 지단백질(lipoprotein) 중 중성지질의 양이 가장 많은 것은?

① 초저밀도 지단백질(VLDL)
② 고밀도 지단백질(HDL)
③ 저밀도 지단백질(LDL)
④ 카일로마이크론(Chylomicron)

┃해설 카일로마이크론은 에스테르화된 콜레스테롤이 아포 단백질과 다른 지방들을 결합하여 만든다.

22 체내에서 단백질의 역할이 아닌 것은?

① 항체 형성
② 체조직의 구성
③ 지용성 비타민 운반
④ 호로몬 형성

┃해설 지용성이란 지방에 용해되는 성질로 지용성 비타민의 운반은 지방의 역할이다.

23 [H_3O-]의 농도가 다음과 같을 때 가장 강산인 것은?

① 10^{-2} M/ℓ   ② 10^{-3} M/ℓ
③ 10^{-4} M/ℓ   ④ 10^{-}M/ℓ

┃해설 물 분자는 염기와 반응을 할 때 산이 된다. 물은 산도 염기도 될 수 있기에 히드로늄이온(H_3O-)이 수소이온을 갖게 하므로 물은 산성을 갖게 된다. 이런 상황에서 10^{-2} M/ℓ이 숫자 중에서 가장 크므로 수소이온 농도가 가장 크고 pH 값으로 환산했을 때는 가장 작으므로 산이 가장 세다.

정답 16 ②   17 ①   18 ②   19 ①   20 ①   21 ④   22 ③   23 ①

24 다음의 인체 모식도에서 탄수화물의 소화가 시작되는 곳은?

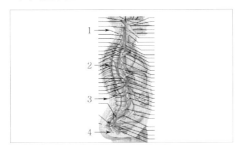

① 1　　　　　　② 2
③ 3　　　　　　④ 4

해설 탄수화물의 한 종류인 전분은 입에서 소화가 시작된다.

25 다음 중 달걀 흰자의 조성에서 함유량이 가장 적은 것은?

① 오브알부민　　② 콘알부민
③ 라이소자임　　④ 카로틴

해설 달걀 노른자의 색을 노랗게 하는 카로틴은 흰자의 조성에서 함유량이 적다.

26 젤라틴(gelatin)에 대한 설명 중 틀린 것은?

① 동물성 단백질이다.
② 응고제로 주로 이용된다.
③ 물과 섞으면 용해된다.
④ 콜로이드 용액의 젤 형성과정은 비가역적인 과정이다.

해설 젤라틴은 물과 섞이면 용해되어 콜로이드 용액이 되고 온도가 낮아지면 젤을 형성하다가 온도가 높아지면 다시 콜로이드 용액이 되는 가역적 과정을 통해 구조가 변한다.

27 다음 중 아미노산을 구성하는 주된 원소가 아닌 것은?

① 탄소(C)　　　② 수소(H)
③ 질소(N)　　　④ 규소(Si)

해설 단백질을 구성하는 기본 단위인 아미노산은 탄소(C), 수소(H), 산소(O), 질소(N) 등의 주된 원소로 구성되어 있다.

28 건조된 아몬드 100g, 탄수화물 16g, 단백질 18g, 지방 54g, 무기질 3g, 수분 6g, 기타성분 등을 함유하고 있다면 이 건조된 아몬드 100g의 열량은?

① 약 200kcal　　② 약 364kcal
③ 약 622kcal　　④ 약 751kcal

해설 아몬드 열량 = (단백질×4) + (탄수화물×4) + (지방×9)
= (18×4) + (16×4) + (54×9)
= 622kcal

29 유당분해효소결핍증(유당 불내증)의 일반적인 증세가 아닌 것은?

① 복부경련　　　② 설사
③ 발진　　　　　④ 메스꺼움

해설 유단 불내증이란 유당을 분해하는 락타아제라는 효소의 결핍으로 발병한다.

30 완제품 500g짜리 파운드 케이크 1000개를 주문 받았다. 믹싱손실이 1.5%, 굽기손실이 19%, 총 배합율이 400%인 경우 20kg짜리 밀가루는 몇 포대를 준비해야 하는가?

① 7　　　　　　② 8
③ 9　　　　　　④ 10

해설 ㉠ 완제품의 총중량 = 완제품중량 × 개수 = 500,000g
㉡ 분할총중량 = 완제품의 총중량÷{1 − (굽기손실÷100)} = 617,283,95g
㉢ 반죽총중량 = 분할총중량÷{1 − (믹싱손실÷100)} = 626,684,21g
㉣ 밀가루의 중량 = 반죽총중량×밀가루의 비율÷총배합률 = 156,617,05g
㉤ 밀가루의 포대의 수 = 밀가루 중량÷20,000g = 7.8

∴ 반올림하여 8포대
- 밀가루의 비율은 문제에서 따로 주어지지 않으면 100%로 한다.

31 비타민의 일반적인 결핍증이 잘못 연결된 것은?

① 비타민 B_{12} - 부종
② 비타민 D - 구루병
③ 나이아신 - 펠라그라
④ 리보플라빈 - 구내염

해설 비타민 B_{12} - 악성빈혈, 간질환, 성장 정지

32 췌장에서 생성되는 지방 분해효소는?

① 트립신
② 아밀라아제
③ 펩신
④ 리파아제

해설
① 트립신 : 췌장에서 효소전구체 트립시노겐의 형태로 생성된다. 단백질 분해효소다.
② 아밀라아제 : 탄수화물 분해효소다.
③ 펩신 : 위액에서 생성되는 단백질 분해효소다.

33 다음 중 신선한 계란의 특징은?

① 8% 식염수에 뜬다.
② 흔들었을 때 소리가 난다.
③ 난황계수가 0.1 이하이다.
④ 껍질에 광택이 없고 거칠다.

해설 신선한 계란의 특징
- 물 1L, 소금 60g에 가라앉는다.
- 난황 계수(난황 계수, 난백 계수 모두 달걀의 신선도를 판정하는 검사 방법이다. 난황 계수란, 계란을 터트려 평판에 놓고 난황의 최고부의 높이를 난황의 최대 직경 값으로 나눈 값이다.)가 400 또는 0.4이다.
- 껍질 표면이 광택이 없고, 거칠다.

34 다음 탄수화물 중 요오드 용액에 의하여 청색 반응을 보이면 B-아밀라아제에 의해 맥아당으로 바뀌는 것은?

① 아밀로오스
② 아밀로펙틴
③ 포도당
④ 유당

35 계면활성제의 친수성-친유성 균형(HLB)이 다음과 같을 때 친수성인 것은?

① 5
② 7
③ 9
④ 11

해설 HLB의 수치가 9이하이면 친유성으로 기름에 융해되고, 11이상이면 친수성으로 물에 용해된다. 아밀로펙틴은 요오드 용액에 적자색 반응이 나타나고, 아밀로오스는 요오드 용액에 청색 반응을 나타낸다.

36 수소이온농도(pH)가 5인 경우의 액성은?

① 산성
② 중성
③ 알칼리성
④ 무성

해설 산성 : pH 6 이하, 중성 : pH 7, 알칼리성 : pH 8 이상

37 같은 조건의 반죽에 설탕, 포도당, 과당을 같은 농도로 첨가했다고 가정할 때 마이야르 반응 속도를 촉진시키는 순서대로 나열된 것은?

① 설탕 - 포도당 - 과당
② 과당 - 설탕 - 포도당
③ 과당 - 포도당 - 설탕
④ 포도당 - 과당 - 설탕

해설 마이야르 반응속도는 이당류보다 단당류가 빠르고, 같은 단당류일 경우는 감미도가 높은 당이 반응속도가 빠르다.

38 팬에 바르는 기름은 다음 중 무엇이 높은 것을 선택해야 하는가?

① 산가
② 크림성
③ 가소
④ 발연점

해설 발연점이 낮은 기름을 사용하면 지방이 지방산과 글리세린으로 분해되고 글리세린이 탈수되어 자극성 냄새를 가진 아크롤레인으로 변하여 빵에 스며들어 빵의 풍미를 저하시킨다.

정답 31 ① 32 ④ 33 ④ 34 ① 35 ④ 36 ① 37 ③ 38 ④

39 다음 중 물의 경도를 잘못 나타낸 것은?

① 10ppm - 연수
② 70ppm - 아연수
③ 100ppm - 아연수
④ 190ppm - 아경수

해설 아경수는 121~180ppm 사이가 된다.

40 소규모 제과점용으로 가장 많이 사용되며 반죽을 넣는 입구와 제품을 꺼내는 출구가 같은 오븐은?

① 컨벡션 오븐 ② 터널 오븐
③ 릴 오븐 ④ 데크 오븐

해설 데크 오븐은 단 오븐으로 소규모 제과점에서 많이 사용한다.

41 푸딩 제조 공정에 관한 설명으로 틀린 것은?

① 모든 재료를 섞어서 체에 거른다.
② 푸딩컵에 반죽을 부어 중탕으로 굽는다.
③ 우유와 설탕을 섞어 설탕이 캐러멜화될 때까지 끓인다.
④ 다른 그릇에 달걀, 소금 및 나머지 설탕을 넣고 혼합한 후 우유를 섞는다.

해설 우유와 설탕을 섞어 끓기 직전인 80~90℃까지 데운다.

42 단백질의 소화, 흡수에 대한 설명으로 틀린 것은?

① 단백질은 위에서 소화되기 시작한다.
② 펩신은 육류 속 단백질일부를 폴리펩티드로 만든다.
③ 십이지장에서 췌장에서 분비된 트립신에 의해 더 작게 분해된다.
④ 소장에서 단백질이 완전히 분해되지는 않는다.

해설 소장에서 에렙신은 단백질, 펩톤, 펩티드를 아미노산으로 분해한다.

43 일반적으로 신선한 우유의 pH는?

① 4.0~4.5 ② 3.0~4.0
③ 5.5~6.0 ④ 6.5~6.7

해설 우유의 pH는 6.6~6.8 정도이다.

44 유화제에 대한 설명으로 틀린 것은?

① 계면활성제라고도 한다.
② 친유성기와 친수성기를 각 50%씩 갖고 있어 물과 기름의 분리를 막아준다.
③ 레시틴, 모노글리세라이드, 난황 등이 유화제로 쓰인다.
④ 빵에서는 글루텐과 전분사이로 이동하는 자유수의 분포를 조절하여 노화를 방지한다.

해설 물과 기름과 같은 이질적인 재료를 잘 혼합하는 유화제로는 유리지방산에 속하는 글리세린지방산 에스테르를 사용한다. 유화제는 친수성 - 친유성균형(HLB)수치로 나타내며, 친수성과 친유성 균형상태를 나타내는 수치로 1~20까지로 표기한다.

45 베이킹파우더가 반응을 일으키면 주로 어떤 가스가 발생하는가?

① 질소가스
② 암모니아가스
③ 탄산가스
④ 산소가스

해설 베이킹파우더에 있는 화학물질이 공기 중에서 액체와 반응하면 이산화탄소를 만든다. 가열과 수분에 의한 탄산가스 발생으로 팽창시키는 팽창제이다.

46 이형유에 관한 설명 중 틀린 것은?

① 틀을 실리콘으로 코팅하면 이형유 사용을 줄일 수 있다.
② 이형유는 발연점이 높은 기름을 사용한다.
③ 이형유 사용량은 반죽무게에 대하여 0.1~0.2% 정도이다.

제과기능사

④ 이형유 사용량이 많으면 밑껍질이 얇아지고 색상이 밝아진다.

해설 이형유란 빵 반죽을 틀에 넣을 때 틀에 바르는 기름으로 팬에 기름칠을 많이 하면 밑껍질이 두껍고 색상이 진하다.

47 20대 한 남성이 하루 열량 섭취량을 2500kcal로 했을 때 가장 이상적인 1일 지방 섭취량은?

① 약 10~40g ② 약 40~70g
③ 약 70~100g ④ 약 100~130g

해설 지방의 1일 섭취량은 1일 섭취하는 총 열량의 14.4~25.2% 정도가 적당하다.
㉠ 2,500kcal×0.144＝360kcal÷9kcal＝40g
㉡ 2,500kcal×0.252＝630kcal÷9kcal＝70g

48 베이커스 퍼센트(Baker's percent)에서 기준이 되는 재료는?

① 이스트 ② 물
③ 밀가루 ④ 달걀

해설 베이커스 퍼센트는 밀가루의 양을 100%로 표시한다.

49 과일 잼 형성의 3가지 필수요건이 아닌 것은?

① 설탕 ② 펙틴
③ 산(酸) ④ 젤라틴

해설 설탕 농도 50% 이상, pH2.8~3.4 산의 상태에서 젤리를 형성하며, 메톡실기 7% 이상의 펙틴에 당 60~65%와 산이 가해져서 잼이 만들어진다.

50 감미도 100인 설탕 20kg과 감미도 70인 포도당 24kg을 섞었다면 이 혼합당의 감미도는? (단, 계산결과는 소수점 둘째 자리에서 반올림)

① 50.1 ② 83.6
③ 105.8 ④ 188.2

해설 {20kg÷(20kg＋24kg)×100}＋{24÷(20＋24)×70}
＝45.45＋38.18＝83.64

51 아래의 갈색반응의 반응식에서 (   )에 알맞은 것은?

환원당＋(   )－(열)⟶멜라노이드 색소(황갈색)

① 지방 ② 탄수화물
③ 단백질 ④ 비타민

해설 당류에서 분해된 환원당과 단백질류에서 분해된 아미노산이 결합하여 멜라노이드 색소를 만들어 껍질이 갈색으로 변하는 반응이 메일라드 반응이다.

52 수용성 향료(essence)의 특징으로 옳은 것은?

① 제조시 계면활성제가 반드시 필요하다.
② 기름(oil)에 쉽게 용해된다.
③ 내열성이 강하다.
④ 고농도의 제품을 만들기 어렵다.

해설 지용성 향료보다 수용성 향료는 고농도의 제품을 만들기 어렵다.

53 식품의 부패를 판정할 때 화학적 판정 방법이 아닌 것은?

① TMA 측정 ② ATP 측정
③ LD$_{50}$ 측정 ④ VBN 측정

해설 LD$_{50}$ 값과 독성은 반비례한다. LD$_{50}$의 값이 작다는 것은 독성이 높다는 것이다. 무기질이다.

54 균체의 독소 중 뉴로톡신(neurotoxin)을 생산하는 식중독 균은?

① 포도상구균
② 클로스트리디움 보툴리늄균
③ 장염비브리오균
④ 병원성대장균

해설 클로스트리디움 보툴리늄균은 신경독인 뉴로톡신을 생성하여 포자가 내열성이 강하여 완전 살균되지 않은 통조림에서 발아하여 신경마비를 일으킨다.

 정답 47 ② 48 ③ 49 ④ 50 ② 51 ③ 52 ④ 53 ③ 54 ②

55 식품첨가물에 관한 설명 중 틀린 것은?

① 식품의 조리 가공에 있어 상품적, 영양적, 위생적 가치를 향상시킬 목적으로 사용한다.

② 식품에 의도적으로 미량 첨가되는 물질이다.

③ 자연의 동·식물에서 추출된 천연식품첨가물은 식품의약품안전처장의 허가 없이도 사용이 가능하다.

④ 식품에 첨가, 혼합, 침윤, 기타의 방법에 의해 사용되어진다.

해설 식품첨가물은 식품위생법에 의한 사용기준과 첨가량을 준수해야 하며, 그 규격과 기준은 식품의약품안전처장이 작성한 식품첨가물 공전에 수록되어 있다.

56 살모넬라균으로 인한 식중독의 잠복기와 증상으로 옳은 것은?

① 오염식품 섭취 10~24시간 후 발열(38~40℃)이 나타나며 1주 이내 회복이 된다.

② 오염식품 섭취 10~20시간 후 오한과 혈액이 섞인 설사가 나타나며 이질로 의심되기도 한다.

③ 오염식품 섭취 10~30시간 후 점액성 대변을 배설하고 신경증상을 보여 곧 사망한다.

④ 오염식품 섭취 8~20시간 후 복통이 있고 홀씨 A, F형의 독소에 의한 발병이 특징이다.

해설 살모넬라균은 감염형 식중독을 일으키는 원인균이다. 60℃에서 20분에 사멸, 생육최적온도 37℃, 최적 pH7~8 그람음성 무아포성간균, 고열 및 설사증상, 보균자의 배설물에서 오염

57 인수공통전염병에 대한 설명으로 틀린 것은?

① 인간과 척추동물 사이에 전파되는 질병이다.

② 인간과 척추동물이 같은 병원체에 의하여 발생되는 전염병이다.

③ 바이러스성 질병으로 발진열, Q열 등이 있다.

④ 세균성 질병으로 탄저, 브루셀라증, 살모넬라증 등이 있다.

해설 사람과 가축이 같은 병원체에 의하여 발생되는 질병이 인축공통전염병이다. 발진열과 Q열은 리케치아성 질병이다.

58 다음 중 병원체가 바이러스인 질병은?

① 폴리오   ② 결핵

③ 디프테리아   ④ 성홍열

해설 바이러스가 원인인 전염병 : 천연두, 인플루엔자, 간염, 광견병, 일본뇌염, 급성 회백수염(소아마비, 폴리오) 등이다.

59 다음 중 총원가에 포함되지 않는 것은?

① 제조설비의 감가상각비

② 매출원가

③ 직원의 급료

④ 판매이익

해설 총원가＝직접재료비＋직접노무비＋직접경비＋제조간접비＋판매비＋일반관리비

60 제품의 판매가격은 어떻게 결정하는가?

① 총원가＋이익

② 제조원가＋이익

③ 직접재료비＋직접경비

④ 직접경비＋이익

해설 직접재료비, 직접노무비, 직접경비, 제조간접비, 판매비, 일반관리비로 이루어지는 총원가에 이익을 더하여 판매가격을 결정한다.

01 글리세롤 1분자와 지방산 1분자가 결합한 것은?

① 트리글리세라이드(triglyceride)
② 디글리세라이드(diglycceride)
③ 모노글리세라이드(monoglyceride)
④ 펜토스(pentose)

┃**해설**┃ 모노글리세라이드는 지방의 글리세롤 1분자와 지방산 1분자가 결합한 것이다. 디글리세라이드는 지방산 2분자가 결합, 트리글리세라이드는 지방산 3분자가 결합한 것이다.

02 달걀에 대한 설명 중 옳은 것은?

① 달걀 노른자에 가장 많은 것은 단백질이다.
② 달걀 흰자는 대부분이 물이고 그 다음 많은 성분은 지방질이다.
③ 달걀 껍질은 대부분 탄산칼슘으로 이루어져 있다.
④ 달걀은 흰자보다 노른자 중량이 더 크다.

┃**해설**┃ 달걀은 흰자에 수분(88%)이 가장 많고 각 구성 물질의 비율은 껍질은 10%, 노른자 30%, 흰자 60%로 구성된다.

03 다음 유제품 중 일반적으로 100g당 열량을 가장 많이 내는 것은?

① 요구르트　　　② 탈지분유
③ 가공 치즈　　　④ 시유

┃**해설**┃ 가공 치즈는 우유 단백질에 레닌을 넣어 카세인을 응고시켜 만든 제품으로 100g당 열량이 가장 높다.

04 비타민의 결핍 증상이 잘못 짝지어진 것은?

① 비타빈 B_1 - 각기병
② 비타민 C - 괴혈병
③ 비타민 B_2 - 야맹증
④ 나이아신 - 펠라그라

┃**해설**┃ 비타민 B_2의 결핍은 구순 · 구각염, 설염, 피부염, 발육 장애다.

05 α-아밀라아제의 설명으로 틀린 것은?

① 전분이나 덱스트린을 맥아당으로 만든다.
② 아밀로오스의 말단에서 시작하여 포도당 2분자씩을 끊어가면서 분해한다.
③ 전분의 구조가 아밀로펙틴인 경우 약 52%까지만 가수분해 한다.
④ 당화효소 또는 외부 아밀라아제라고도 한다.

┃**해설**┃ β-아밀라아제는 전분이나 덱스트린을 분해하여 맥아당을 만들어 당화효소(외부효소)라고 한다.

06 과실이 익어감에 따라 어떤 효소의 작용에 의해 수용성 펙틴이 생성되는가?

① 펙틴리가아제
② 아밀라아제
③ 프로토 펙틴 가수분해효소
④ 브로멜린

┃**해설**┃ 과실이 덜 익은 단계는 프로토 펙틴이 함유되어 있으며 숙성 과정을 통해 프로토 펙틴 가수분해효소의 작용에 의해 수용성 펙틴이 생성된다.

07 젤리를 제조하는데 당분 60· 65%, 펙틴 1.0 ~1.5%일 때 가장 적합한 pH는?

① pH 1.0　　　② pH 3.2
③ pH 7.8　　　④ pH 10.0

┃**해설**┃ 설탕 농도 50% 이상, pH 2.8~3.4인 산의 상태에서 젤리를 형성한다.

08 달걀의 일반적인 수분 함량은?

① 50%　　　② 75%
③ 88%　　　④ 90%

┃**해설**┃ 전란은 고형분 25%, 수분 75%이다.

09 장기간의 저장성을 지녀야 하는 건과자용 쇼트닝에서 가장 중요한 제품 특성은?

① 가소성 　　② 안정성
③ 신장성 　　④ 크림성

해설 안정성이란 산패에 견디는 성질을 말한다.

10 거친 설탕 입자를 마쇄하여 고운 눈금을 가진 체로 통과시킨 후 덩어리 방지제를 첨가한 제품은?

① 액당 　　② 분당
③ 전화당 　　④ 포도당

해설 분당은 고순도의 설탕을 곱게 빻아 가루로 만든 것에 전분 3% 정도를 혼합하여 만든다.

11 지방은 무엇이 축합되어 만들어지는가?

① 지방산과 글리세롤
② 지방산과 올레인산
③ 지방산과 리놀레인산
④ 지방산과 팔미틴산

해설 지방은 탄소, 수소, 산소 3원소로 구성된 유기화합물로 3분자의 지방산과 1분자의 글리세린(글리세롤)이 결합되어 만들어진 에스테르 즉, 트리글리세라이드이다.

12 과일케이크를 만들 때 과일이 가라앉는 이유가 아닌 것은?

① 강도가 약한 밀가루를 사용한 경우
② 믹싱이 지나치고 큰 공기방울이 반죽에 남는 경우
③ 진한 속색을 위한 탄산수소나트륨을 과다로 사용한 경우
④ 시럽에 담근 과일의 시럽을 배수시켜 사용한 경우

해설 시럽에 담긴 과일을 사용할 때 과일의 시럽을 충분히 제거한 후 넣으면 가라앉지 않는다.

13 가수분해나 산화에 의하여 튀김기름을 나쁘게 만드는 요인이 아닌 것은?

① 온도 　　② 물
③ 산소 　　④ 비타민 E(토코페롤)

해설 튀김기름의 4대 적 : 공기, 수분, 온도, 이물질, 동그릇이며, 비타민 E는 항산화 작용에 의해 산화를 방지한다.

14 같은 조건의 반죽에 설탕, 포도당, 과당을 같은 농도로 첨가했다고 가정할 때 마이야르 반응 속도를 촉진시키는 순서대로 나열된 것은?

① 설탕 〉 포도당 〉 과당
② 과당 〉 설탕 〉 포도당
③ 과당 〉 포도당 〉 설탕
④ 포도당 〉 과당 〉 설탕

해설 메일라드(갈변) 반응은 아미노산과 환원당이 가열에 의해 반응하여 갈색으로 변하는 현상으로 비환원당인 설탕에서는 반응이 나타나지 않는다. 단당류, 이당류, 다당류 순으로 반응하며, 단당류일 경우 감미도 순으로 반응 속도를 낸다.

15 고율 배합 케이크와 비교하여 저율 배합 케이크의 특징은?

① 믹싱 중 공기 혼입량이 많다.
② 굽는 온도가 높다.
③ 반죽의 비중이 낮다.
④ 화학팽창제 사용량이 적다.

해설 저율 배합은 유지와 설탕량이 적은 것으로 공기 혼입량이 적고, 고온에서 단시간 굽는다.

16 다음 중 포화지방산을 가장 많이 함유하고 있는 식품은?

① 올리브유 　　② 버터
③ 콩기름 　　④ 홍화유

해설 포화지방산은 동물성 유지에 많이 함유되어 있다.

17 효모에 대한 설명으로 틀린 것은?

① 당을 분해하여 산과 가스를 생성한다.
② 출아법(budding)으로 증식한다.
③ 제방용 효모의 학명은 sacchar omyces serevisiae이다.
④ 산소의 유무에 따라 증식과 발효가 달라진다.

해설 효모는 발효 과정에서 당을 분해하여 유기산과 탄산가스를 생성한다.

18 갑작스러운 체액의 손실로 인해 일어나는 증상이 아닌 것은?

① 심한 경우 혼수에 이르게 된다.
② 전해질의 균형이 깨어진다.
③ 혈압이 올라간다.
④ 허약, 무감각, 근육부종 등이 일어난다.

해설 체액이 손실되면 혈압이 아주 낮아져서 측정하기 힘들 정도이다.

19 밀가루가 75%의 탄수화물, 10%의 단백질, 1%의 지방을 함유하고 있다면 100g의 밀가루를 섭취하였을 때 얻을 수 있는 열량은?

① 386kcal
② 349kcal
③ 317kcal
④ 307kcal

해설 탄수화물 열량 4kcal, 단백질 열량 4kcal, 지방 열량 0kcal 이므로,
= {(100g×0.75)×4kca} + {(100×0.1)× 4kca} + {(100×0.01)×9kca} = 349kcal

20 과당이나 포도당을 분해하여 CO_2 가스와 알코올을 만드는 효소는?

① 말타아제(maltase)
② 인버타아제(invertase)
③ 프로테아제(protease)
④ 찌마아제(zymase)

해설 찌마아제는 과당, 포도당을 분해하여 CO_2 가스와 알코올을 생성한다.

21 포도당의 감미도가 높은 상태인 것은?

① 결정형
② 수용액
③ β-형
④ 좌선성

해설 포도당의 감미도는 항상 75가 아니라 포도당의 형태와 상태에 따라 약간의 차이가 발생하며, 결정형 포도당일 때의 감미도가 가장 높다.

22 검류에 대한 설명으로 틀린 것은?

① 유화제, 안정제, 점착제 등으로 사용된다.
② 낮은 온도에서도 높은 점성을 나타낸다.
③ 무기질과 단백질로 구성되어 있다.
④ 친수성 물질이다.

해설 검류는 단백질과 탄수화물로 구성되어 있다.

23 제과용 밀가루의 단백질과 회분의 함량으로 가장 적합한 것은?

① 단백질(%) 4~5.5, 회분(%) 0.2
② 단백질(%) 6~6.5, 회분(%) 0.3
③ 단백질(%) 7~9, 회분(%) 0.4
④ 단백질(%) 10~11, 회분(%) 0.5

해설 제과용 밀가루는 박력분을 주로 사용하며 단백질 함량은 7~9%, 회분 함량 0.4%이다.

24 전란의 수분 함량은 몇 % 정도인가?

① 30~35%
② 50~53%
③ 72~75%
④ 92~95%

해설 전란의 고형분은 25~28%, 수분은 72~75% 이다.

25 식용유지로 튀김 요리를 반복할 때 발생하는 현상이 아닌 것은?

① 발연점 상승
② 유리지방산 생성
③ 점도 증가
④ 카르보닐화합물 생성

해설 튀김기름을 반복하여 사용하면 발연점이 낮아져 낮은 온도에서 푸른 연기가 발생하는 현상이 나타나는데 이것을 발연점 하강이라 한다.

26 케이크류의 제조와 관계가 먼 재료는?

① 달걀　　　　② 설탕
③ 강력분　　　　④ 박력분

해설 케이크, 과자 등은 박력분이 사용되며, 빵류의 제조에는 강력분이 사용된다.

27 성인의 에너지 적정비율의 연결이 옳은 것은?

① 탄수화물 : 30~55%
② 단백질 : 7~20%
③ 지질 : 5~10%
④ 비타민 : 30~40%

해설
- 탄수화물 : 60~70%
- 지질 : 15~20%
- 비타민 : 4~5%

28 엔젤 푸드 케이크의 반죽온도가 높았을 때 일어나는 현상은?

① 증기압을 형성하는데 걸리는 시간이 길다.
② 기공이 열리고 거칠다.
③ 케이크의 부피가 작다.
④ 케이크의 표면이 터진다.

해설 반죽의 온도가 높으면 제품의 기공이 커지고, 조직이 거칠어 노화가 빠르다

29 D-glucose와 D-mannose의 관계는?

① 아노마　　　　② 에피머
③ 동소체　　　　④ 라세믹체

해설 에피머(Epimer) : D-glucose와 D-mannose의 관계처럼 분자 내의 배열 탄소 중에서 1개의 탄소만이 관능기의 배열 상태가 다른 것을 말한다.

30 이탈리안 머랭에 대한 설명 중 틀린 것은?

① 흰자를 거품으로 치대어 30% 정도의 거품을 만들고 설탕을 넣으면서 50% 정도의 머랭을 만든다.
② 흰자가 신선해야 거품이 튼튼하게 나온다.
③ 뜨거운 시럽에 머랭을 한꺼번에 넣고 거품을 올린다.

④ 강한 불에 구워 착색하는 제품을 만드는데 알맞다.

해설 머랭에 뜨거운 시럽을 조금씩 넣으면서 거품을 올린다.

31 다음 중 4대 기본 맛이 아닌 것은?

① 단맛　　　　② 떫은맛
③ 짠맛　　　　④ 신맛

해설 단맛, 짠맛, 쓴맛, 신맛이 4대 기본 맛이다.

32 달걀의 특징적 성분으로 지방의 유화력이 강한 성분은?

① 레시틴(lecithin)　　② 스테롤(sterol)
③ 세팔린(cephalin)　　④ 아비딘(avidin)

해설 레시틴은 지방과 인이 결합된 복합지질로 유화력이 강하다.

33 비타민 B_1의 특징으로 옳은 것은?

① 단백질의 연소에 필요하다.
② 탄수화물 대사에서 조효소로 작용한다.
③ 결핍증은 펠라그라(pellagra)이다.
④ 인체의 성장인자이며 항빈혈작용을 한다.

해설 **비타민 B_1의 기능**
- 탄수화물 대사의 보조 작용
- 뇌, 심장, 신경조직의 유지에 관계
- 식욕촉진
- 결핍증 : 각기병, 식욕부진

34 단순단백질이 아닌 것은?

① 프롤라민　　　　② 헤모글로빈
③ 글로불린　　　　④ 알부민

해설 헤모글로빈은 복합단백질이다.

35 유당불내증의 원인은?

① 대사과정 중 비타민 B군의 부족
② 변질된 유당의 섭취
③ 우유 섭취량의 절대적인 부족
④ 소화액 중 락타아제의 결여

③ 내부에 구멍 형성이 좋지 않다.

④ 표면에 균열이 생기지 않는다.

해설 슈 반죽에 당분이 들어가면 단백질의 구조가 약해져서 팽창력이 나빠진다.

36 다음 중 캐러멜화가 가장 높은 온도에서 일어나는 일은?

① 과당　　　　② 벌꿀

③ 설탕　　　　④ 전화당

해설 설탕은 이당류로서 고분자화합물로 캐러멜화가 가장 높은 온도에서 일어난다.

37 알파 아밀라아제(α-amlylase)에 대한 설명으로 틀린 것은?

① 베타 아밀라아제(β-amlylase)에 비하여 열 안정성이 크다.

② 당화효소라고도 한다.

③ 전분의 내부 결합을 가수분해할 수 있어 내부 아밀라아제라고도 한다.

④ 액화효소라고도 한다.

해설 베타 아밀라아제는 덱스트린을 분해하여 감미가 있는 맥아당을 생성하므로 당화효소라 하고, 알파 아밀라아제는 전분을 덱스트린으로 가수분해 하면서 수분을 만드므로 액화효소라 한다.

38 베이킹파우더 성분 중 이산화탄소를 발생시키는 것은?

① 전분　　　　② 탄산수소나트륨

③ 주석산　　　④ 인산칼슘

해설 탄산수소나트륨과 산성제가 화학적 반응을 일으켜 이산화탄소를 발생시키고 기포를 만들어 반죽을 부풀게 한다. 이 화학반응의 원리는 탄산수소나트륨이 분해되어 이산화탄소, 물, 탄산나트륨을 생성시키는 것이다.

39 당분이 있는 슈 껍질을 구울 때의 현상이 아닌 것은?

① 껍질의 팽창이 좋아진다.

② 상부가 둥글게 된다.

40 다음 중 단당류는?

① 포도당　　　② 자당

③ 맥아당　　　④ 유당

해설 이당류는 자당, 유당, 맥아당이다.

41 ppm을 나타낸 것으로 옳은 것은?

① g당 중량 백분율

② g당 중량 만분율

③ g당 중량 십만분율

④ g당 중량 백만분율

해설 ppm이란 part per millon의 약자로, g당 중량 백만분율을 의미한다.

42 스펀지 케이크 400g 짜리 완제품을 만들 때 굽기 손실이 20%라면 분할 반죽의 무게는?

① 600g　　　　② 500g

③ 400g　　　　④ 300g

해설 분할 반죽 무게＝완제품÷{1−(굽기손실÷100)}
$$X=400÷(1-(20÷100))$$
$$∴X=500g$$

43 식자재의 교차오염을 예방하기 위한 보관방법으로 잘못된 것은?

① 원재료와 완성품을 구분하여 보관

② 바닥과 벽으로부터 일정거리를 띄워 보관

③ 뚜껑이 있는 청결한 용기에 덮개를 덮어서 보관

④ 식자재와 비식자재를 함께 식품 창고에 보관

해설 교차오염을 예방하기 위해서는 식자재와 비식자재를 구분하여 보관한다.

44 제품의 판매가격은 어떻게 결정하는가?

① 총원가＋이익
② 제조원가＋이익
③ 직접재료비＋직접경비
④ 직접경비＋이익

해설 직접재료비, 직접노무비, 직접경비, 제조간접비, 판매비, 일반관리비로 이루어지는 총원가에 이익을 더하여 판매가격을 결정한다.

45 밀 제분 공정 중 정선기에 온 밀가루를 다시 마쇄하여 작은 입자로 만드는 공정은?

① 조쇄공정(break roll)
② 분쇄공정(reduct roll)
③ 정선공정(milling separator)
④ 조질공정(tempering)

해설 제분은 밀로부터 밀가루를 생산하는 단계로 큰덩어리를 작게 하는 조쇄공정을 거쳐 고운가루로 만들어주는 분쇄공정을 거친다.

46 제과용 기계 설비와 거리가 먼 것은?

① 오븐
② 라운더
③ 에어믹서
④ 데포지터

해설 ② 라운더 : 둥글리기 하는 기계
③ 에어 믹서 : 공기를 발생시켜 반죽에 주입시키는 기계
④ 데포지터 : 자동으로 모양 짜기를 하는 기계

47 공장 설비시 배수관의 최소 내경으로 알맞은 것은?

① 5cm
② 7cm
③ 10cm
④ 15cm

해설 배수관의 내경은 최소 10cm로 한다.

48 증기소독 온도로 적합하지 않은 것은?

① 100~120℃ 10분이상 처리
② 금속제는 100℃에서 5분
③ 사기류는 80℃에서 1분
④ 천류 95℃에서 20분

해설 행주 등을 너무 높은 온도에서 오래도록 삶으면 천이 얇아져서 오래 사용하지 못한다. 적당 온도는 95℃에서 10분이다.

49 공정별 위해요소 중 맞지 않는 것은?

① 생물학적 위해요소
② 화학적 위해요소
③ 물리적 위해요소
④ 생산물 위해요소

해설 공정별 위해요소에서는 생물학적, 화학적, 물리적 위해요소로 나누어 관리하고 있다. 식품첨가물, 식중독균, 이물질 등의 발생을 막기 위해 관리하고 있다.

50 1인당 생산가치는 생산가치를 무엇으로 나눠 계산하는가?

① 인원수
② 시간
③ 임금
④ 원재료비

해설 생산가치는 기업이 외부가치에 생산행위를 부여해 새롭게 만들어낸 가치를 말한다
1인당 생산가치＝생산가치÷인원수

51 다음 중 곰팡이가 생존하기에 가장 어려운 서식처는?

① 물
② 곡류식품
③ 두류식품
④ 토양

해설 곰팡이는 수분활성도가 0.75이하이므로 물에서는 생존할 수 없다.

52 모노글리세리드(monoglyceride)와 디글리세리드(diglyceride)는 제과에 있어 주로 어떤 역할을 하는가?

① 유화제
② 항산화제
③ 감미제
④ 필수영양제

해설 유화제란 물과 기름처럼 서로 혼합되지 않는 두 종류의 액체를 혼합할 때 분리되지 않고 분산시키는 기능을 갖는 물질로 종류에는 대두인지질, 글리세린, 레시틴, 모노디글리세리드 등이 있다.

 정답 44 ①   45 ②   46 ②   47 ③   48 ④   49 ④   50 ①   51 ①   52 ①

53 제1종 전염병으로 소화기계 전염병인 것은?

① 결핵　　　　② 화농성피부염
③ 장티푸스　　④ 독감

해설 경구전염병에는 콜레라, 장티푸스, 파라티푸스, 세균성이질, 유행성 간염 등이 있다.

54 법정 전염병 중 전파속도가 빠르고 국민건강에 미치는 위해정도가 커서 발생 즉시 방역대책을 수립해야 하는 전염병은?

① 제1군 전염병　　② 제2군 전염병
③ 제3군 전염병　　④ 제4군 전염병

해설 1군법정 전염병 : 장티푸스, 파라티푸스, 세균성이질, 콜레라, 디프테리아, 성홍열 등이다.

55 식품보존료로서 갖추어야 할 요건으로 적합한 것은?

① 공기, 광선에 안정할 것
② 사용방법이 까다로울 것
③ 일시적으로 효력이 나타날 것
④ 열에 의헤 쉽게 파괴될 것

해설 보존료는 미생물의 번식으로 인한 식품의 변질을 방지하기 위해 사용되는 첨가물로 무미, 무취, 이며 독성이 없고 장기적으로 사용해도 인체에 무해 해야 한다.

56 복어의 독소 성분은?

① 엔테로톡신(enterotoxin)
② 테트로도톡신(tetrodotoxin)
③ 무스카린(muscarine)
④ 솔라닌(solanine)

해설 테트로도톡신 : 복어, 엔테로톡신 : 황색포도상구균, 솔라닌 : 감자, 무스카린 : 독버섯

57 빵을 제조하는 과정에서 반죽 후 분할기로부터 분할할 때나 구울 때 달라붙지 않게 할 목적으로 허용되어 있는 첨가물은?

① 글리세린　　　② 프로필렌 글리콜

③ 초산 비닐수지　　④ 유동 파라핀

해설 이형제로 사용되는 식품첨가물 중 허용된 것은 유동 파라핀이다.

58 식품첨가물 사용 시 유의할 사항 중 잘못된 것은?

① 사용 대상 식품의 종류를 살 파악한다.
② 첨가물의 종류에 따라 사용량을 지킨다.
③ 첨가물의 종류에 따라 사용조건은 제한하지 않는다.
④ 보존방법이 명시된 것은 보존기준을 지킨다.

해설 첨가물의 종류에 따라 사용조건을 제한한다.

59 주로 단백질이 세균에 의해 분해되어 악취, 유해물질을 생성하는 현상은?

① 발효　　　　② 부패
③ 변패　　　　④ 산패

해설 • 발효 : 식품에 미생물이 번식하여 식품의 성질이 변화를 일으키는 현상으로, 그 변화가 인체에 유익한 경우를 말한다.
• 변패 : 탄수화물을 많이 함유한 식품이 미생물의 분해작용으로 맛이나 냄새가 변화하는 현상이다.
• 산패 : 지방의 산화 등에 의해 악취나 변색이 일어나는 현상이다.

60 병원성대장균 식중독의 가장 적합한 예방책은?

① 곡류의 수분을 10% 이하로 조정한다.
② 어류의 내장을 제거하고 충분히 세척한다.
③ 어패류는 민물로 깨끗이 씻는다.
④ 건강보균자나 환자의 분변 오염을 방지한다.

해설 병원성대장균의 식중독은 분변을 통해 감염된다.

정답 53 ③　54 ①　55 ①　56 ②　57 ④　58 ③　59 ②　60 ④

제과기능사

제4회 실전 모의고사

수험번호

수험자명

제한시간 : **60분**

---

01 500g의 완제품 식빵 200개를 제조하려 할 때, 발효 손실이 1%, 굽기 냉각 손실이 12%, 총 배합률이 180%라면 밀가루의 무게는 약 얼마인가?

① 47Kg
② 55Kg
③ 64kg
④ 71kg

> **해설** 밀가루사용량＝완제품량÷{1−(총손실÷100)}×밀가루비율÷총배합률500g×200개÷{1−(12÷100)}÷{1−(1÷100)}×100%÷180%＝63.769kg

02 베이킹파우더의 산-반응물질(acid-reacting material)이 아닌 것은?

① 주석산과 주석산염
② 인산과 인산염
③ 알루미늄 물질
④ 중탄산과 중탄산염

> **해설**
> • 베이킹파우더의 주성분은 NaHCO₃(탄산수소나트륨, 중조)이다. 탄산수소나트륨은 물과 열을 받으면 이산화탄소가스를 발생시켜 강력한 팽창력을 발휘한다.
> • 베이킹파우더는 중탄산나트륨, 가스발생촉진제, 건조전분으로 구성되어 있으며 반응을 통해 이산화탄소를 발생시킨다. 종류로는 주석산염, 인산염, 황산염 베이킹파우더 등이 있다. 합성팽창제원료로 탄산염, 중탄산염의 알칼리제 명반, 유기산, 인산 등의 산성제를 이용한다.

03 다음 중 파이롤러를 사용하기에 부적합한 제품은?

① 케이크도넛
② 데니시 페이스트리
③ 크로와상
④ 브리오슈

> **해설** 파이롤러는 파이류, 페이스트리 등을 밀어펴기할 때 사용하는 기계다.

04 반죽형 케이크의 결점과 원인의 연결이 잘못된 것은?

① 고율배합 케이크의 부피가 작음 - 설탕과 액체재료의 사용량이 적었다.
② 굽는 동안 부풀어 올랐다가 가라앉음 - 설탕과 팽창제 사용량이 많았다.
③ 케이크 껍질에 반점이 생김 - 입자가 굵고 크기가 서로 다른 설탕을 사용했다.
④ 케이크가 단단하고 질김 - 고율배합 케이크에 맞지 않는 밀가루를 사용했다.

> **해설** 고율배합의 케이크가 부피가 작아진 것은 액체재료가 많이 들어가 구조력이 약해졌기 때문이다.

05 반죽형 케이크를 구웠더니 너무 가볍고 부서지는 현상이 나타났다. 그 원인이 아닌 것은?

① 반죽에 밀가루 양이 많았다.
② 반죽의 크림화가 지나쳤다.
③ 팽창제 사용량이 많았다.
④ 쇼트닝 사용량이 많았다.

> **해설** 반죽에 밀가루 양이 많으면 단단한 제품이 만들어진다.

06 실내온도 25℃, 밀가루온도 25℃, 설탕온도 25℃, 유지온도 20℃, 달걀온도 20℃, 수돗물온도 23℃, 마찰계수 21, 반죽 희망온도가 22℃라면 사용할 물의 온도는?

① -4℃
② -1℃
③ 0℃
④ 8℃

> **해설** 물온도＝(반죽 희망온도×6)−(밀가루온도＋실내온도＋설탕온도＋쇼트닝온도＋계란온도＋마찰계수)＝(22×6)−(25＋25＋25＋20＋20＋21)＝-4℃

 정답 01 ③ 　 02 ④ 　 03 ④ 　 04 ① 　 05 ① 　 06 ①

07 휘핑용 생크림에 대한 설명 중 틀린 것은?

① 유지방 40% 이상의 진한 생크림을 쓰는 것이 좋음
② 기포성을 이용하여 제조함
③ 유지방이 기포 형성의 주체임
④ 거품의 품질유지를 위해 높은온도에서 보관함

┃해설 휘핑용 생크림은 거품의 품질유지를 위해 냉장보관하여 사용한다.

08 초콜릿 제품을 생산하는데 필요한 도구는?

① 디핑포크(Dipping forks)
② 오븐(oven)
③ 파이 롤러(pie roller)
④ 워터 스프레이(water spray)

┃해설 디핑포크는 작은 초콜릿 셀을 코팅할 때, 탬퍼링한 초콜릿 용액에 담궜다 건질 때 사용하는 도구이다.

09 밀가루에 일반적인 손상전분의 함량으로 적당한 것은?

① 5-8%   ② 12-15%
③ 19-23%   ④ 25-30%

┃해설 제빵용 밀가루의 손상전분의 함량은 4.5 - 8%가 적당하다.

10 다음 중 제과제빵 재료로 사용되는 쇼트닝(shortening)에 대한 설명으로 틀린 것은?

① 쇼트닝을 경화유라고 말한다.
② 쇼트닝은 불포화 지방산의 이중결합에 촉매 존재하에 수소를 첨가하여 제조한다.
③ 쇼트닝성과 공기포집 능력을 갖는다.
④ 쇼트닝은 융점(melting point)이 매우 낮다.

┃해설 쇼트닝은 액상의 식물기름에 니켈을 촉매로 수소를 첨가하여 경화시킨 유지류이다. 쇼트닝의 특징은 바삭함을 주고 공기포집 능력을 갖는다.

11 어떤 과자반죽의 비중을 측정하기 위하여 다음과 같이 무게를 달았다면 이 반죽의 비중은? (단, 비중컵＝50g, 비중컵＋물＝250g, 비중컵＋반죽＝170g)

① 0.40   ② 0.60
③ 0.68   ④ 1.47

┃해설 비중＝반죽무게－비중컵무게
물무게－비중컵무게＝(170－50)÷(250－50)＝120÷200＝0.60

12 패리노그래프 커브의 윗부분이 200B.U.에 닿는 시간을 무엇이라고 하는가?

① 반죽시간(peak time)
② 도달시간(arrival time)
③ 반죽형성시간(dough development time)
④ 이탈시간(departure time)

┃해설 패리노그래프는 밀가루의 믹싱시간, 흡수율, 믹싱 내구성을 측정하는 기계로 곡선이 500B.U.에 도달해서 다시 아래로 떨어지는 시간 등으로 밀가루의 특성을 분석할 수 있다.

13 육두구과의 상록 활엽교목에 맺히는 종자를 말리면 넛메그가 된다. 이 넛메그의 종자를 싸고 있는 빨간 껍질을 말린 향신료는?

① 생강   ② 클로브
③ 메이스   ④ 시너넌

┃해설 넛메그는 육두구과 교목의 열매를 건조시킨 것으로 1개의 종자에서 넛메그와 메이스를 얻는다.

14 반죽형 반죽 제법의 종류와 제조 공정의 특징으로 바르지 않는 것은?

① 블렌딩법 - 유지에 밀가루를 먼저 넣고 반죽한다.
② 1단계법 - 유지에 모든 재료를 한꺼번에 넣고 반죽한다.
③ 크림법 - 유지에 건조 및 액체재료를 넣어 반죽한다.

④ 설탕 / 물반죽법 - 유지에 설탕물을 넣고 반죽한다.

해설 크림법은 유지와 설탕을 넣어 크림상태로 만든 후 계란을 넣고 휘핑한 후 체에 친 가루를 넣고 가볍게 섞는다.

15 굳은 아이싱을 풀어주는 방법이 아닌 것은?

① 아이싱에 최소의 액체를 사용하여 중탕으로 가온한다.
② 중탕으로 가열 시 적정온도는 35~43℃ 정도이다.
③ 젤라틴, 한천 등 안정제를 사용한다.
④ 시럽을 풀어 사용한다.

해설 젤라틴, 한천은 너무 질은 아이싱을 보완할 때 사용한다.

16 반죽형 쿠키의 굽기 과정에서 퍼짐성이 나쁠 때 퍼짐성을 좋게 하기 위해서 사용할 수 있는 방법은?

① 입자가 굵은 설탕을 많이 사용한다.
② 반죽을 오래한다.
③ 오븐의 온도를 높인다.
④ 설탕의 양을 줄인다.

해설 쿠키의 퍼짐성을 좋게 하기 위한 방법은 입자가 굵은 설탕 사용, 팽창제 사용, 알칼리재료의 사용, 낮은 오븐온도 등이다.

17 공장 조리기구의 설명으로 적당하지 않은 것은?

① 기기나 기구는 부식되지 않으며 독성이 없어야 한다.
② 접촉을 통해서 식품을 생산하는 설비의 표면은 세척할 수 있어야 한다.
③ 기기나 기구에서 발견될 수 있는 유독한 금속은 아연, 납, 황동 등이다.
④ 구리는 열전도가 뛰어나고 유독성이 없는 기구로 많이 사용한다.

해설 • 기기나 기구는 부식되지 않고 독성이 없어야 하며, 유독성이 없는 기구여야 한다.
• 유독성이 발견될 수 있는 유독한 금속은 카드뮴, 구리, 아연, 안티몬 등이 있다.

18 탈지분유 1% 변화에 따른 반죽의 흡수율 차이로 적당한 것은?

① 1%   ② 2%
③ 3%   ④ 별 영향이 없다.

해설 분유 1% 증가 시 흡수율도 0.75~1% 증가한다.

19 일반적으로 제빵용 이스트로 사용되는 것은?

① Aspergillus Niger
② Bacillus Subtilis
③ Saccharomyces Serevisiae
④ Saccharomyces Ellipsoideus

해설 이스트는 빵이나 주정발효 등 발효식품에 널리 이용되어 왔으며, 제빵용, 알코올발효(맥주, 막걸리)용 이스트는 개량된 것으로 학명 사카로마이세스세레비시에(Saccharomyces Serevisiae)라고 부른다.

20 반고체 유지 또는 지방의 각 온도에서 고체 성분비율을 그 온도에서의 고체지방지수라고 한다. 다음 중 고체지방지수에 대한 설명으로 옳지 않은 것은?

① 고체지방지수는 버터, 마가린, 쇼트닝 및 기타 반고체 유지의 물리적 상태를 연구하는데 매우 중요하다.
② 고체지방지수가 15~25% 이상이 되면 거의 가소성을 상실하여 사용하기 어려워진다.
③ 고체지방지수가 5% 이하인 경우에는 너무 연해서 사용하기가 어렵다.
④ 온도와 고체지방지수 간의 관계를 고체지방지수 곡선이라고 부른다.

해설 쇼트닝이나 마가린의 경우 고체지방지수가 실온에서 15~25%일 때 매우 사용하기 편하고, 고체지방지수가 40~50% 이상이면 가소성을 상실하여 사용하기 어려워진다.

 정답   15 ③   16 ①   17 ③   18 ①   19 ③   20 ②

21 퐁당 아이싱의 끈점거림 방지 방법으로 틀린 것은?

① 안정제를 사용한다.
② 케이크 제품이 냉각되기 전에 아이싱한다.
③ 40℃ 정도로 가온한 아이싱크림을 사용한다.
④ 액체를 최소량으로 사용한다.

> **해설** 케이크 제품이 냉각이 되지 않은 상태에서 아이싱을 하면 수분이 있어 아이싱이 끈적거리게 되어 잘 마르지 않는다.

22 전분크림 충전물과 커스터드 충전물을 사용하는 파이의 근본적인 차이는?

① 껍질의 성질 차이
② 굽는 방법의 차이
③ 쇼트닝 사용량의 차이
④ 농후화제의 차이

> **해설** 껍질 성질에 따라 다른 충전물을 사용하며 커스터드 충전물 같이 부드러운 충전물을 채울 반죽은 유지를 적게 쓰고 더운물로 반죽한다.

23 PH 측정에 의해 알 수 없는 사항은?

① 재료의 품질변화
② 반죽의 산도
③ 반죽에 존재하는 총 산의 함량
④ 반죽의 발효정도

> **해설** PH는 발효된 산도를 측정하는 것으로 산도, 발효정도, 품질 등을 알 수 있다.

24 다당류 중 포도당으로만 구성되어 있는 탄수화물이 아닌 것은?

① 팩틴   ② 전분
③ 글리코겐   ④ 셀룰로오스

> **해설** 팩틴은 여러 종류의 당이 모인 복합다당류이고 전분, 글리코겐, 셀룰로오스 등은 포도당으로 구성된 단순다당류이다.

25 흰쥐의 사료에 제인(Zein)을 쓰면 체중이 감소

하는데 어떤 아미노산을 첨가하면 체중저하를 방지할 수 있는가?

① 알라닌   ② 글루타민산
③ 발린   ④ 트립토판

> **해설** 트립토판은 체내에서 니아신으로 전환되어 기능을 하는데 옥수수 속에 함유되어 있는 제인은 불완전 단백질로서 트립토판이 결여되어 있다.

26 쿠키 포장지의 특성으로 적합하지 않은 것은?

① 방습성이 있어야 한다.
② 독성물질이 생성되지 않아야 한다.
③ 내용물의 색, 향이 변하지 않아야 한다.
④ 통기성이 있어야 한다.

> **해설** 통기성이 없어야 하고, 방수성이 있어야 한다.

27 아밀로오스(amylose)의 특징이 아닌 것은?

① 일반 곡물 전분 속에 약 17~28% 존재한다.
② 비교적 적은 분자량을 가졌다.
③ 퇴화의 경향이 적다.
④ 요오드 용액에 청색 반응을 일으킨다.

> **해설** 아밀로오스는 아밀로팩틴보다 노화나 퇴화의 경향이 크다.

28 유지의 변패도 판정방법이 아닌 것은?

① 과산화물가   ② TBA가
③ 산가   ④ K값

> **해설** K값 : 신선어류에 대한 초기선도의 표시법으로 제안된 지표이다. 효소화학적으로 선도를 판정하는 것이다.

29 빵의 관능적 평가법에서 내부적 특성을 평가하는 항목이 아닌 것은?

① 기공(grain)
② 조직(texture)
③ 속 색상(crumb color)
④ 입안에서의 감촉(mouth feel)

> **해설** 외부적 평가 : 부피, 껍질색, 외피의 균형, 터짐

 정답 21 ②　22 ①　23 ③　24 ①　25 ④　26 ④　27 ③　28 ④　29 ④

30 아밀로오스는 요오드용액에 의해 무슨 색으로 변하는가?

① 적자색　　　　② 청색
③ 황색　　　　　④ 갈색

해설 요오드에 의해 아밀로오스는 청색 반응, 아밀로팩틴은 적자색 반응을 나타낸다.

31 제품회전율을 계산하는 공식은?

① 순매출액 / (기초원재료 + 기말원재료) ÷ 2
② 고정비 / (단위당 판매가격 − 변동비)
③ 순매출액 / (기초제품 + 기말제품) ÷ 2
④ 총이익 / 매출액 × 100

해설 제품회전율 = 순매출액 / 평균재고액
평균재고액 = (기초제품 + 기말제품) ÷ 2

32 효모가 주로 증식하는 방법은?

① 포자법　　　　② 이분법
③ 출아법　　　　④ 복분열법

해설 출아법이란 무성생식의 한가지로 생물체 또는 세포의 일부에 혹 모양의 싹이 생겨 자란 다음 떨어져 나가 새로운 개체를 이루는 생식법이다.

33 다음의 입자크기 중 입자가 가장 작은 것은?

① 50 mesh　　　② 100 mesh
③ 150 mesh　　　④ 200 mesh

해설 메쉬는 체눈의 개수를 의미하므로 체눈의 숫자가 큰 경우 입자가 많은 것으로 입자의 크기가 가장 작다.

34 물의 경도를 높여주는 작용을 하는 재료는?

① 이스트푸드　　② 이스트
③ 설탕　　　　　④ 밀가루

해설 물이 연수면 이스트와 흡수율을 1~2% 줄이고, 이스트푸드와 소금사용량을 증가시키고, 경수는 이스트 증가와 이스트푸드를 감소시켜 수질을 개선하기 위해 이스트푸드를 사용한다.

35 버터의 위조품 검정에 이용되는 검사 방법은?

① 아세틸값
② 요오드값
③ 과산화물값
④ Reichert −Meissl 값

해설 일반유지는 1.0이하지만 버터는 높은 Reichert -Meissl 값을 가지므로 특히 검정에 유효하다. 버터의 증량제로 사용된 유지는 모두 이 값이 작으므로 버터 중의 위화물의 유무를 감정할 수 있다.

36 다음 중 3당류에 속하는 당은?

① 맥아당　　　　② 라피노오스
③ 스타키오스　　④ 갈락토오스

해설 라피노오스는 녹는점 80℃, 무수물의 녹는점 120℃ 호주산 유칼리의 만나, 사탕무의 당밀, 목화의 과실 등을 비롯하여 식물계에 널리 분포한다. 3당류의 일종이다.

37 소장에 대한 설명으로 틀린 것은?

① 소장에서는 호르몬이 분비되지 않는다.
② 길이는 약 6cm이며, 대장보다 많은 일을 한다.
③ 영양소가 체내로 흡수된다.
④ 췌장과 담낭이 연결되어 있어 소화액이 유입된다.

해설 소장은 각종 소화관 호르몬을 분비하여 소화운동에 관여한다.

38 용적 2,050㎤인 팬에 스펀지 케이크 반죽을 400g으로 분할할 때 좋은 제품이 되었다면 용적 2,870㎤인 팬에 적당한 분할 무게는?

① 440g　　　　　② 480g
③ 560g　　　　　④ 600g

해설 2,050 : 400 = 2,870 : x
X = 400 × 2,870 ÷ 2,050 = 560g

39 먼저 밀가루와 유지를 넣고 믹싱하여 유지에 의해 밀가루가 피복되도록 한 후 나머지 재료를 투입하는 방법으로 유연감을 우선으로 하는 제품에 사용되는 반죽법은?

① 1단계법   ② 별립법
③ 블렌딩법   ④ 크림법

해설 • 1단계법 : 한꺼번에 믹싱
- 별립법 : 계란을 분리하여 제조하는 방법으로 거품형케이크에 사용
- 블렌딩법 : 유지에 밀가루를 넣어 파슬파슬하게 유지로 코팅
- 크림법 : 유지에 설탕을 넣고 유지를 크림화

40 다음 중 분할에 대한 설명으로 옳은 것은?

① 1배합당 식빵류는 30분 내에 하도록 한다.
② 기계분할은 발효과정의 진행과는 무관하여 분할 시간에 제한을 받지 않는다.
③ 기계분할은 손분할에 비해 약한 밀가루로 만든 반죽분할에 유리하다.
④ 손분할은 오븐스프링이 좋아 부피가 양호한 제품을 만들 수 있다.

해설 손분할이나 기계분할은 15~20분 이내로 분할하는 것이 좋다.

41 이스트에 존재하는 효소로 포도당을 분해하여 알코올과 이산화탄소를 발생시키는 것은?

① 말타아제(maltase)
② 리파아제(lipase)
③ 찌마아제(zymase)
④ 인버타아제(invertase)

해설 찌마아제는 과당, 포도당을 분해하여 CO_2 가스와 알코올을 생성한다.

42 단과자빵의 껍질에 흰 반점이 생긴 경우 그 원인에 해당되지 않는 것은?

① 반죽온도가 높았다.
② 발효하는 동안 반죽이 식었다.

③ 숙성이 덜된 반죽을 그대로 정형하였다.
④ 2차 발효 후 찬 공기를 오래 쐬었다.

해설 반죽온도가 높으면 발효시간이 단축된다.

43 스펀지 / 도법에서 스펀지밀가루 사용량을 증가시킬 때 나타나는 결과가 아닌 것은?

① 도 제조 시 반죽시간이 길어짐
② 완제품의 부피가 커짐
③ 도 발효시간이 짧아짐
④ 반죽의 신장성이 좋아짐

해설 스펀지밀가루 사용량을 증가시키면 스펀지의 발효시간은 길어지고 본반죽의 발효시간은 짧아진다.

44 제빵 시 적절한 2차 발효점은 완제품 용적의 몇 %가 가장 적당한가?

① 40 ~ 45%   ② 50 ~ 55%
③ 70 ~ 80%   ④ 90 ~ 95%

해설 2차 발효의 완료점은 굽기 시 오븐라이즈와 오븐스프링을 감안하여 완제품 용적의 70~80% 정도 발효시킨다.

45 빵을 구웠을 때 갈변이 되는 것은 어떤 반응에 의한 것인가?

① 비타민 C의 산화에 의하여
② 효모에 의한 갈색 반응에 의하여
③ 마이야르(maillard) 반응과 캐러멜화 반응이 동시에 일어나서
④ 클로로필(chlorophyll)이 열에 의해 변성되어

해설 캐러멜화 반응은 당류가 열을 받아 갈색으로 변하는 반응이고, 마이야르 반응은 비환원성 당류와 아미노산이 결합하여 색을 내는 반응이다.

46 원가에 대한 설명 중 틀린 것은?

① 기초원가는 직접노무비, 직접재료비를 말한다.
② 직접원가는 기초원가에 직접경비를 더한 것이다.

③ 제조원가는 간접비를 포함한 것으로 보통 제품의 원가라고 한다.

④ 총원가는 제조원가에서 판매비용을 뺀 것이다.

해설 총원가는 제조원가와 판매비, 일반관리비 등을 더한 것이다.

47 우리나라의 식품위생법에서 정하고 있는 내용이 아닌 것은?

① 건강기능식품의 검사
② 건강진단 및 위생교육
③ 조리사 및 영양사의 면허
④ 식중독에 관한 조사보고

해설 건강기능식품에 대해서는 식품위생법에 따른 처벌을 배제한다.

48 술에 대한 설명으로 틀린 것은?

① 제과, 제빵에서 술을 사용하는 이유 중의 하나는 바람직하지 못한 냄새를 없애주는 것이다.
② 양조주란 곡물이나 과실을 원료로 하여 효모로 발효시킨 것이다.
③ 증류주란 발효시킨 양조주를 증류한 것이다.
④ 혼성주란 증류주를 기본으로 하여 정제당을 넣고 과실 등의 추출물로 향미를 낸 것으로 대부분 알코올 농도가 낮다.

해설 혼성주는 대부분 알코올 농도가 높다.

49 팬 오일의 조건이 아닌 것은?

① 발연점이 130℃ 정도되는 기름을 사용한다.
② 산패되기 쉬운 지방산이 적어야 한다.
③ 보통 반죽 무게의 0.1~0.2%를 사용한다.
④ 면실유, 대두유 등의 기름이 이용된다.

해설 팬 오일은 발연점이 210℃ 이상 높은 것을 사용한다.

50 밀가루를 전문적으로 시험하는 기기로 이루어진 것은?

① 패리노그래프, 가스크로마토그래피, 익스텐소그래프
② 패리노그래프, 아밀로그래프, 파이브로미
③ 패리노그래프, 익스텐소그래프, 아밀로그래프
④ 아밀로그래프, 익스텐소그래프, 펑츄어테이터

해설
• 아밀로그래프 : 밀가루의 α-아밀라아제의 호화를 측정한다.
• 패리노그래프 : 밀가루의 흡수율을 측정, 반죽의 내구성, 시간을 측정한다.
• 익스텐소그래프 : 반죽의 신장성에 대한 저항, 신장 내구성으로 발효시간을 측정한다.

51 다음 중 숙성한 밀가루에 대한 설명으로 틀린 것은?

① 밀가루의 황색색소가 공기 중의 산소에 의해 더욱 진해진다.
② 환원성 물질이 산화되어 반죽의 글루텐 파괴가 줄어든다.
③ 밀가루의 ph가 낮아져 발효가 촉진된다.
④ 글루텐의 질이 개선되고 흡수성을 좋게 한다.

해설 숙성한 밀가루는 글루텐의 질이 개선되고 흡수성을 좋게 한다. 전체 밀알에 대해 껍질은 13~14%, 배아는 2~3%, 내배유는 83~85% 정도 차지한다. 제분 직후의 밀가루는 제빵 적성이 좋지 않다.

52 탈지분유를 빵에 넣으면 발효 시 ph 변화에 어떤 영향을 미치는가?

① ph 저하를 촉진시킨다.
② ph 상승을 촉진시킨다.
③ ph 변화에 대한 완충 역할을 한다.
④ ph가 중성을 유지하게 된다.

해설 반죽의 pH 변화에 대한 완충역할을 한다. 분유는 완충제역할을 하고, 내구성 증가와 믹싱내구성 증대, 분유가 1% 증가하면 수분흡수율도 1% 증가한다.

53 당뇨병과 직접적인 관계가 있는 영양소는?

① 포도당   ② 필수지방산

③ 필수아미노산   ④ 비타민

해설 포도당 분자식은 $C_6H_{12}O_6$. 과일과 벌꿀에 존재하며 고등동물의 혈액에 순환하는 주요 유리당이다. 세포 기능에 필요한 에너지의 원천으로 대사조절작용을 한다.

54 인수공통감염병으로만 짝지어진 것은?

① 폴리오, 장티푸스

② 결핵, 유행성 간염

③ 탄저, 리스테리아증

④ 홍역, 브루셀라증

해설 인수공통전염병은 탄저병, 브루셀라증, 야토병, 결핵, Q열, 광견병, 돈단독 등이 있다. 리스테리아는 유산을 일으키는 병원균이다. 포유류, 조류에 널리 분포한다.

55 장출혈성대장균에 대한 설명으로 틀린 것은?

① 오염된 식품 이외에 동물 또는 감염된 사람과의 접촉을 통하여 전파될 수 있다.

② 오염된 지하수를 사용한 채소류, 과실류 등이 원인이 될 수 있다.

③ 내성이 강하여 신선채소의 경유 세척, 소독 및 데치기 방법으로는 예방이 되지 않는다.

④ 소가 가장 중요한 병원소이며 양, 염소, 돼지, 개, 닭 등 가금류의 대변이 원인이다.

해설 장출혈성대장균 감염증을 예방하려면 물은 반드시 끓여 섭취하고, 육류제품은 충분히 익혀서 먹어야 하며 채소류는 염소 처리한 청결한 물로 잘 씻어서 먹는 것이 좋다.

56 다음 중 공장설비 구성의 설명으로 적합하지 않은 것은?

① 공장시설설비는 인간을 대상으로 하는 공학이다.

② 공장시설은 식품조리과정의 다양한 작업을 여러 조건에 따라 합리적으로 수행하기 위한 시설이다.

③ 설계디자인은 공간의 할당, 물리적 시설, 구조의 생김새, 설비가 갖춰진 작업장을 나타내 준다.

④ 각 시설은 그 시설이 제공하는 서비스의 형태에 기본적인 어떤 기능을 지니고 있지 않다.

해설 기본적인 기능을 사용하기 편리해야 하고, 작업능률을 향상시킬 수 있는 구조여야 한다.

57 장티푸스질환의 특성은?

① 급성 간염질환

② 급성 전신성 열성질환

③ 급성 이완성 마비질환

④ 만성 간염질환

해설 급성 전신성 열성질환의 장티푸스는 인체의 배설물, 식수의 미흡한 처치로 인해 주로 개발도상국에서 유행하며, 살모넬라균 감염에 의한 급성질환이다.

58 다음 발효 중 일어나는 생화학적 생성물질이 아닌 것은?

① 덱스트린   ② 맥아당

③ 포도당   ④ 이성화당

해설 이성화당은 생화학적 반응에 의해 분자식은 같으나 구조식이 다른 당으로 변환된 당으로 이성질화당이라고도 한다.

59 다음 감염병 중 쥐를 매개체로 감염되는 질병이 아닌 것은?

① 돈단독증
② 신증후군출혈열(유행성출혈열)
③ 쯔쯔가무시증
④ 렙토스피라증

해설 돈단독증은 돼지를 비롯하여 소, 양, 닭, 말 등에서 발생하는 단독 특유의 피부염과 패혈증을 일으키는 것으로 관절염, 심장장애가 주가되는 경우가 많다.

60 곰팡이의 일반적인 특성으로 틀린 것은?

① 광합성능이 있다.
② 주로 무성포자에 의해 번식한다.
③ 진핵세포를 가진 다세포 미생물이다.
④ 분류학상 진균류에 속한다.

해설 곰팡이는 엽록체가 없어 광합성을 하지 못하므로 다른 생물이나 죽은 동식물체에 붙어서 양분을 흡수하는 기생생활을 한다.

01 빵 포장재의 조건이 아닌 것은?

① 안전성　　② 작업성
③ 기호성　　④ 보호성

> **해설** 포장재의 조건은 안전성, 작업성, 보호성, 편리성, 경제성, 환경친화성 등이 있다.

02 제빵 시 성형의 범위에 들어가지 않는 것은?

① 둥글리기　　② 분할
③ 정형　　④ 2차발효

> **해설** 넓은 의미의 정형은 분할 - 둥글리기 - 중간발효 - 정형 - 팬닝이다.

03 냉동반죽 제품의 장점이 아닌 것은?

① 계획 생산이 가능하다.
② 인당 생산량이 증가한다.
③ 이스트의 사용량이 감소된다.
④ 반죽의 저장성이 향상된다.

> **해설** 냉동제법은 냉해로 인해 이스트가 죽어 냉동저장성이 짧아지고, 완제품의 부피가 작아지며, 이스트의 손상이 커진다. 또한 반죽온도가 높아진다.

04 팽창제에 대한 설명 중 틀린 것은?

① 가스를 발생시키는 물질이다.
② 반죽을 부풀게 한다.
③ 제품에 부드러운 조직을 부여해 준다.
④ 제품에 질긴 성질을 준다.

> **해설** 팽창제로 명반, 소명반, 탄산수소나트륨, 베이킹파우더, 암모늄명반 등이 있다. 팽창제는 빵과 과자 등을 연하고 맛이 좋고, 소화되기 쉬운 것으로 만들기 위해서 사용된다.

05 일시적 경수에 대한 설명으로 옳은 것은?

① 모든 염이 황산염의 형태로만 존재한다.
② 연수로 변화시킬 수 없다.
③ 탄산염에 기인한다.
④ 끓여도 제거되지 않는다.

> **해설** 일시적 경수는 칼슘염과 마그네슘염이 가열에 의해 탄산염으로 침전되어 연수가 되는 물이다.

06 이스트에 존재하는 효소로 포도당을 분해하여 알코올과 이산화탄소를 발생시키는 것은?

① 말타아제(maltase)
② 리파아제(lipase)
③ 찌마아제(zymase)
④ 인버타아제(invertase)

> **해설** 찌마아제는 과당, 포도당을 분해하여 CO_2 가스와 알코올을 생성한다.

07 계란의 흰자 540g을 얻으려고 한다. 계란 한 개의 평균 무게가 60g이라면 몇 개의 계란이 필요한가?

① 10개　　② 15개
③ 20개　　④ 25개

> **해설** 계란은 껍질 10%, 흰자 60%, 노른자 30%로 구성되어 있다.
> 540g : 60% = X : 100%
> X = 54,000 ÷ 60 = 900g
> 900g ÷ 60 = 15개

08 발효가 늦어지는 경우에 해당되는 것은?

① 반죽에 소금을 3% 첨가하였다.
② 2차 발효온도를 38℃로 하였다.
③ 이스트의 양을 3%로 첨가하였다.
④ 설탕을 3% 첨가하였다.

> **해설** 소금이 많으면 효소작용을 억제하기에 가스 발생을 저하시킨다. 2차 발효온도는 38~40℃가 적정하고, 이스트의 양이 많아지면 발효시간은 짧아진다. 설탕은 5% 이상이면 발효시간이 길어진다.

09 파이를 냉장고에 휴지시키는 이유와 가장 거리가 먼 것은?

① 전 재료의 수화 기회를 준다.
② 유지와 반죽의 굳은 정도를 같게 한다.
③ 반죽을 경화 및 긴장시킨다.
④ 끈적거림을 방지하여 작업성을 좋게 한다.

해설 재료의 수화, 반죽과 유지의 경도를 같게 하고, 반죽의 성형을 용이하게 하기 위해 냉장휴지를 한다.

10 설탕의 구성 성분은?

① 포도당과 과당
② 포도당과 갈락토오스
③ 포도당 2분자
④ 포도당과 맥아당

해설 설탕은 이당류이며 포도당과 과당으로 구성되어 있다.

11 반죽의 비중에 대한 설명으로 맞는 것은?

① 같은 무게의 반죽을 구울 때 비중이 높을수록 부피가 증가한다.
② 비중이 너무 낮으면 조직이 거칠고 큰 기포를 형성한다.
③ 비중의 측정은 비중컵의 중량을 반죽의 중량으로 나눈 값으로 한다.
④ 비중이 높으면 기공이 열리고 가벼운 반죽이 얻어진다.

해설 비중은 같은 부피의 반죽무게를 같은 부피의 물무게로 나눈 값이다. 비중이 높으면 기공이 닫혀 조직이 조밀하다.

12 빵의 포장과 냉각에 대한 설명 중 틀린 것은?

① 빵 내부의 적정 냉각온도는 20℃이다.
② 냉각 중 습도가 낮으면 껍질이 갈라지기 쉽다.
③ 포장 목적은 수분증발 억제, 노화방지이다.
④ 포장지는 저렴하고 위생적이어야 한다.

해설 빵 내부의 적정 냉각온도는 35~40℃이다.

13 제품의 판매가격은 어떻게 결정하는가?

① 총원가＋이익
② 제조원가＋이익
③ 직접재료비＋직접경비
④ 직접경비＋이익

해설 직접재료비, 직접노무비, 직접경비, 제조간접비, 판매비, 일반관리비로 이루어지는 총원가에 이익을 더하여 판매가격을 결정한다.

14 튀김기름의 조건으로 틀린 것은?

① 발연점(smoking point)이 높아야 한다.
② 산패에 대한 안정성이 있어야 한다.
③ 여름철에 융점이 낮은 기름을 사용한다.
④ 산가(acid value)가 낮아야 한다.

해설 융점은 고체가 열을 받아 액체가 되는 현상으로 튀김용 기름은 푸른 연기가 발생하는 발연점이 높고 제품에 이미, 이취가 나지 않아야 한다.

15 자당(sucrcse) 10%를 이성화해서 10.52%의 전화당(invert sugar)을 얻었다. 포도당(glucose)과 과당(fructose)의 비율은?

① 포도당 7.0%, 과당 3.52%
② 포도당 5.26%, 과당 5.26%
③ 포도당 3.52%, 과당 7.0%
④ 포도당 2.63%, 과당 7.89%

해설 전화당이란 자당을 가수분해하여 생기는 포도당과 과당이 동량인 혼합물을 말한다.

16 주로 소매점에서 자주 사용하는 믹서로써 거품형케이크 및 빵 반죽이 모두 가능한 믹서는?

① 수직 믹서(vertical mixer)
② 스파이럴 믹서(spiral mixer)
③ 수평 믹서(horizontal mixer)
④ 핀 믹서(pin mixer)

해설 수직 믹서는 버티컬 믹서라고도 한다.

정답 **09** ③ **10** ① **11** ② **12** ① **13** ① **14** ③ **15** ① **16** ①

17 탄수화물이 많이 든 식품을 고온에서 가열하거나 튀길 때 생성되는 발암성 물질은?

① 니트로사민(nitrosamine)
② 다이옥신(dioxins)
③ 벤조피렌(benzopyrene)
④ 아크릴아마이드(acrylamide)

해설 아크릴아마이드(acrylamide)는 전분식품(탄수화물이 많이 든 식품) 가열 시 아미노산과 당의 열에 의한 결합반응의 생성물로 발암성 화합물이다.

18 제빵 생산의 원가를 계산하는 목적으로만 연결된 것은?

① 순이익과 총매출의 계산
② 이익계산, 가격결정, 원가관리
③ 노무비, 재료비, 경비산출
④ 생산량관리, 재고관리, 판매관리

해설 제빵 생산의 원가를 계산하는 이익계산, 판매가격결정, 원·부재료관리 등이며, 설비보수는 생산계획의 감가상각의 목적이 된다.

19 퐁당에 대한 설명으로 가장 적합한 것은?

① 시럽을 214℃까지 끓인다.
② 20℃ 전후로 식혀서 휘젓는다.
③ 물엿, 전화당 시럽을 첨가하면 수분 보유력을 높일 수 있다.
④ 유화제를 사용하면 부드럽게 할 수 있다.

해설 퐁당은 설탕 100에 대하여 물 30을 넣고 114~118℃로 끓인 뒤 냉각하여 희뿌연 상태를 재결정화시킨 것이다. 퐁당에 물엿이나 전화당 시럽을 첨가하면 식감이 부드러워지고, 수분 보유력을 높일 수 있다.

20 생산관리의 기능과 먼 것은?

① 품질보증기간　② 적시 · 적량기능
③ 원가조절기능　④ 글루텐응고

해설 생산관리는 좋은 제품을 저렴한 비용으로 정해진 시기에 만들어 내는 것이다.

21 제품의 판매가격이 1,000원일 때 생산원가는 약 얼마인가?(단, 손실률10%, 이익률20%, 부가가치세10%가 포함된 가격이다.)

① 580원　　　② 689원
③ 758원　　　④ 909원

해설 생산원가＝판매가격÷부가세÷이익률÷손실률
1,000÷1.1÷1.2÷1.1＝689원

22 식품첨가물에 관한 설명 중 틀린 것은?

① 식품의 조리 가공에 있어 상품적, 영양적, 위생적 가치를 향상시킬 목적으로 사용한다.
② 식품에 의도적으로 미량 첨가되는 물질이다.
③ 자연의 동·식물에서 추출된 천연식품첨가물은 식품의약품안전처장의 허가 없이도 사용이 가능하다.
④ 식품에 첨가, 혼합, 침윤, 기타의 방법에 의해 사용되어진다.

해설 식품첨가물은 식품위생법에 의한 사용기준과 첨가량을 준수해야 하며, 그 규격과 기준은 식품의약품안전처장이 작성한 식품첨가물 공전에 수록되어 있다.

23 모노글리세리드(monoglyceride)와 디글리세리드(diglyceride)는 제과에 있어 주로 어떤 역할을 하는가?

① 유화제　　　② 힝산화제
③ 감미제　　　④ 필수영양제

해설 유화제란 물과 기름처럼 서로 혼합되지 않는 두 종류의 액체를 혼합할 때 분리되지 않고 분산시키는 기능을 갖는 물질로 종류에는 대두인지질, 글리세린, 레시틴, 모노디글리세리드 등이 있다.

24 다음 중 부패세균이 아닌 것은?

① 어위니아균(Erwinia)
② 슈도모나스균(Pseudomonas)
③ 고초균(Bacillus subtilis)
④ 티포이드균(Sallmonella typhi)

정답 17 ④　　18 ②　　19 ③　　20 ④　　21 ②　　22 ③　　23 ①　　24 ④

[해설] 티포이드균(Sallmonella typhi)은 감염형 식중독균의 일종이다.

25 췌장에서 생성되는 지방 분해효소는?

① 트립신　　　　② 아밀라아제
③ 펩신　　　　　④ 리파아제

[해설] ① 트립신 : 췌장에서 효소전구체 트립시노겐의 형태로 생성된다. 단백질 분해효소다.
② 아밀라아제 : 탄수화물 분해효소다.
③ 펩신 : 위액에서 생성되는 단백질 분해효소다.

26 다음 중 신선한 계란의 특징은?

① 8% 식염수에 뜬다.
② 흔들었을 때 소리가 난다.
③ 난황계수가 0.1 이하이다.
④ 껍질에 광택이 없고 거칠다.

[해설] 신선한 계란의 특징
• 물 1L, 소금 60g에 가라앉는다.
• 난황계수(난황계수, 난백계수 모두 계란의 신선도를 판정하는 검사 방법이다. 난황계수란, 계란을 터트려 평판에 놓고 난황의 최고부의 높이를 난황의 최대 직경 값으로 나눈 값이다) 400 또는 0.4이다.
• 껍질 표면이 광택이 없고, 거칠다.

27 베이커스 퍼센트(Baker's percent)에서 기준이 되는 재료는?

① 이스트　　　　② 물
③ 밀가루　　　　④ 계란

[해설] 베이커스 퍼센트는 밀가루의 양을 100%로 표시한다.

28 아래의 갈색 반응의 반응식에서 ( )에 알맞은 것은?

환원당 + (　　) ― (열) → 멜라노이드 색소(황갈색)

① 지방　　　　　② 탄수화물
③ 단백질　　　　④ 비타민

[해설] 당류에서 분해된 환원당과 단백질류에서 분해된 아미노산이 결합하여 멜라노이드 색소를 만들어 껍질이 갈색으로 변하는 반응이 메일라드 반응이다.

29 식품의 부패를 판정할 때 화학적 판정 방법이 아닌 것은?

① TMA 측정　　　② ATP 측정
③ LD_{50} 측정　　　④ VBN 측정

[해설] • LD_{50} 값과 독성은 반비례한다.
• LD_{50}의 값이 작다는 것은 독성이 높다는 것이다.

30 다음 중 총원가에 포함되지 않는 것은?

① 제조설비의 감가상각비
② 매출원가
③ 직원의 급료
④ 판매이익

[해설] 총원가 = 직접재료비 + 직접노무비 + 직접경비 + 제조간접비 + 판매비 + 일반관리비

31 인수공통전염병에 대한 설명으로 틀린 것은?

① 인간과 척추동물 사이에 전파되는 질병이다.
② 인간과 척추동물이 같은 병원체에 의하여 발생되는 전염병이다.
③ 바이러스성 질병으로 발진열, Q열 등이 있다.
④ 세균성 질병으로 탄저, 브루셀라증, 살모넬라증 등이 있다.

[해설] 사람과 가축이 같은 병원체에 의하여 발생되는 질병이 인축공통전염병이다. 발진열과 Q열은 리케치아성 질병이다.

32 단순단백질이 아닌 것은?

① 프롤라민　　　② 헤모글로빈
③ 글로불린　　　④ 알부민

[해설] 헤모글로빈은 복합단백질이다.

33 ppm을 나타낸 것으로 옳은 것은?

① g당 중량 백분율
② g당 중량 만분율
③ g당 중량 십만분율
④ g당 중량 백만분율

> 해설 ppm이란 part per millon의 약자로 g당 중량 백만분율을 의미한다.

34 포도당의 감미도가 높은 상태인 것은?

① 결정형　　　② 수용액
③ β - 형　　　④ 좌선성

> 해설 포도당의 감미도는 항상 75가 아니라 포도당의 형태와 상태에 따라 약간의 차이가 발생하며, 결정형 포도당일 때의 감미도가 가장 높다.

35 β-아밀라아제의 설명으로 틀린 것은?

① 전분이나 덱스트린을 맥아당으로 만든다.
② 아밀로오스의 말단에서 시작하여 포도당 2분자씩을 끊어가면서 분해한다.
③ 전분의 구조가 아밀로펙틴인 경우 약 52%까지만 가수분해 한다.
④ 액화효소 또는 내부 아밀라아제라고도 한다.

> 해설 β-아밀라아제는 전분이나 덱스트린을 분해하여 맥아당을 만들어 당화효소(외부효소)라고 한다.

36 글리세롤 1분자와 지방산 1분자가 결합한 것은?

① 트리글리세라이드(triglyceride)
② 디글리세라이드(diglyceride)
③ 모노글리세라이드(monoglyceride)
④ 펜토스(pentose)

> 해설 모노글리세라이드는 지방의 글리세롤 1분자와 지방산 1분자가 결합한 것이다. 디글리세라이드는 지방산 2분자가 결합, 트리글리세라이드는 지방산 3분자가 결합한 것이다.

37 젤리를 제조하는데 당분 60~65%, 펙틴 1.0~1.5% 일 때 가장 적합한 pH는?

① pH1.0　　　② pH3.2
③ pH7.8　　　④ pH10.0

> 해설 설탕 농도 50% 이상, pH 2.8~3.4인 산의 상태에서 젤리를 형성한다.

38 지방은 무엇이 축합되어 만들어지는가?

① 지방산과 글리세롤
② 지방산과 올레인산
③ 지방산과 리놀레인산
④ 지방산과 팔미틴산

> 해설 지방은 탄소(C), 수소(H), 산소(O) 3원소로 구성된 유기화합물로 3분자의 지방산과 1분자의 글리세린(글리세롤)이 결합되어 만들어진 에스테르 즉, 트리글리세리드이다.

39 같은 조건의 반죽에 설탕, 포도당, 과당을 같은 농도로 첨가했다고 가정할 때 마이야르 반응 속도를 촉진시키는 순서대로 나열된 것은?

① 설탕 〉 포도당 〉 과당
② 과당 〉 설탕 〉 포도당
③ 과당 〉 포도당 〉 설탕
④ 포도당 〉 과당 〉 설탕

> 해설 메일라드(갈변) 반응은 아미노산과 환원당이 가열에 의해 반응하여 갈색으로 변하는 현상으로 비환원당인 설탕에서는 반응이 나타나지 않는다. 단당류, 이당류, 다당류 순으로 반응하며, 단당류일 경우 감미도 순으로 반응 속도를 낸다.

40 효모에 대한 설명으로 틀린 것은?

① 당을 분해하여 산과 가스를 생성한다.
② 출아법(budding)으로 증식한다.
③ 제빵용 효모의 학명은 sacchar omyces serevisiae이다.
④ 산소의 유무에 따라 증식과 발효가 달라진다.

> 해설 효모는 발효 과정에서 당을 분해하여 유기산과 탄산가스를 생성한다.

정답 **33** ④　**34** ①　**35** ④　**36** ③　**37** ②　**38** ①　**39** ③　**40** ①

41 과일 파이의 충전물용 농후화제로 사용하는 전분은 설탕을 함유한 시럽의 몇 %를 사용하는 것이 가장 적당한가?

① 12~14% ② 17~19%
③ 6~10% ④ 1~2%

> **해설** 충전물용 농후화제로 쓰이는 전분은 시럽에 사용되는 물의 8~11%와 설탕의 6~10% 정도 사용하는 것이 적당하다.

42 D-glucose와 D-mannose의 관계는?

① anomer ② epimer
③ 동소체 ④ 라세믹체

> **해설** 에피머(Epimer) : D-glucose와 D-mannose의 관계처럼 분자 내의 배열 탄소 중에서 1개의 탄소만이 관능기의 배열 상태가 다른 것을 말한다.

43 당분이 있는 슈 껍질을 구울 때의 현상이 아닌 것은?

① 껍질의 팽창이 좋아진다.
② 상부가 둥글게 된다.
③ 내부에 구멍 형성이 좋지 않다.
④ 표면에 균열이 생기지 않는다.

> **해설** 슈 반죽에 당분이 들어가면 단백질의 구조가 약해져서 팽창력이 나빠진다.

44 제과용 기계 설비와 거리가 먼 것은?

① 오븐 ② 라운더
③ 에어믹서 ④ 데포지터

> **해설** ② 라운더 : 둥글리기 하는 기계
> ③ 에어 믹서 : 공기를 발생시켜 반죽에 주입시키는 기계
> ④ 데포지터 : 자동으로 모양 짜기를 하는 기계

45 공장 설비시 배수관의 최소 내경으로 알맞은 것은?

① 5cm ② 7cm
③ 10cm ④ 15cm

> **해설** 배수관의 내경은 최소 10cm로 한다.

46 복어의 독소 성분은?

① 엔테로톡신(enterotoxin)
② 테트로도톡신(tetrodotoxin)
③ 무스카린(muscarine)
④ 솔라닌(solanine)

> **해설** • 테트로도톡신 : 복어
> • 엔테로톡신 : 황색포도상구균
> • 솔라닌 : 감자
> • 무스카린 : 독버섯

47 1인당 생산가치는 생산가치를 무엇으로 나눠 계산하는가?

① 인원수 ② 시간
③ 임금 ④ 원재료비

> **해설** • 생산가치는 기업이 외부가치에 생산행위를 부여해 새롭게 만들어낸 가치를 말한다.
> • 1인당 생산가치＝생산가치÷인원수

48 식품보존료로서 갖추어야 할 요건으로 적합한 것은?

① 공기, 광선에 안정할 것
② 사용방법이 까다로울 것
③ 일시적으로 효력이 나타날 것
④ 열에 의해 쉽게 파괴될 것

> **해설** 보존료는 미생물의 번식으로 인한 식품의 변질을 방지하기 위해 사용되는 첨가물로 무미, 무취이며 독성이 없고 장기적으로 사용해도 인체에 무해해야 한다.

49 주로 단백질이 세균에 의해 분해되어 악취, 유해물질을 생성하는 현상은?

① 발효 ② 부패
③ 변패 ④ 산패

> **해설** • 발효 : 식품에 미생물이 번식하여 식품의 성질이 변화를 일으키는 현상으로, 그 변화가 인체에 유익한 경우를 말한다.

- 변패 : 탄수화물을 많이 함유한 식품이 미생물의 분해작용으로 맛이나 냄새가 변화하는 현상이다.
- 산패 : 지방의 산화 등에 의해 악취나 변색이 일어나는 현상이다.

50 찐빵을 제조하기 위해 식용소다(NaHCO₃)를 넣으면 누런색으로 변하는 이유는?

① 밀가루의 카로티노이드(Carotenoid)계가 활성이 되었기 때문이다.
② 효소적 갈변이 일어났기 때문이다.
③ 플라본 색소가 알칼리에 의해 변색했기 때문이다.
④ 비효소적 갈변이 일어났기 때문이다.

해설 식용소다(중탄산나트륨)를 넣으면 밀가루의 흰색을 나타내는 플라본 색소가 알칼리에 의해 누렇게 변색된다.

51 다음 중 필수아미노산이며 분자구조에 황을 함유하고 있는 것은?

① 메티오닌   ② 라이신
③ 타이로신   ④ 발린

해설
- 메티오닌 : 유황을 함유한 아미노산은 메티오닌, 시스테인, 시스틴이다.
- 라이신 : 염기성 α-아미노산의 하나로 동물성 단백질에 많이 존재하며 식품의 가공에도 이용.
- 타이로신 : 가결 아미노산으로 녹는 점은 314~318℃이며, 미소한 바늘모양 결정이다.
- 발린 : 알부민에서 발견된 분지사슬 α-아미노산의 일종이다.

52 대부분의 물건 소독에 사용되나 음식물 식기에는 부적절한 화학적 소독제는?

① 염소제   ② 역성비누
③ 과산화수소   ④ 석탄산

해설
- 염소제 : 식기, 채소, 과일, 음료수 등
- 역성비누 : 과일, 채소, 식기, 손소독
- 과산화수소(3%) : 자극이 적어 피부상처소독, 입안의 상처소독에 사용된다.
- 석탄산(3%) : 독성이 있어 인체에는 잘 사용되지 않고, 화장실, 하수도, 진개 등 오물소독에 사용되며 소독제의 평가기준으로 사용된다.

53 다음 보존료와 사용 식품이 잘못 연결된 것은?

① 소르브산 - 식육가공품, 절임류, 과실주
② 안식향산 - 탄산음료, 간장
③ 파라옥시안식향산부틸 - 과실주, 채소음료
④ 디하이드로초산 - 된장, 고추장

해설 디하이드로초산은 곰팡이, 효모, 혐기성의 그램 양성 세균에 효과가 있다.

54 식품제조공정 중에서 거품을 없애는 용도로 사용되는 첨가물은?

① 글리세린
② 프로필렌글리콜
③ 피페로닐 부톡사이드
④ 실리콘 수지

해설
- 글리세린 : 무색 투명의 액체로 냄새가 없고 단맛이 있다.
- 프로필렌글리콜 : 무색 투명한 시럽상 액체로 냄새가 없거나 약간의 냄새가 있으며, 약간의 쓴맛과 단맛이 있다.
- 피페로닐 부톡사이드 : 바구미 등의 해충이 발생하면 품질이 떨어지고 양적인 손실을 가져와 심각한 피해가 따르는데 이러한 충해를 방지하기 위해 독성이 적고 방충효과가 큰 살충제를 식품첨가물로 사용하고 있다.

55 식중독과 관련된 내용의 연결이 옳은 것은?

① 포도상구균 식중독 : 심한 고열을 수반
② 살모넬라 식중독 : 높은 치사율
③ 클로스트리디움 보툴리늄 식중독 : 독소형 식중독
④ 장염비브리오 식중독 : 주요 원인은 민물고기생식

해설
- 포도상구균 식중독 : 급성위장염, 구토, 설사, 복
- 통살모넬라 식중독 : 발열, 복통, 설사
- 장염비브리오 식중독 : 어패류 생식(바닷고기 생식)

 정답 50 ③ 51 ① 52 ④ 53 ④ 54 ④ 55 ③

56 원인균이 내열성포자를 형성하기 때문에 병든 가축의 사체를 처리할 경우 반드시 소각처리 하여야 하는 인수공통전염병은?

① 돈단독　　　② 결핵
③ 파상열　　　④ 탄저병

해설 탄저병의 감염원과 감염경로는 주로 가축 축산물로 감염되며 감염부위에 따라 피부, 장, 폐탄저가 된다.

57 결핵의 주요한 감염원이 될 수 있는 것은?

① 토끼고기
② 양고기
③ 돼지고기
④ 불완전 살균우유

해설 결핵은 병에 걸린 소의 유즙이나 유제품을 거쳐 사람에게 경구적으로 감염되며, 잠복기는 불명이다.

58 백색의 결정으로 감미도는 설탕의 250배이며 청량음료수, 과자류, 절임류 등에 사용되었으나 만성중독인 혈액독을 일으켜 우리나라에서는 사용이 금지된 인공 감미료는?

① 둘신
② 사이클라메이트
③ 에틸렌글리콜
④ 파라-니트로-오르토-툴루이딘

해설 둘신은 백색분말의 침상 결정체로 된 인공 감미료로 감미도가 설탕의 250배이며, 혈액독을 일으킨다.

59 지질대사에 관계하는 비타민이 아닌 것은?

① pantothenic acid(펜토텐산)
② niacin (나이신)
③ vitamin B_2
④ folic acid(엽산)

해설 엽산(folic acid)은 비타민 B 복합체의 하나로 RNA와 DNA 및 단백질 생합성에 필수적이므로 인체 및 동물의 세포분열 성장인자로 작용한다. 엽산이 부족하면 무뇌증, 척추이분증, 구순구개열, 심장기형 등의 발생위험률을 높인다.

60 가열용 열매체, 인쇄용 잉크, 윤활유, 전기절연유 등으로 다양하게 사용되어 왔으나 인체의 건강에 유해하여 규제가 이루어진 물질은?

① 카드뮴(Cd)
② 유기수은제
③ 피씨비(PCB)
④ 납(Pb)

해설 PCB는 다가(多價) 염소화합물로 페놀이 2개 결합된 화합물에 수소 대신 염소가 치환된 화합물로서 사람의 건강, 환경에 유해성(독성)이 보고되고 있는 유기화학물질이다. PCB는 TV · VTR 등 가전제품에서부터 컴퓨터 · 이동전화 · 인공위성 등에 이르기까지 모든전자기기에 사용된다.

 정답 56 ④　57 ④　58 ①　59 ④　60 ③

01 다음 중 제품의 부피가 작아지는 결점을 일으키는 원인이 아닌 것은?

① 반죽 정도의 초과
② 소금 사용량 부족
③ 설탕 사용량 과다
④ 이스트푸드 사용량 부족

해설 소금을 많이 사용하면 삼투압이 높아져 이스트의 활성이 떨어지므로 완제품의 부피가 작아진다.

02 제빵에서 쇼트닝의 가장 중요한 기능은?

① 자당, 포도당 분해
② 유단백질의 완충 작용
③ 글루텐 강화
④ 윤활 작용

해설 쇼트닝은 반죽의 팽창을 도와주는 윤활 작용을 한다.

03 비용직의 단위로 옳은 것은?

① cm³/g
② cm²/g
③ cm³/mℓ
④ cm²/mℓ

해설 비용적이란 반죽이 1g이 차지하는 부피로 단위는 cm³/g 로 한다.

04 괴혈병을 예방하기 위해 어떤 영양소가 많은 식품을 섭취해야 하는가?

① 비타민 A
② 비타민 C
③ 비타민 D
④ 비타민 B₁

해설 비타민 A : 야맹증, 비타민 B₁ : 각기병
비타민 C : 괴혈병, 비타민 D : 구루병

05 연속식 제빵법에 관한 설명으로 틀린 것은?

① 액체 발효법을 이용하여 연속적으로 제품을 생산한다.
② 발효 손실 감소, 인력 감소 등의 이점이 있다.

③ 3~4기압의 디벨로퍼로 반죽을 제조하기 때문에 많은 양의 산화제가 필요하다.
④ 자동화 시설을 갖추기 위해 설비공간의 면적이 많이 소요된다.

해설 연속식제빵법은 액체발효기에서 액종을 짧게 발효시키므로 발효손실이 감소하고 발효향도 감소한다. 설비공간 감소, 설비면적 감소의 장점이 있다.

06 이스트 2%를 사용했을 때 150분 발효시켜 좋은 결과를 얻었다면, 100분 발효시켜 같은 결과를 얻기 위해 얼마의 이스트를 사용하면 좋을까?

① 1%
② 2%
③ 3%
④ 4%

해설
이스트 양(X) = $\dfrac{\text{가감하고자 하는 이스트 양} \times \text{기존의 발효시간}}{\text{조절하고자 하는 발효시간}}$

$X = \dfrac{2\% \times 150분}{100분} = 300 \div 100 = 3\%$

07 제빵에 가장 적합한 물은?

① 경수
② 연수
③ 아경수
④ 알칼리수

해설 칼슘과 마그네슘 같은 미네랄이 121~180ppm 정도 함유된 아경수가 제빵용 물로 가장 적합하다.

08 계란 성분 중 마요네즈 제조에 이용되는 것은?

① 글루텐(Gluten)
② 카제인(Casein)
③ 레시틴(Lecithin)
④ 모노글리세라이드(Monoglyceride)

해설 마요네즈를 만들 때 계란 노른자를 사용하는데 레시틴이 들어있는 노른자는 유화 작용을 일으킨다.

09 술에 대한 설명으로 틀린 것은?

① 달걀 비린내, 생크림의 비린 맛 등을 완화시켜 풍미를 좋게 한다.
② 양조주란 곡물이나 과실을 원료로 하여 효모로 발효시킨 것이다.
③ 증류주란 발효시킨 양조주를 증류한 것이다.
④ 혼성주란 증류주를 기본으로 하여 정제당을 넣고 과실 등의 추출물로 향미를 낸 것으로 대부분 알코올 농도가 낮다.

해설 혼성주는 대부분 알코올 농도가 높다.

10 다음 중 강력분의 특성이 아닌 것은?

① 중력분, 박력분에 비해서 단백질 함량이 많다.
② 경질소맥을 원료로 하여 만든다.
③ 박력분에 비해서 점탄성이 크다.
④ 비스킷과 튀김옷의 용도로 사용된다.

해설 박력분 : 비스킷과 튀김옷을 만들 때 바삭한 식감을 부여하기 위해 단백질이 적고 전분 함량이 많은 밀가루를 사용한다.

11 다음 중 유지의 산패와 거리가 먼 것은?

① 온도　　　　② 수분
③ 공기　　　　④ 비타민 E

해설 산패는 유지를 공기 중에 오래 방치해 두었을 때 산화되어 불쾌한 냄새가 나고 맛이 변하고 빛깔이 변하여 산가가 증가되는 현상이다. 공기 속의 산소, 빛, 열, 수분, 세균, 동그릇 등에 의해 촉진된다.

12 어떤 밀가루에서 젖은 글루텐을 채취하여 보니 밀가루 100g에서 36g이 되었다. 이때 단백질 함량은?

① 9%　　　　② 12%
③ 15%　　　　④ 18%

해설 건조 글루텐 = 젖은 글루텐 ÷ 3
$(36 \div 100) \times 100 = 36 \div 3 = 12\%$

13 이스트의 기능이 아닌 것은?

① 윤활 역할　　　② 향 형성
③ 팽창 역할　　　④ 반죽 숙성

해설 윤활 작용은 쇼트닝의 기능이다.

14 일정한 굳기를 가진 반죽의 신장도 및 신장 저항력을 측정하여 자동 기록함으로써 반죽의 점탄성을 파악하고, 밀가루 중의 효소나 산화제, 환원제의 영향을 자세히 알 수 있는 그래프는?

① 스트럭토 그래프(Structo graph)
② 알베오 그래프(Alveo-graph)
③ 익스텐소 그래프(Extenso graph)
④ 믹서트론(Mixotron)

해설 익스텐소 그래프 : 반죽의 신장성에 대한 저항, 신장 내구성으로 발효 시간을 측정한다.

15 밀가루의 아밀라아제의 활성 정도를 측정하는 기계는?

① 익스텐소 그래프
② 패리노 그래프
③ 아밀로 그래프
④ 믹소 그래프

해설 ② 패리노 그래프 : 글루텐의 흡수율, 반죽의 내구성, 믹싱 시간을 측정
③ 익스텐소 그래프 : 반죽의 신장성과 신장에 대한 저항을 측정하여 밀가루 개량제의 효과를 측정
④ 믹소 그래프 : 밀가루의 흡수율, 글루텐의 발달 정도를 측정

16 다음 중 일반적인 제빵 조합으로 틀린 것은?

① 소맥분+중조 → 밤만두피
② 소맥분+유지 → 파운드 케이크
③ 소맥분+분유 → 건포도 식빵
④ 소맥분+달걀 → 카스테라

해설 건포도 식빵의 특징은 소맥분과 건포도가 들어 있는 것이다.

17 다음 중 필수지방산의 결핍으로 인해 발생할 수 있는 것은?

① 신경통 　　　　② 피부염
③ 안질 　　　　　④ 결막염

해설 필수지방산은 성장을 촉진시키고 피부 건강을 유지시키며, 혈액 내의 콜레스테롤의 양을 저하시킨다.

18 냉동 반죽의 장점이 아닌 것은?

① 노동력 절약
② 작업효율의 극대화
③ 설비와 공간의 절약
④ 이스트푸드의 절감

해설 장점 : 작업효율의 극대화, 노동력 절약, 설비와 공간의 절약, 소량 생산 가능 등이 있다.

19 성장 촉진 작용을 하며 피부나 점막을 보호하고 부족하면 구각염이나 설염을 유발시키는 비타민은?

① 비타민 A 　　　　② 비타민 B_1
③ 비타민 B_{12} 　　　④ 비타민 B_2

해설 ① 비타민 A : 야맹증, 건조성 안염, 각막연화증, 발육지연
② 비타민 B_1 : 각기병, 식욕부진, 피로, 권태감
④ 비타민 B_{12} : 악성빈혈, 간질환, 성장정지

20 버터 톱 식빵 제조 시 분할손실이 3%이고, 완제품 500g짜리 4개를 만들 때 사용하는 강력분의 양으로 가장 적당한 것은? (단, 총 배합률은 195.8%이다.)

① 약 1,065g 　　　② 약 2,140g
③ 약 1,053g 　　　④ 약 1,123g

해설 $500 \times 4 \div \{1 - (3 \div 100) \div 195.8$
$2,000 \div 0.97 \div 195.8 = 1,053g$

21 어떤 밀가루 100g의 조성이 수분 11%, 단백질 12%, 탄수화물 72%, 지방질 1.5%, 기타 4%일 때, 이 밀가루의 g당 열량은?

① 약 1.0kcal 　　　② 약 6.8kcal
② 약 3.5kcal 　　　④ 약 8.1k

해설 $(12 \times 4kcal) + (72 \times 4kcal) + (1.5 \times 9kcal) \div 100$
$= 3.49kcal$

22 다음 중 부패의 화학적 판정 시 이용되는 지표 물질은 어느 것인가?

① 대장균군
② 곰팡이 독
③ 휘발성 염기 질소
④ 휘발성유

해설 단백질의 부패 생성물 : 암모니아, 아민류, 황화수소, 휘발성 염기질소를 부패의 정도를 측정하는 지표로 사용

23 우유 2,000g을 사용하는 식빵 반죽에 전지분유를 사용할 때 분유와 물의 사용량은?

① 분유 100g, 물 1,900g
② 분유 200g, 물 1,800g
③ 분유 400g, 물 1,600g
④ 분유 600g, 물 1,400g

해설 • 우유의 10%는 고형분이고, 90%는 수분으로 이루어져 있다.
• $2,000g \times 0.1 = 200g$은 분유로 대신하고, $2,000 \times 0.9 = 1,800g$은 물로 대신한다.

24 식빵의 밑이 움푹 파이는 원인이 아닌 것은?

① 오븐 바닥열이 약할 때
② 팬의 바닥에 수분이 있을 때
③ 2차 발효실의 습도가 높을 때
④ 팬에 기름칠을 하지 않을 때

해설 **식빵의 밑이 파이는 원인**
• 오븐의 바닥 온도가 높을 때
• 2차 발효실의 습도가 높을 때
• 틀에 기름을 칠하지 않았을 때
• 반죽이 질었을 때 등

25 계란 흰자의 약 13%를 차지하며 철과의 결합 능력이 강해서 미생물이 이용하지 못하는 항세균 물질은?

① 오브알부민(ovalbumin)
② 콘알부민(conalbumin)
③ 오보뮤코이드(ovomucoid)
④ 아비딘(avidin)

해설 콘알부민은 미생물이 이용하지 못하는 항세균물질이다.

26 오랜 시간 발효과정을 거치지 않고 혼합 후 정형하여 2차 발효를 하는 제빵법은?

① 재반죽법 ② 스트레이트법
③ 노타임법 ④ 스펀지법

해설 노타임법 : 산화제와 환원제의 사용으로 발효시간을 단축하여 제조하는 방법이다.

27 반죽을 발효시키는 목적이 아닌 것은?

① 향 생성
② 반죽의 숙성 작용
③ 반죽의 팽창 작용
④ 글루텐 응고

해설 굽기 과정 중에 일어나는 글루텐의 응고는 74℃에서 일어난다.

28 2차 발효 시 3가지 기본적 요소가 아닌 것은?

① 온도 ② pH
③ 습도 ④ 시간

해설 2차 발효는 정형한 반죽을 발효실에 넣어 외형과 부피를 70~80%까지 부풀리는 작업으로 기본적인 요소는 온도, 습도, 시간이다.

29 발효에 영향을 주는 요소로 볼 수 없는 것은?

① 이스트의 양 ② 쇼트닝의 양
③ 온도 ④ pH

해설 가스발생력에 영향 : 이스트의 양, 온도, pH

30 정형기(Moulder)의 작동 공정이 아닌 것은?

① 둥글리기 ② 밀어펴기
③ 말기 ④ 봉하기

해설 둥글리기를 하는 기계는 라운더라고 한다.

31 빵 반죽을 정형기(moulder)에 통과시켰을 때 아령 모양으로 되었다면 정형기의 압력 상태는?

① 압력이 강하다.
② 압력이 약하다.
③ 압력이 적당하다.
④ 압력과는 관계없다.

해설 정형기 압착판의 압력이 강하면 아령 모양의 반죽 모양이 된다.

32 패닝 방법 중 풀만 브래드와 같이 뚜껑을 덮어 굽는 제품에 반죽을 길게 늘려 U자, N자, M자형으로 넣는 방법은?

① 직접 패닝 ② 트위스트 패닝
③ 스파이럴 패닝 ④ 교차 패닝

해설 교차 패닝은 대량 생산라인에서 사용하며 U자, N자, M자형으로 넣는 방법이다.

33 다음 탄수화물 중 요오드 용액에 의하여 적자색 반응을 보이는 것은?

① 아밀로펙틴 ② 아밀로오스
③ 포도당 ④ 유당

해설 아밀로펙틴은 요오드 용액에 적자색 반응을 보인다.

34 우유 성분으로 제품의 껍질 색을 빨리 일어나게 하는 것은?

① 젖산 ② 카제인
③ 유당 ④ 무기질

해설 우유의 성분 중 열 반응을 일으키는 성분은 이당류인 유당이다.

정답 25 ② 26 ③ 27 ④ 28 ② 29 ② 30 ① 31 ① 32 ④ 33 ① 34 ③

35 기생충과 숙주와의 연결이 틀린 것은?

① 유구조충(갈고리촌충) - 돼지
② 아니사키스 - 해산어류
③ 간흡충 - 소
④ 폐디스토마 - 다슬기

> **해설** 간흡충(간디스토마) : 왜우렁이, 담수어

36 아미노산과 아미노산 간의 결합은?

① 글리코사이드 결합
② α-1,4 결합
③ 펩타이드 결합
④ 에스테르 결합

> **해설** 아미노산은 단백질을 구성하는 기본 단위로 아미노산과 아미노산 간의 결합을 펩타이드 결합이라고 한다.

37 식빵 굽기 시의 빵 내부의 최고온도에 대한 설명으로 맞는 것은?

① 100℃를 넘지 않는다.
② 150℃를 약간 넘는다.
③ 200℃ 정도가 된다.
④ 210℃가 넘는다.

> **해설** 빵 내부의 온도는 물의 끓는점과 같다. 내부의 온도가 상승하면 물이 증발하며 100℃ 이상으로 온도가 상승하는 것을 막기 때문이다.

38 오븐 스프링(Oven spring)이 일어나는 원인이 아닌 것은?

① 가스압
② 용해 탄산가스
③ 전분호화
④ 알코올 기화

> **해설** 오븐 스프링이란 처음 크기의 1/3 정도 팽창하는 것으로, 가스압력이 증가하고 용해도가 낮아진 탄산가스가 외부로 방출되며 알코올 등이 증발되면서 일어난다.

39 세균성식중독과 비교하여 경구 감염병의 특징이 아닌 것은?

① 적은 양의 균으로도 질병을 일으킬 수 있다.
② 2차 감염이 된다.
③ 감염 후 면역 형성이 잘된다.
④ 잠복기가 비교적 짧다.

> **해설** 경구 감염병은 잠복기가 길다.

40 제미생물에 의해 주로 단백질이 변화되어 악취, 유해물질을 생성하는 현상은?

① 발효(Fermentation)
② 부패(Puterifaction)
③ 변패(Deterioration)
④ 산패(Rancidity)

> **해설** • 발효 : 식품에 미생물이 번식하여 식품의 성질이 변화를 일으키는 현상으로, 그 변화가 인체에 유익한 경우를 말한다.
> • 부패 : 단백질 식품에 혐기성세균이 증식한 생물학적 요인에 의해 단백질이 분해되어 악취와 유해물질(아민류, 암모니아, 페놀, 황화수소 등)을 생성하는 현상이다.
> • 변패 : 탄수화물을 많이 함유한 식품이 미생물의 분해작용으로 맛이나 냄새가 변화하는 현상이다.
> • 산패 : 지방의 산화 등에 의해 악취나 변색이 일어나는 현상이다.

41 퐁당에 대한 내용 중 맞는 것은?

① 시럽을 214℃까지 끓인다.
② 20℃ 전후로 식혀서 휘젓는다.
③ 물엿, 전화당 시럽을 첨가하면 수분 보유력을 높일 수 있다.
④ 유화제를 사용하면 부드럽게 할 수 있다.

> **해설** 퐁당은 설탕 100에 대하여 물 30을 넣고 114~118℃로 끓인 뒤 다시 희뿌연 상태로 재결정화시킨 것이다. 물엿, 전화당 시럽을 첨가하면 부드러워지며, 수분 보유력을 높일 수 있다.

42 다음이 설명하는 시스템은 무엇인가?

> 변질되기 쉬운 식품을 생산지로부터 소비자에게 전달하기까지 저온으로 보존하는 시스템

① 냉장유통체계 ② 냉동유통체계
③ 저온유통체계 ④ 상온유통체계

해설 저온유통체계는 생산지로부터 소비자에 이르기까지 저온에서 취급하여 좋은 품질을 유지한다.

43 설탕시럽 제조 시 주석산 크림을 사용하는 가장 주된 이유는?

① 냉각 시 설탕의 재결정을 막아준다.
② 시럽을 빨리 끓이기 위함이다.
③ 시럽을 하얗게 만들기 위함이다.
④ 설탕을 빨리 용해시키기 위함이다.

해설 주석산에는 설탕의 일부를 분해시켜 전화당으로 만드는 성질이 있고, 이 전화당에는 결정화를 막는 과당이 들어 있어 설탕의 재결정을 막아준다.

44 빵의 포장 재료가 갖추어야 할 조건이 아닌 것은?

① 방수성일 것
② 위생적일 것
③ 상품가치를 높일 수 있을 것
④ 통기성일 것

해설 포장 재료는 통기성이 있으면 공기가 들어가 노화가 빠르게 진행된다.

45 도넛의 설탕이 수분을 흡수하여 녹는 현상을 방지하기 위한 방법으로 잘못된 것은?

① 도넛에 묻는 설탕량을 증가시킨다.
② 튀김시간을 증가시킨다.
③ 포장용 도넛의 수분은 38% 전후로 한다.
④ 냉각 중 환기를 더 많이 시키면서 충분히 냉각한다.

해설 포장용 도넛의 수분은 21~25%로 만든다.

46 제품을 포장하는 목적이 아닌 것은?

① 미생물에 의한 오염방지
② 빵의 노화 지연
③ 수분 증발 촉진
④ 상품 가치 향상

해설 제품을 포장하는 목적은 빵의 수분 증발을 억제하여 저장성을 증가시키기 위함이다.

47 다음 중 저온 장시간 살균법으로 가장 일반적인 조건은?

① 72~75℃, 15초간 가열
② 60~65℃, 30분간 가열
③ 130~150℃, 1초 이하 가열
④ 95~120℃, 30~60분간 가열

해설 **우유의 가열법**
- 저온 장시간 : 60~65℃에서 30분간 가열
- 고온 단시간 : 71.7℃에서 15초간 가열
- 초고온 순간 : 130~150℃에서 1~3초 가열

48 튀김 시 과도한 흡유 현상이 나타나지 않는 경우는?

① 반죽 수분이 과다할 때
② 믹싱 시간이 짧을 때
③ 글루텐이 부족할 때
④ 튀김기름 온도가 높을 때

해설 튀김온도가 높으면 튀김시간이 짧아져 기름을 적게 흡유한다.

49 빵, 카스테라 등을 부풀게 하기 위하여 첨가하는 합성팽창제(Baking powder)의 주성분은?

① 염화나트륨
② 탄산나트륨
③ 탄산수소나트륨
④ 탄산칼슘

해설 합성팽창제의 주성분은 탄산수소나트륨, 탄산가스 분산제 등이다.

50 세균성 식중독의 예방원칙에 해당되지 않는 것은?

① 세균 오염 방지   ② 세균 가열 방지
③ 세균 증식 방지   ④ 세균의 사멸

해설 세균에 의한 오염 방지, 세균증식 방지, 세균의 사멸 등이 예방원칙에 들어간다.

51 급성감염병을 일으키는 병원체로 포자는 내열성이 강하며 생물학전이나 생물테러에 사용될 수 있는 위험성이 높은 병원체는?

① 브루셀라균   ② 탄저균
③ 결핵균   ④ 리스테리아균

해설 탄저의 원인균은 바실러스 안트라시스이며, 수육을 조리하지 않고 섭취하였거나 피부상처 부위로 감염되기 쉬운 인축공통전염병이다.

52 결핵의 주요한 감염원이 될 수 있는 것은?

① 토끼고기   ② 양고기
③ 돼지고기   ④ 불완전 살균우유

해설 결핵은 병에 걸린 소의 유즙이나 유제품을 거쳐 사람에게 경구적으로 감염되며, 잠복기는 불명이다.

53 폐디스토마의 제1중간숙주는?

① 쇠고기   ② 배추
③ 다슬기   ④ 붕어

해설 **폐디스토마(폐흡충)**
 • 제1중간숙주(다슬기)
 • 제2중간숙주(갑각류, 게, 가재)

54 식품첨가물의 구분 및 종류에 대한 설명 중 틀린 것은?

① 식품첨가물은 그 원료물질에 따라 화학적합성품, 천연첨가물 및 혼합제제류로 나뉜다.
② 화학적합성품과 천연첨가물은 화합물 성격상 구조적인 차이가 있다.

③ 식품첨가물 중 유화제는 물에 혼합되지 않는 액체를 분산시키는데 사용된다.
④ 증점안정제는 식품의 점도 증가 또는 결착력 증가에 사용된다.

해설 식품첨가물은 식품을 개량하여 보존성 또는 기호성을 향상시키고 영양가 및 식품의 실질적인 가치를 증지시킬 목적으로 식품을 제조 가공, 보존함에 있어 식품에 첨가, 혼합, 침윤, 기타의 방법으로 사용하는 식품 본래의 성분 이외의 물질이다.

55 주방의 설계와 시공 시 조치 사항으로 잘못된 것은?

① 환기장치는 대형의 1개보다 소형의 여러 개가 효과적이다.
② 냉장고와 발열 기구는 가능한 멀리 배치한다.
③ 작업의 동선을 고려하여 설계 · 시공한다.
④ 주방 내의 천장은 낮을수록 좋다.

해설 주방 내의 천장이 낮으면 환기가 효율적으로 이루어지지 않는다.

56 스펀지의 밀가루 사용량을 증가시킬 때 나타나는 현상이 아닌 것은?

① 반죽의 신장성 저하
② 2차 믹싱의 반죽 시간 단축
③ 도우 발효 시간 단축
④ 스펀지 발효 시간 증가

해설 성된 스펀지 반죽을 많이 넣으면 본반죽이 잘 늘어나 신장성이 증가한다.

57 손소독이나 식기소독에 가장 적합한 소독제는?

① 승홍수
② 알코올 용액
③ 포르말린
④ 역성비누

해설 역성비누는 무색, 무미, 무해하여 일반 비누보다 살균효과가 좋아 기구, 용기 등의 소독에 사용된다.

 정답 50 ②   51 ②   52 ④   53 ③   54 ②   55 ④   56 ①   57 ④

58 반죽의 믹싱 단계 중 탄력성과 신장성이 상실되고 반죽에 생기가 없어지면서 글루텐 조직이 흩어지는 것은?

① 브레이크다운 단계
② 픽업 단계
③ 렛다운 단계
④ 클린업 단계

┃해설┃ **반죽의 믹싱 단계**
　⊙ 픽업 단계 : 물을 먹은 상태, 반죽이 혼합되는 상태이며, 글루텐의 구조가 형성되기 시작하는 단계이다.
　ⓒ 클린업 단계 : 글루텐이 형성되기 시작하는 단계로 이 시기 이후에 유지를 넣으면 믹싱 시간이 단축된다.
　ⓒ 발전 단계 : 탄력성이 형성되는 단계이다.
　② 최종 단계 : 탄력성과 신장성이 최대인 단계이다.
　⑩ 렛다운 단계 : 신장성이 최대인 단계이다. 탄력성을 잃으며 점성이 많아진다.
　ⓗ 브레이크다운 단계 : 파괴 단계이다.

59 HACCP의 7원칙 중 첫 번째 단계에 해당하는 것은?

① 시정조치
② 중요관리점 결정
③ 한계관리기준 설정
④ 위해요소 분석

┃해설┃ **HACCP의 실시단계 7가지 원칙**
　1) 위해분석
　2) 중요관리점 설정
　3) 허용한계기준 설정
　4) 모니터링 방법의 설정
　5) 시정조치의 설정
　6) 검증방법의 설정
　7) 기록유지

60 작업장의 장비에 대한 안전관리 방법으로 바르지 않은 것은?

① 젖은 손으로 장비 스위치를 조작하지 않는다.
② 장비의 정지 시간이 짧은 경우에도 전원스위치를 반드시 끈다.
③ 장비의 흔들림이 없도록 작업대 바닥면과 고정 상태를 확인하고 수평으로 유지한다.
④ 작업장은 충분한 조명 100 LUX를 유지한다.

┃해설┃ 작업장의 조명은 작업에 따라 다르지만 보통 220 LUX 이상으로 해야 한다.

01 다음에서 탄산수소나트륨(중조)이 반응에 의해 발생하는 물질이 아닌 것은?

① CO_2 ② H_2O
③ C_2H_5OH ④ Na_2CO_3

해설 탄산수소나트륨과 산성제가 화학적 반응을 일으켜 이산화탄소를 발생시키고 기포를 만들어 반죽을 부풀게 한다.
이 화학반응의 원리는 탄산수소나트륨이 분해되어 이산화탄소, 물, 탄산나트륨이 되는 것이다.

02 새우, 게 등의 겉껍질을 구성하는 chitin의 주된 단위 성분은?

① 갈락토사민(galactosamine)
② 글루코사민(glucosamine)
③ 글루쿠로닉산(glucuronic acid)
④ 갈락투로닉산(galacturonic acid)

해설 키틴, 키토산은 아미노당으로 이루어진 N-아세틸-D-글루코사민이 β-1.4결합으로 중합한 것으로 갑각류 오징어, 패류, 곤충류 등의 갑피에 분포된 다당류이다.

03 다음 재료 중 식빵 제조 시 반죽 온도에 가장 큰 영향을 주는 것은?

① 설탕   ② 밀가루
③ 소금   ④ 반죽개량제

해설 반죽 온도에 미치는 영향요인은 실내 온도, 밀가루 온도, 물 온도, 마찰열 등이다

04 하나의 스펀지 반죽으로 2~4개의 도우(dough)를 제조하는 방법으로 노동력, 시간이 절약되는 방법은?

① 가당 스펀지법
② 오버나잇 스펀지법
③ 마스터 스펀지법
④ 비상 스펀지법

해설 스펀지법은 재료의 일부를 스펀지로 만들고 충분히 발효시킨뒤 본반죽에 들어가는 방법으로 발효시간과 반죽방법에 따라 여러 가지로 나뉜다.

05 반죽이 팬 또는 용기에 가득 차는 성질과 관련된 것은?

① 흐름성   ② 가소성
③ 탄성   ④ 점탄성

해설 • 탄성 : 어떤 물체가 외력에 의해 변형되었다가 다시 원래로 돌아가려는 성질
• 가소성 : 변형시킨 모양이 그대로 남는 성질
• 점탄성 : 물체에 힘을 가했을 때 액체로서의 성질과 고체로서의 성질이 동시에 나타나는 현상

06 다음의 초콜릿 성분이 설명하는 것은?

• 글리세린 1개에 지방산 3개가 결합한 구조이다.
• 실온에서는 단단한 상태이지만, 입안에 넣는 순간 녹게 만든다.
• 고체로부터 액체로 변하는 온도 범위(가소성)가 겨우 2~3℃로 매우 좁다.

① 카카오매스   ② 카카오기름
③ 카카오버터   ④ 코코아파우더

해설 카카오버터는 카카오빈에서 뽑아낸 지방성분으로 조콜릿의 수요 성분이 된다. 카카오버터의 융점은 30~35℃이다.

07 3% 이스트를 사용하여 4시간 발효시켜 좋은 결과를 얻는다고 가정할 때 발효시간을 3시간으로 줄이려 한다. 이때 필요한 이스트 양은? (단, 다른 조건은 같다고 본다.)

① 3.5%   ② 4%
③ 4.5%   ④ 5%

해설 $\dfrac{\text{가감하고자 하는 이스트양} \times \text{기존의 발효시간}}{\text{조절하고자 하는 발효시간}}$
3%×4시간÷3시간
3%×240÷180=4%

08 빵 도넛 튀김온도의 범위로 가장 적합한 것은?

① 150~160℃　　② 180~190℃

③ 200~210℃　　④ 220~230

> **해설** 발연 현상이 일어나지 않는 적절한 튀김온도는 180~190℃이다.

09 냉동 반죽의 장점이 아닌 것은?

① 노동력 절약

② 작업효율의 극대화

③ 설비와 공간의 절약

④ 이스트푸드의 절감

> **해설** 작업효율의 극대화, 노동력 절약, 설비와 공간의 절약, 소량생산 가능 등이 있다.

10 단백질의 가장 주요한 기능은?

① 체온유지

② 유화작용

③ 체조직 구성

④ 체액의 압력조절

> **해설** 단백질의 기능은 체조직과 혈액 단백질, 효소, 호르몬 구성, 신경전달물질, 항체형성, 열량영양소 등의 기능을 한다.

11 수분의 필요량을 증가시키는 요인이 아닌 것은?

① 장기간의 구토, 설사, 발열

② 지방이 많은 음식을 먹은 경우

③ 수술, 출혈, 화상

④ 알코올 또는 카페인의 섭취

> **해설** 수분의 필요량을 증가시키는 요인은 장기간의 구토 설사, 발열, 비행기 또는 밀폐된 공간, 대기환경 고온, 질병, 수술, 출혈, 화상, 알코올 또는 카페인의 섭취, 임신, 수유 운동 등이다.

12 불포화지방산에 대한 설명 중 틀린 것은?

① 불포화지방산은 산패되기 쉽다.

② 고도 불포화지방산은 성인병을 예방한다.

③ 이중결합 2개 이상의 불포화지방산은 모두 필수 지방산이다.

④ 불포화지방산이 많이 함유된 유지는 실온에서 액상이다.

> **해설** 불포화지방산으로 탄소와 탄소의 결합에 이중결합이 1개 이상 있는 지방산이다.

13 식빵에 당질 50%, 지방 5%, 단백질 9%, 수분 24%, 회분 2%가 들어 있다면 식빵을 100g 섭취하였을 때 열량은?

① 281kcal　　② 301kcal

③ 326kcal　　④ 506kcal

> **해설** (탄수화물의 양+단백질의 양)×4+(지방의 양×9)
> (50×4)+(9×4)+(5×9)=281kcal

14 감미도가 설탕의 30% 정도이며 장내의 비피더스균 증식을 활발하게 하는 당은?

① 올리고당　　② 고과당

③ 물엿　　④ 이성화당

> **해설** 올리고당의 감미도는 설탕의 30% 정도이며, 장내 비피더스균의 증식인자로 알려져 있다.

15 식염이 반죽의 물성 및 발효에 미치는 영향에 대한 설명으로 틀린 것은?

① 흡수율이 감소한다.

② 반죽시간이 길어진다.

③ 껍질 색상을 더 진하게 한다.

④ 프로테아제의 활성을 증가시킨다.

> **해설** 소금은 프로테아제의 활성을 증가시키지는 않는다.

16 생이스트의 구성 비율이 올바른 것은?

① 수분 8%, 고형분 92% 정도

② 수분 92%, 고형분 8% 정도

③ 수분 70%, 고형분 30% 정도

④ 수분 30%, 고형분 70% 정도

> **해설** 생이스트의 구성 비율은 고형분 30%, 수분 70%로 구성된다.

정답 08 ②　09 ④　10 ③　11 ②　12 ③　13 ①　14 ①　15 ④　16 ③

17 동물의 가죽이나 뼈 등에서 추출하며 안정제로 사용되는 것은?

① 젤라틴　　　② 한천
③ 펙틴　　　　④ 카라기난

해설 젤라틴 : 동물의 가죽이나 뼈에서 추출하여 정제한 것이다.

18 자당(sucrcse) 10%를 이성화해서 10.52%의 전화당(invert sugar)을 얻었다. 포도당(glucose)과 과당(fructose)의 비율은?

① 포도당 7.0%, 과당 3.52%
② 포도당 5.26%, 과당 5.26%
③ 포도당 3.52%, 과당 7.0%
④ 포도당 2.63%, 과당 7.89%

해설 전화당이란 자당을 가수분해하여 생기는 포도당과 과당이 동량인 혼합물을 말한다.

19 굽기 및 냉각 손실이 12%이고 완제품이 500g일 때 분할량은 약 얼마인가?

① 580g　　　② 575g
③ 568g　　　④ 585g

해설 분할량 $= 500g \div (1 - 0.12) = 568.1g$

20 다음 중 빵 제품의 노화(Staling) 현상이 가장 일어나지 않는 온도는?

① 0~4℃　　　② 7~10℃
③ -20~-18℃　④ 18~20℃

해설 빵 제품의 노화 현상은 냉장에서 잘 일어나고, 냉동(-20~-18℃)에서는 잘 일어나지 않는다.

21 중간발효가 필요한 주된 이유는?

① 탄력성을 약화시키기 위하여
② 모양을 일정하게 하기 위하여
③ 반죽 온도를 낮게 하기 위하여
④ 반죽에 유연성을 부여하기 위하여

해설 중간발효는 반죽에 유연성을 주여해서 성형을 용이하게 하기 위함이다.

22 빵 속에 줄무늬가 생기는 원인으로 옳은 것은?

① 덧가루 사용이 과다한 경우
② 반죽개량제의 사용이 과다한 경우
③ 밀가루를 체로 치지 않은 경우
④ 너무 되거나 진 반죽인 경우

해설 덧가루가 과다한 경우 줄무늬가 생긴다.

23 식빵의 옆면이 쑥 들어간 원인으로 옳은 것은?

① 믹서의 속도가 너무 높았다.
② 팬 용적에 비해 반죽 양이 너무 많았다.
③ 믹싱시간이 너무 길었다.
④ 2차 발효가 부족했다.

해설 식빵의 옆면이 쑥 들어간 원인은 지친 반죽, 오븐 열이 고르지 못할 때, 분할량이 많을 때, 2차 발효가 지나칠 때 나타난다.

24 빵 제품의 모서리가 예리하게 된 것은 다음 중 어떤 반죽에서 오는 결과인가?

① 발효가 지나친 반죽
② 과다하게 이형유를 사용한 반죽
③ 어린 반죽
④ 2차 발효가 지나친 반죽

해설 어린 반죽은 발효 부족으로 반죽을 구성하는 성분들과 잘 결합하지 못하고 겉도는 물이 많기 때문에 반죽이 퍼져 빵 제품의 모서리가 예리하다.

25 굽기 중에 일어나는 변화로 가장 높은 온도에서 발생하는 것은?

① 이스트의 사멸
② 전분의 호화
③ 탄산가스 용해도 감소
④ 단백질 변성

해설 ① 이스트의 사멸 : 60℃
② 전분의 호화 : 54℃
③ 탄산가스 용해도 감소 : 49℃
④ 단백질 변성 : 74℃

26 도넛 제조 시 수분이 적을 때 나타나는 결점이 아닌 것은?

① 팽창이 부족하다.
② 혹이 튀어나온다.
③ 형태가 일정하지 않다.
④ 표면이 갈라진다.

■해설 도넛 제조 시 혹이 튀어나오는 모양은 두께가 일정치 않거나 공기가 들어가 있을 때 나타난다.

27 과발효된(Over proof) 반죽으로 만들어진 제품의 결함이 아닌 것은?

① 조직이 거칠다.
② 식감이 건조하고 단단하다.
③ 내부에 구멍이나 터널 현상이 나타난다.
④ 제품의 발효향이 약하다.

■해설 과발효된 반죽은 많은 양의 유기산 생성으로 제품의 발효향이 강하다.

28 도넛 설탕 아이싱을 사용할 때의 온도로 적합한 것은?

① 20℃ 전후   ② 25℃ 전후
③ 40℃ 전후   ④ 60℃ 전후

■해설 퐁당은 설탕 100에 대하여 물 30을 넣고 114~118℃로 끓인뒤 냉각하여 희뿌연 상태로 재결정화시킨 것으로 38~44℃에서 사용한다.

29 식빵의 온도를 28℃까지 냉각한 후 포장할 때 식빵에 미치는 영향은?

① 노화가 일어나서 빨리 딱딱해진다.
② 빵에 곰팡이가 쉽게 발생한다.
③ 빵의 모양이 찌그러지기 쉽다.
④ 식빵을 슬라이스하기 어렵다.

■해설 빵을 절단, 포장하기에 적당한 온도는 35~40℃이며, 수분 함량은 38%가 좋다. 낮은 온도에서 포장하면 노화가 일어나서 딱딱해진다.

30 일반 제빵 제품의 성형과정 중 작업실의 온도 및 습도로 가장 바람직한 것은?

① 온도 25~28℃, 습도 70~75%
② 온도 10~18℃, 습도 65~70%
③ 온도 25~28℃, 습도 90~95%
④ 온도 10~18℃, 습도 80~85%

■해설
• 작업실의 온도는 25~28℃ 정도가 좋고, 습도는 반죽의 수분량을 밀가루를 기준으로 하여 나타낸 백분율로 설정한다.
• 작업실의 온도와 습도가 너무 낮거나 높으면 발효에 영향을 끼치는데 온도 27℃, 습도 70~80%, 발효 시간은 평균 2시간이 적합하다.

31 오븐의 생산능력은 무엇으로 계산하는가?

① 소모되는 전력량
② 오븐의 높이
③ 오븐의 단열 정도
④ 오븐 내 매입 철판 수

■해설 철판의 개수는 오븐의 생산능력을 가늠하는 기준이다.

32 제품의 판매가격은 어떻게 결정하는가?

① 총원가 + 이익
② 제조원가 + 이익
③ 직접재료비 + 직접경비
④ 직접경비 + 이익

■해설 직접재료비, 직접노무비, 직접경비, 제조간접비, 판매비, 일반관리비로 이루어지는 총원가에 이익을 더하여 판매가격을 결정한다.

33 오버나이트 스펀지법(Overnight sponge method)에 대한 설명으로 틀린 것은?

① 발효 손실이 적다.
② 12~24시간 발효시킨다.
③ 적은 양의 이스트로 매우 천천히 발효시킨다.
④ 강한 신장성과 풍부한 발효향을 지니고 있다.

정답 26 ②   27 ④   28 ③   29 ①   30 ①   31 ④   32 ①   33 ①

해설 오버나이트 스펀지법은 장시간에 걸쳐 발효시키는 방법이므로, 발효 시간이 길면 발효 손실이 크다.

34 외부 가치 7,100만 원, 생산 가치 3,000만 원, 인건비 1,400만 원인 경우 노동분배율은 약 얼마인가?

① 20%

② 47%

③ 42%

④ 23%

해설 제노동분배율 : 생산액에서 그에 소요된 제비용을 공제하여 생산가치를 구하고 그 중에서 차지하는 인건비의 비율이다.

∴ 1,400÷3,000×100=46.66%

35 어느 제과점의 이번 달 생산예상 총액이 1,000만 원인 경우, 목표노동생산성은 5,000원/시/인, 생산가동일수가 20일, 1일 작업시간 10시간인 경우 소요인원은?

① 4명   ② 6명

③ 8명   ④ 10명

해설 1인당 20일간 생산액=5000×10×20
=1,000,000원
10,000,000÷1,000,000=10명

36 다음 설명 중 틀린 것은?

① 높은 온도에서 포장하면 썰기가 어렵다.

② 높은 온도에서 포장하면 곰팡이 발생 가능성이 높다.

③ 낮은 온도에서 포장된 빵은 껍질이 건조하다.

④ 낮은 온도에서 포장하면 노화가 지연된다.

해설 낮은 온도에서 포장하면 빵이 빨리 딱딱해져서 노화가 촉진된다.

37 다음 중 냉동 반죽의 해동 방법에 해당되지 않는 것은 어느 것인가?

① 온수 해동

② 실온 해동

③ 리타드(Retard) 해동

④ 도우 컨디셔너(Dough conditioner)

해설 냉동 반죽을 온수 해동하면 반죽이 퍼져 제품의 모양이 만들어지지 않는다.

38 분당이 저장 중 덩어리가 되는 것을 방지하기 위하여 옥수수 전분을 몇 % 정도 혼합하는가?

① 3%   ② 7%

③ 12%   ④ 15%

해설 분당은 설탕을 가루로 만들어 전분 3%를 혼합하여 만든 것이다.

39 아밀로펙틴의 특성이 아닌 것은?

① 요오드 테스트를 하면 자줏빛 붉은색을 띤다.

② 노화되는 속도가 빠르다.

③ 곁사슬 구조이다.

④ 대부분의 천연 전분은 아밀로펙틴 구성비가 높다.

해설 아밀로오스는 노화 속도가 빠르고, 아밀로펙틴은 노화되는 속도가 느리다.

40 제분 직후의 미숙성 밀가루는 노란색을 띠는데 그 원인 색소는?

① 플라본

② 퀴논

③ 크산토필

④ 클로로필

해설 밀가루에 있는 황색 색소인 카로티노이드가 미숙성 상태인 산소화로 크산토필을 만들어 밀가루에 노란색이 나타난다.

41 다음 중 제빵용 물에 대한 설명으로 틀린 것은 어느 것인가?

① 제빵에는 아경수가 가장 적합하다.
② 경수를 사용할 때는 이스트 푸드를 증가시킨다.
③ 경수를 사용할 때는 이스트 사용량을 증가시킨다.
④ 알칼리 물은 이스트 발효에 의해 생성되는 정상적인 산도를 중화시킨다.

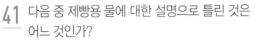 경수는 미네랄 함량이 많이 들어 있어 이스트 푸드를 감소시킨다.

42 이스트 푸드의 구성 물질 중 생지의 pH를 효모의 발육에 가장 알맞은 미산성의 상태로 조절하는 것은?

① 황산암모늄　　② 인산칼슘
③ 요오드화칼륨　④ 브롬산칼륨

해설 미산성이란 약산성을 말하며, 산성 인산칼슘에 의해 반죽의 pH를 낮춰 이스트의 발효를 촉진시킨다.

43 식중독을 일으키는 세균 중 평균적으로 잠복기가 가장 짧은 것은?

① 웰치균　　　② 보툴리누스균
③ 살모넬라균　④ 포도상구균

해설 포도상구균의 잠복기는 1~6시간 정도로 짧다.

44 빵 발효에 영향을 주는 요소에 대한 설명으로 틀린 것은?

① 적정한 범위 내에서 이스트의 양을 증가시키면 발효 시간이 짧아진다.
② pH 4.7 근처일 때 발효가 활발해진다.
③ 삼투압이 높아지면 발효 시간은 짧아진다.
④ 적정한 범위 내에서 온도가 상승하면 발효 시간은 짧아진다.

해설 설탕과 소금에 의해 삼투압이 높아지면 이스트의 활력이 떨어져 발효 시간이 길어진다.

45 제빵 배합표는 밀가루 총량을 100%로 하여 기타 재료를 나누어 표시하는데 이것을 무엇이라 하는가?

① 4등분 분할법
② 표준 퍼센트
③ 베이커스 퍼센트
④ 스트레이트 배합법

해설 베이커스 퍼센트는 밀가루의 양을 100%로 보고 각 재료가 차지하는 양을 %로 표시한 것이다.

46 빵을 구워낸 직후의 수분 함량과 냉각 후 포장 직전의 수분 함량으로 가장 적합한 것은?

① 35%, 27%　　② 68%, 60%
③ 60%, 52%　　④ 45%, 38%

해설 빵 속의 수분 함량의 변화는 굽기의 완료점 파악과 포장의 적절한 시점을 정하는 중요한 자료이다.

47 냉동 반죽법에서 반죽의 냉동 온도와 저장 온도의 범위로 가장 적합한 것은?

① -5℃, 0~4℃　　② -20℃, -18~0℃
③ -40℃, -25~18℃　④ -80℃, -18~0℃

해설 급속냉동 온도는 -40℃, 저장 온도는 -25~-18℃가 적합하다.

48 밀가루의 등급은 무엇을 기준으로 하는가?

① 회분　　　② 단백질
③ 유지방　④ 탄수화물

해설 밀가루의 등급별 분류기준은 회분이다.

49 다음 중 주로 유화제로 사용되는 식품첨가물은?

① 글리세린지방산에스테르
② 탄산암모늄
③ 프로피온산칼슘
④ 탄산나트륨

해설 물과 기름과 같은 이질적인 재료를 잘 혼합하는 유화제로는 유리지방산에 속하는 글리세린지방산에스테르를 사용한다.

 정답　41 ②　42 ②　43 ④　44 ③　45 ③　46 ④　47 ③　48 ①　49 ①

50 500g의 완제품 식빵 200개를 제조하려 할 때, 발효 손실이 1%, 굽기 냉각손실이 12%, 총배합율이 180%라면 밀가루의 무게는 약 얼마인가?

① 47kg   ② 55kg

③ 64kg   ④ 71kg

해설 • 완제품총중량 = 완제품중량 × 갯수
- 분할총중량
  = 완제품의 중량 ÷ {1 − (굽기손실 ÷ 100)}
- 반죽총중량
  = 분할총중량 ÷ {1 − (발효손실 ÷ 100)}
- 밀가루의 중량
  = 반죽총중량 × 밀가루의 비율 ÷ 총배합율
  ∴ 500g × 200개 ÷ {1 − (12 ÷ 100)} ÷ {1 − (1 ÷ 100)} × 100% ÷ 180% = 63.769kg

51 식품위생법 제2조 제1호에 따른 "식품의 정의"는?

① 의약으로 섭취하는 것을 제외한 모든 음식물
② 섭취되는 모든 음식물
③ 영양가가 있는 모든 음식물
④ 간편하게 섭취할 수 있는 음식물

해설 "식품"이란 의약으로 섭취하는 것을 제외한 모든 음식물을 말한다.

52 개인 안전관리 예방 방법으로 적절하지 않은 것은?

① 원·부재료의 이동 시 바닥의 물기나 기름기를 제거하여 미끄럼을 방지한다.
② 원·부재료의 전처리 시 작업할 분량만큼 나눠 작업한다.
③ 기계의 이상 작동 시 기계의 전원을 차단하지 않고 정지된 상태만 확인하여 작업해도 된다.
④ 재료의 가열 시 가스 누출 검지기 및 경보기를 설치한다.

해설 안전을 위해 전원을 차단하고 실시해야 한다.

53 다음 중 소독제로 사용되는 역성비누의 특성으로 잘못된 것은?

① 보통비누와 같이 사용해도 효과가 좋다.
② 무색, 무미, 무해하다.
③ 기구, 용기 등의 소독에 사용된다.
④ 유기물이 존재하면 살균효과가 떨어진다.

해설 유기물이 존재하면 살균력이 떨어지기 때문에 보통비누와 같이 사용하면 효과와 살균력이 떨어지므로 같이 사용하지 않는다.

54 환경 중의 가스를 조절함으로써 채소와 과일의 변질을 억제하는 방법은?

① 변형공기포장
② 무균포장
③ 상업적 살균
④ 통조림

해설 변형공기포장법은 공기조절 포장으로 대기의 가스조성을 인공적으로 조절하여 청과물을 포장하는 방법으로 품질보전효과를 높이는 포장법이다.

55 효모에 함유된 성분으로 특히 오래된 효모에 많고 환원제로 작용하여 반죽을 약화시키고 빵의 맛과 품질을 떨어뜨리는 것은?

① 글리코겐   ② 글리세린

③ 글리아딘   ④ 글루타치온

해설 글루디치온은 빈죽을 약화시켜 퍼지게 민드는 환원성 물질로 환원제로 쓰이기도 한다.

56 다음 중 보존료의 구비 조건으로 바람직하지 않은 것은?

① 미량으로 효과가 클 것
② 독성이 없거나 극히 낮을 것
③ 무미, 무취일 것
④ 공기, 광선에 잘 분해될 것

해설 보존료는 공기, 광선에 안정성이 좋아 잘 분해되지 않아야 한다.

정답   50 ③   51 ①   52 ③   53 ①   54 ①   55 ④   56 ④

57 살균제와 보존료의 설명으로 맞는 것은?

① 살균제는 세균에만 효과가 있고 곰팡이에는 효과가 없다.

② 보존료는 미생물에 의한 부패를 방지할 목적으로 사용된다.

③ 보존료는 사용 기준과 허용량이 대부분 정해져 있지 않다.

④ 합성 살균제로서 프로피온산나트륨이 있다.

해설 프로피온산칼슘, 프로피온산나트륨은 빵과 과자류의 보존료이다.

58 해수세균의 일종으로 식염농도 3%에서 잘 생육하며 어패류를 생식할 경우 중독될 수 있는 균은?

① 보툴리누스균　② 장염비브리오균

③ 웰치균　④ 살모넬라균

해설 장염비브리오 식중독은 감염형 식중독으로 해수에서 잡은 어패류를 생식하므로 발병된다.

59 경구전염병의 예방법으로 부적합한 것은?

① 모든 식품을 일광 소독한다.

② 감염원이나 오염물을 소독한다.

③ 보균자의 식품취급을 금한다.

④ 주위환경을 청결히 한다.

해설 경구전염병은 병원체가 입을 통하여 침입하여 감염을 일으키는 소화기계 감염병이다. 적은 양으로 감염되며 2차 감염이 되는 경우가 많고 잠복기가 길다.

60 질병 발생의 3대 요소가 아닌 것은?

① 병인　② 환경

③ 숙주　④ 항생제

해설 전염병 발생 3대 요인은 감염원, 감염경로, 숙주의 감수성이다.

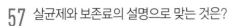

01 팬 오일의 조건이 아닌 것은?

① 발연점이 130℃정도 되는 기름을 사용한다.
② 면실유, 대두유 등의 기름이 이용된다.
③ 보통 반죽 무게의 0.1~0.2%를 사용한다.
④ 산패되기 쉬운 지방산이 적어야 한다.

해설 팬 오일은 발연점이 210℃ 이상 높은 것을 사용한다.

02 간이시험법으로 밀가루의 색상을 알아보는 시험법은?

① 킬달법
② 페카시험
③ 침강시험
④ 압력계시험

해설 밀가루의 페카시험은 카로티노이계 색소 이외의 원인에 의해 정해진 밀가루 색상을 측정하는 방법이다.

03 탈지분유 1% 변화에 따른 반죽의 흡수율 차이로 적당한 것은?

① 1%　　　② 2%
③ 3%　　　④ 별영향이 없다.

해설 분유 1% 증가 시 흡수율도 0.75~1% 증가한다.

04 다음 중 유지의 신화방지를 목직으로 사용되는 산화 방지제는?

① 비타민 B　　② 비타민 D
③ 비타민 E　　④ 비타민 K

해설 토코페롤(vit 타은 천연 항산화제이다. 항산화제는 유지의 산화적 연쇄반응을 방해하므로 유지의 안정효과를 갖게 하는 물질이다. 비타민 타는 산화 방지제로 쓰인다.

05 다음 중 우유단백질이 아닌 것은?

① 락토알부민(Lactoalbumin)
② 락토오스(Kactose)
③ 락토글로블린(Lactoglobulin)
④ 카세인(Casein)

해설 락토오스는 우유의 대표적인 탄수화물이다.

06 반죽 온도에 미치는 영향이 가장 적은 것은?

① 물 온도
② 실내 온도
③ 밀가루 온도
④ 훅 온도

해설 반죽 온도에 영향을 미치는 것은 물 온도, 실내 온도 밀가루 온도, 마찰열 등이다.

07 일시적 경수에 대한 설명으로 옳은 것은?

① 모든 염이 황산염의 형태로만 존재한다.
② 연수로 변화시킬 수 없다.
③ 탄산염에 기인한다.
④ 끓여도 제거되지 않는다.

해설 일시적 경수는 칼슘염과 마그네슘염이 가열에 의해 탄산염으로 침전되어 연수가 되는 물이다.

08 일반적으로 제빵용 이스트로 사용되는 것은?

① Aspergillus Niger
② Bacillus Subtilis
③ Saccharomyces Serevisiae
④ Saccharomyces Ellipsoideus

해설 이스트는 빵이나 주정 발효 등 발효식품에 널리 이용되어 왔으며, 제빵용, 알코올발효(맥주, 막걸리)용 이스트는 개량된 것으로 학명은 사카로마이세스 세레비시에(Saccharomyces Serevisiae)라고 부른다.

09 밀가루에 대한 설명 중 옳은 것은?

① 일반적으로 빵용 밀가루의 단백질 함량은 11.5~13% 정도다.

② 보통 케이크용 밀가루의 회분 함량이 빵용보다 높다.

③ 케이크용 밀가루의 단백질 함량은 4% 이하이어야 한다.

④ 밀가루의 회분 함량에 따라 강력분, 중력분, 박력분으로 나뉜다.

> **해설** • 글루텐은 단백질의 질과 함량에 의해 결정된다.
> • 박력분 단백질 함량 : 7~9%(제과용)
> • 중력분 단백질 함량 : 9.1~10.0%
> • 강력분 단백질 함량 : 11.5~13.0%(제빵용)

10 데니쉬 페이스트리나 퍼프 페이스트리 제조 시 충전용 유지가 갖추어야 할 가장 중요한 요건은?

① 가소성   ② 유화성

③ 경화성   ④ 산화안전성

> **해설** 가소성 : 외부의 압력에 의해 형태가 변한 물체가 외부의 압력이 없어도 원래의 형태로 돌아오지 않는 물질의 성질을 말함

11 달걀의 흰자 540g을 얻으려고 한다. 달걀 한 개의 평균 무게가 60g이라면 몇 개의 달걀이 필요한가?

① 10개   ② 15개

③ 20개   ④ 25개

> **해설** 달걀은 껍질 10%, 흰자 60%, 노른자 30%로 구성되어 있다.
> $540g : 60\% = x : 100\%$
> $x = 54000 \div 60 = 900g$ $900g \div 60 = 15$개

12 아밀로펙틴이 요오드 정색 반응에서 나타나는 색은?

① 적자색   ② 청색

③ 황색   ④ 흑색

> **해설** 요오드에 의해 아밀로오스는 청색 반응, 아밀로팩틴은 적자색 반응을 나타낸다.

13 효모가 주로 증식하는 방법은?

① 포자법   ② 이분법

③ 출아법   ④ 복분열법

> **해설** 출아법이란 몸의 일부분에서 혹과 같은 눈이 나와 자란 다음에 떨어져 나가 새로운 개체가 되는 생식법이다.

14 다음 중 3당류에 속하는 당은?

① 맥아당   ② 라피노스

③ 스타키오스   ④ 갈락토오스

> **해설** 라피노스는 녹는점 80℃, 무수물의 녹는점 120℃ 호주산 유칼리의 만나, 사탕무의 당밀, 목화의 과실 등을 비롯하여 식물계에 널리 분포한다. 3당류의 일종이다.

15 건조된 아몬드 100g에 탄수화물 16g, 단백질 18g, 지방54g, 무기질 3g, 수분 6g, 기타성분 등을 함유하고 있다면 이 아몬드 100g의 열량은?

① 약 200kcal   ② 약 364kcal

③ 약 622kcal   ④ 약 751kcal

> **해설** 아몬드열량 = (단백질×4) + (탄수화물×4) + (지방×9)
> $x = (18×4) + (16×4) + (54×9) = 622$kcal

16 소장에 대한 설명으로 틀린 것은?

① 소장에서는 호르몬이 분비되지 않는다.

② 길이는 약 6cm이며, 대장보다 많은 일을 한다.

③ 영양소가 체내로 흡수된다.

④ 췌장과 담낭이 연결되어 있어 소화액이 유입된다.

> **해설** 소장은 각종 소화관 호르몬을 분비하여 소화운동에 관여한다.

17 재료 계량에 대한 설명으로 틀린 것은?

① 가루재료는 서로 섞어 체질한다.
② 이스트, 소금, 설탕은 함께 계량한다.
③ 사용할 물은 반죽온도에 맞도록 조절한다.
④ 저울을 사용하여 정확히 계량한다.

해설 이스트와 소금 설탕은 서로 닿지 않도록 한다.

18 빵의 혼합이 지나쳤을 경우 조치할 사항으로 잘못된 것은?

① 산화제를 사용한다.
② 신속하게 분할하고 성형한다.
③ 반죽온도를 내린다.
④ 환원제를 사용한다.

해설 반죽의 최종단계가 최적상태로 탄력성과 신장성이 좋다. 환원제를 사용하면 반죽의 구조를 연화시키게 된다.

19 다음 조건에서 물 온도를 계산하면?

> 반죽희망온도 23℃, 밀가루온도 25℃, 실내온도 25℃, 설탕온도 25℃, 쇼트닝온도 15℃, 달걀온도 20℃, 수돗물온도 23℃, 마찰계수 20

① 8℃
② 3℃
③ 0℃
④ 12℃

해설 물온도＝(반죽희망온도×6)－(밀가루온도＋실내온도＋설탕온도＋쇼트닝온도＋달걀온도＋마찰계수)
＝(23×6)－(25＋25＋25＋15＋20＋20)＝138－130＝8℃

20 식빵 600g 짜리 10개를 제조할 때 발효 및 굽기, 냉각, 손실 등을 합하여 총손실이 20%이고 배합률의 합계가 150%라면 밀가루 사용량은?

① 8kg
② 6kg
③ 5kg
④ 3kg

해설 반죽총중량＝분할총중량÷{1－(발효손실÷100)}
밀가루의 중량＝반죽총중량×밀가루의 비율÷총배합률
(7500×100)÷150＝5000g＝5kg

21 식빵 제조용 밀가루(강력분)의 원료로 적합한 것은?

① 듀럼밀
② 연질백색맥
③ 호밀
④ 경질 적색겨울밀

해설 우리나라에 많이 수입되는 밀로 글루텐의 함량이 많으며 습부량은 보통 35% 이상인 밀가루로 제빵용과 마카로니용에 적합하다.

22 제빵에서 쇼트닝의 기능과 가장 거리가 먼 것은?

① 비효소적 갈변
② 부피의 개선
③ 조직의 개선
④ 저장성 증가

23 다음 중 스펀지 발효 완료 시 pH로 옳은 것은?

① pH 4.8
② pH 6.2
③ pH 3.5
④ pH 5.3

해설 스펀지 반죽조건은 온도 22~26℃로 글루텐을 형성시키지 않는다. 스펀지 발효는 온도 27℃, 상대습도 75~80%, 부피 3.5~4배, 시간 2~6시간 발효한다. 스펀지 발효완료점은 부피가 4~5배 부푼 상태로 최대 팽창 후 약간 수축상태로 pH 4.5~4.8로 유백색을 띤 상태이다. 쇼트닝은 케이크 반죽의 유동성, 기공과 조직, 부피 저장성을 개선한다 그리고 제과, 제빵 외에 튀김, 햄, 소시지 등에도 사용된다.

24 제빵에 있어서 발효의 주된 목적이 아닌 것은?

① 이산화탄소와 에틸알코올을 생성시키는 것이다.
② 이스트를 증식시키기 위한 것이다.
③ 분할 및 성형이 잘 되도록 하기 위한 것이다.
④ 가스를 포집할 수 있는 상태로 글루텐의 연화를 시키는 것이다.

해설 발효의 목적은 반죽 글루텐의 배열을 조정하고 가스를 발생시켜 성형 시 작업성을 높이고 경화된 반죽을 완화시키는 목적이 있다.

25 열원으로 찜(수증기)을 이용했을 때의 주 열전달방식은?

① 초음파   ② 전도

③ 대류   ④ 복사

[해설] 뜨거워진 공기를 강제 순환시키는 열전달방식이 대류이다.

26 단과자빵의 껍질에 흰 반점이 생긴 경우 그 원인에 해당되지 않는 것은?

① 반죽온도가 높았다.

② 발효하는 동안 반죽이 식었다.

③ 숙성이 덜 된 반죽을 그대로 정형하였다.

④ 2차 발효 후 찬 공기를 오래 쐬었다.

[해설] 반죽온도가 높으면 발효시간이 단축된다.

27 성형(정형)공정의 방법이 순서대로 옳게 나열된 것은?

① 반죽 → 중간발효 → 분할 → 둥글리기 → 정형

② 분할 → 둥글리기 → 중간발효 → 정형 → 팬닝

③ 둥글리기 → 중간발효 → 분할 → 둥글리기 → 정형

④ 중간발효 → 정형 → 팬닝 → 2차발효 → 굽기

[해설] 넓은 의미의 정형은 분할 → 둥글리기 → 중간발효 → 정형 → 팬닝이다.

28 대형공장에서 사용되고, 온도조절이 쉽다는 장점이 있는 반면에 넓은 면적이 필요하고 열손실이 큰 결점인 오븐은?

① 회전식 오븐(Rack oven)

② 데크 오븐(Deck oven)

③ 터널식 오븐(Tunnel oven)

④ 릴 오븐(Reel oven)

[해설] 터널 오븐은 대형공장에서 대량생산에 사용하는데 열손실이 단점이다.

29 다음 중 빵을 가장 빠르게 냉각시키는 방법은?

① 공기조절법   ② 진공 냉각법

③ 자연냉각법   ④ 공기배출법

[해설] **냉각을 빠르게 하는 순서**

진공냉각 > 강제공기순환 > 자연냉각법

30 완제품 빵을 낮은 온도에서 포장을 했을 경우 나타나는 현상은?

① 노화가 가속되고 껍질이 건조해진다.

② 곰팡이가 발생할 수 있다.

③ 빵을 썰기가 어렵다.

④ 형태를 유지하기가 어렵다.

[해설] 노화가 가속되고 껍질이 건조해지는 것은 낮은 온도에서 포장을 했을 경우 나타나는 현상이다.

31 빵의 관능적 평가법에서 내부적 특성을 평가하는 항목이 아닌 것은?

① 터짐성   ② 껍질색

③ 부피   ④ 맛

[해설] • 외부적 평가 : 부피, 껍질색, 외피의 균형, 터짐성, 껍질 형성

• 식감평가 : 냄새, 맛

32 냉동제품의 해동 및 재가열 목적으로 주로 사용하는 오븐은?

① 릴 오븐   ② 적외선 오븐

③ 데크 오븐   ④ 대류식 오븐

[해설] 냉동제품을 해동 및 재가열할 때는 적외선 오븐을 사용한다(전자레인지와 유사한 원리이나 파동이 작다).

33 초콜릿 제품을 생산하는데 필요한 도구는?

① 오븐   ② 디핑포크

③ 파이 롤러   ④ 워터 스프레이

[해설] 디핑포크는 작은 초콜릿 셸을 코팅할 때, 탬퍼링한 초콜릿 용액에 담궜다 건질 때 사용하는 도구이다.

34 유전자 재조합 식품 등의 표시 중 표시의무자, 표시대상 및 표시방법 등에 필요한 사항을 정하는자는?

① 식품동업자 조합
② 보건복지부장관
③ 식품의약품안전처장
④ 농림축산식품부장관

해설 식품위생법 제12조의 2 제3항에 보면 "제1항에 따른 표시의무자, 표시대상 및 표시방법 등에 필요한 사항은 식품의약품안전처장이 정한다"라고 되어 있다.

35 테트로도톡신(Tetrodotoxin)이 함유되어 있는 식품으로 옳은 것은?

① 감자   ② 복어
③ 독버섯   ④ 해파리

해설 테트로도톡신 : 복어, 마이도톡신 : 해파리
솔라닌 : 감자, 무스카린 : 독버섯

36 물과 기름처럼 서로 혼합이 잘 되지 않은 두 종류의 액체를 혼합, 분산시켜 주는 첨가물은?

① 유화제   ② 소포제
③ 피막제   ④ 팽창제

해설 • 소포제 : 규소수지, 식품제조과정에서 생기는 불필요한 거품 제거제(규소수지)
• 유화제 : 잘 혼합되지 않는 두 종류의 성분을 혼합할 때 분리를 막고 유화를 도와주는 첨가물(글리세린)
• 피막제 : 과일, 채소의 신선도를 유지하기 위해 사용하는 첨가물(파라핀, 초산비닐수지)
• 팽창제 : 빵, 카스테라 등을 부풀려 모양을 갖추기 위한 목적으로 사용(중조, BP)

37 발효가 부패와 다른 점은?

① 미생물이 작용한다.
② 생산물을 식용으로 한다.
③ 단백질의 변화반응이다.
④ 성분의 변화가 일어난다.

해설 • 발효 : 식품에 미생물이 번식하여 식품의 성질이 변화를 일으키는 현상으로 그 변화가 인체에 유익할 경우를 말한다.
• 부패 : 단백질 식품에 혐기성 세균이 증식한 생물학적 요인에 의해 분해되어 악취와 유해물질을 생성하는 현상이다.

38 장티푸스질환의 특성은?

① 급성 이완성 마비 질환
② 급성 전신성 열성질환
③ 급성 간염질환
④ 만성 간염질환

해설 장티푸스균 감염에 의한 급성 전신성 열성질환으로 고열, 복통, 무기력증 등의 증상이 나타나며, 환자나 보균자의 배설물에 오염된 음식이나 물 등을 섭취했을 때 감염된다.

39 밀가루를 부패시키는 미생물(곰팡이)은?

① 누룩곰팡이(Asperillus)속
② 푸른곰팡이(Penicillium)속
③ 털 곰팡이(Mucor)속
④ 거미줄곰팡이(Rhizopus)속

해설 누룩곰팡이(Asperillus)속 : 아플라톡신을 생성하는 곰팡이류로 식품에서 보편적으로 발견된다. 전부당화력과 단백질 분해력이 강해 약주, 탁주, 간장, 된장 제조에 이용된다.

40 다음 보존료와 사용 식품이 잘못 연결된 것은?

① 소르브산 - 식육가공품, 절임류, 과실주
② 안식향산 - 탄산음료, 간장
③ 파라옥시안식향산부틸 - 과실주, 채소음료
④ 디하이드로초산 - 된장, 고추장

해설 디하이드로 초산은 곰팡이, 효모, 혐기성의 그램 양성 세균에 효과가 있다.

41 장출혈성대장균에 대한 설명으로 틀린 것은?

① 오염된 식품 이외에 동물 또는 감염된 사람과의 접촉을 통하여 전파될 수 있다.

② 오염된 지하수를 사용한 채소류, 과실류 등이 원인이 될 수 있다.

③ 내성이 강하여 신선채소의 경유 세척, 소독 및 데치기의 방법으로는 예방이 되지 않는다.

④ 소가 가장 중요한 병원소이며 양, 염소, 돼지, 개, 닭 등 가금류의 대변이 원인이다.

해설 장출혈성대장균 감염증을 예방하려면 물은 반드시 끓여 섭취하고, 육류제품은 충분히 익혀서 먹어야 하며 채소류는 염소 처리한 청결한 물로 잘 씻어서 먹는 것이 좋다.

42 전분의 노화에 대한 설명 중 틀린 것은?

① -18℃ 이하의 온도에서는 잘 일어나지 않는다.

② 노화된 전분은 향이 손실된다.

③ 노화란 α-전분이 β-전분으로 되는 것을 말한다.

④ 노화된 전분은 소화가 잘된다.

해설 α 전분 → β전분=노화/β전분 → α전분=호화 노화된 전분은 소화가 되지 않는다.

43 다음 중 사용이 금지된 유해착색료는?

① 포름알데히드　② 삼염화질소

③ 아우라민　　　④ 론갈리트

해설 착색료는 인공적으로 착색시켜 천연색을 보완, 미화하여 식품의 매력을 높여 소비자의 기호를 끌기 위해 사용되는 물질이다. 아우라민은 식품의 착색료로 사용되었으나 유해한 작용이 있어 사용이 금지되었다. 유해인공 착색료는 아우라민, 로다민 B이다.
- 포름알데히드 : 유해방부제
- 론갈리트 : 유해표백제
- 삼염화질소 : 유해표백료

44 식품제조 공정 중에서 거품을 없애는 용도로 사용되는 첨가물은?

① 글리세린

② 프로필렌글리콜

③ 피페로닐 부톡사이드

④ 실리콘 수지

해설
- 글리세린 : 무색 투명의 액체로 냄새가 없고 단맛이 있다.
- 프로필렌글리콜 : 무색 투명한 시럽상 액체로 냄새가 없거나 약간의 냄새가 있으며 약간의 쓴맛과 단맛이 있다.
- 피페로닐 부톡사이드 : 바구미 등의 해충이 발생하면 품질이 떨어지고 양적인 손실을 가져와 심각한 피해가 따르는데 이러한 충해를 방지하기 위해 독성이 적고 방충효과가 큰 실충제를 식품첨가물로 사용하고 있다.

45 다음 중 HACCP 적용의 7가지 원칙에 해당하지 않는 것은?

① HACCP팀 구성

② 기록유지 및 문서관리

③ 위해요소 분석

④ 한계기준 설정

해설 **HACCP의 실시단계 7가지 원칙**
1) 위해분석
2) 중요관리점 설정
3) 허용한계기준 설정
4) 모니터링 방법의 설정
5) 시정조치의 설정
6) 검증방법의 설정
7) 기록유지

46 가열용 열매체, 인쇄용 잉크, 윤활유, 전기절연유 등으로 다양하게 사용되어 왔으나 인체의 건강에 유해하여 규제가 이루어진 물질은?

① 카드뮴(Cd)　　② 유기수은제

③ 피씨비(PCB)　④ 납(Pb)

해설 PCB는 다가(多價) 염소화합물로 페놀이 2개 결합된 화합물에 수소 대신 염소가 치환된 화합물로서 사람의 건강, 환경에 유해성(독성)이 보고되고 있는 유기화합물질이다. PCB는 TV·VTR 등 가전제품에서부터 컴퓨터·이동전화·인공위성 등에 이르기까지 모든 전자기기에 사용된다.

47 공장 조리기구의 설명으로 석당하지 않은 것은?
① 기기나 기구는 부식되지 않으며 독성이 없어야 한다.
② 접촉을 통해서 식품을 생산하는 설비의 표면은 세척할 수 있어야 한다.
③ 기기나 기구에서 발견될 수 있는 유독한 금속은 아연, 납, 황동 등이다.
④ 구리는 열전도가 뛰어나고 유독성이 없는 기구로 많이 사용한다.

해설 기기나 기구는 부식되지 않고 독성이 없어야 하며, 유독성이 없는 기구여야 한다. 유독성이 발견될 수 있는 유독한 금속은 카드뮴, 구리, 아연, 안티몬 등이 있다.

48 믹서의 종류에 속하지 않는 것은?
① 수직 믹서　　② 스파이럴 믹서
③ 수평 믹서　　④ 원형 믹서

해설 원형 믹서의 기계는 없다.

49 1품종당 제조 수량을 기준으로 생산 활동을 구분할 때 공예 과자, 웨딩케이크 등과 같이 1개 또는 2개의 생산 1회 한정생산 방식은?
① 예약생산　　② 개별생산
③ 연속생산　　④ 로트생산

해설 로트생산 방식은 로트(1회 생산분량)단위로 생산하는 방식으로 개별생산과 연속생산의 중간적 생산 방식이다.

50 미생물에 의한 오염을 최소화하기 위한 작업장 위생관리 방법으로 바람직하지 않은 것은?
① 소독액으로 벽, 바닥, 천장을 세척한다.
② 빵상자, 수송차량, 매장 진열대는 항상 온도를 높게 관리한다.
③ 깨끗하고 뚜껑이 있는 재료통을 사용한다.
④ 적절한 환기와 조명시설이 된 저장실에 재료를 보관한다.

해설 빵상자, 수송차량, 매장 진열대는 항상 온도가 높게 되면 미생물의 병균이 증식하기에 최적온도가 된다.

51 칼국수 100g에 탄수화물이 40% 함유되어 있다면 칼국수 200g을 섭취하였을 때 탄수화물로부터 얻을 수 있는 열량은?
① 320kcal　　② 800kcal
③ 400kcal　　④ 720kcal

해설 100g의 40%는 40g으로 200g은 80g을 얻는다. 거기에 1g당 4kcal의 열량을 내므로 80×4 = 320kcal를 얻게 된다.

52 평균재교액을 계산하는 공식은?
① (기초원재료＋기말원재료)÷2
② (단위당 판매가격-변동비)
③ (기초제품＋기말제품)÷2
④ 총이익／매출액×100

해설 제품회전율＝순매출액／평균재고액
평균재교액＝(기초제품＋기말제품)÷2

53 원가에 대한 설명 중 틀린 것은?
① 기초원가는 직접노무비, 직접재료비를 말한다.
② 직접원가는 기초원가에 직접경비를 더한 것이다.
③ 제조원가는 간접비를 포함한 것으로 보통 제품의원가라고 한다.
④ 총원가는 제조원가에서 판매비용을 뺀 것이다.

해설 총원가는 제조원가와 판매비, 일반관리비 등을 더한 것이다.

정답 47 ③　48 ④　49 ④　50 ②　51 ①　52 ③　53 ④

54 제빵 공장의 내부 벽면재료로서 가장 적당한 것은?

① 타일　　　　　② 합판
③ 무늬목　　　　④ 황토흙벽돌

해설 벽면은 매끄럽고 청소하기 편리하여야 하므로 타일이 적합하다.

55 스트레이트법과 비교할 때 스펀지법의 특징이 아닌 것은?

① 저장성 증대
② 제품의 부피 증가
③ 공정시간 단축
④ 이스트 사용량 감소

해설 스펀지법은 믹싱을 2번 하는 중종법으로 발효 내구성이 강하고, 공정에 수정할 기회도 있으며, 노화가 지연되어 저장성이 좋고 부피가 크고 속결이 부드러운 반면, 발효손실이 증가하고 시설, 노동력, 장소 등 경비가 증가하는 것이 단점이다.

56 유황을 함유한 아미노산으로 -S-S-결합을 가진 것은?

① 시스틴　　　　② 라이신
③ 글루타민산　　④ 루신

해설 유황을 함유한 아미노산은 메티오닌, 시스테인, 시스틴이며 이중 시스틴은 -s-s-결합을 가지고 있다.

57 코코아(Cocoa)에 대한 설명 중 옳은 것은?

① 카카오 니브스를 건조한 것이다.
② 초콜릿 리쿠어를 압착, 건조한 것이다.
③ 코코아버터를 만들고 남은 박(Press Cake)을 분쇄한 것이다.
④ 비터초콜릿을 건조 분쇄한 것이다.

해설 코코아는 초콜릿의 운료가 되는 카카오페이스트를 압착하여 많은 카카오기름을 제거하고 분쇄한 것이다.

58 마이코톡신(Mycotoxin)의 설명으로 틀린 것은?

① 원인 식품의 세균이 분비하는 독성분이다.
② 진균독이라고 한다.
③ 탄수화물이 풍부한 곡류에서 많이 발생한다.
④ 중독의 발생은 계절과 관계가 깊다.

해설 마이코톡신은 곰팡이가 분비하는 독성분이다.

59 영구 경수의 주된 물질은?

① $MgSO_3 \cdot CaSO_3$
② $CaHPO_4$
③ $NaHCO_3 \cdot Na_2CO_3$
④ NH_4Cl

해설 영구적 경수는 황산이온($MgSO_3 \cdot CaSO_3$)이 칼슘염($CaCl_2$, $Ca(OH)_2$), 마그네슘염($MgCl_2$)과 결합된 형태로 들어 있는 경수이다.

60 다음 중 효소에 대한 설명으로 틀린 것은?

① 효소는 특정기질에 선택적으로 작용하는 기질 특이성이 있다.
② 효소반응은 온도, pH, 기질농도 등에 의하여 기능이 크게 영향을 받는다.
③ β-아밀라아제를 액화효소, α-아밀라아제를 당화효소라 한다.
④ 생체내의 화학반응을 촉진시키는 생체촉매이다.

해설 β-아밀라아제를 당화효소, α-아밀라아제를 액화효소라 한다.

01 아밀로오스(amylose)의 특징이 아닌 것은?

① 일반 곡물 전분 속에 약 17~28% 존재한다.
② 비교적 적은 분자량을 가졌다.
③ 퇴화의 경향이 적다.
④ 요오드 용액에 청색 반응을 일으킨다.

> **해설** 아밀로오스는 아밀로팩틴보다 노화나 퇴화의 경향이 크다.

02 설탕을 포도당과 과당으로 분해하는 효소는?

① 인버타아제(invertase)
② 치마아제(zymaes)
③ 말타아제(maltase)
④ 알파 아밀라아제(α-amylase)

> **해설** 설탕은 인버타아제에 의해 포도당과 과당으로 분해된다.

03 제빵에서 우유의 기능으로 틀린 것은?

① 영양을 강화시킨나.
② 이스트에 의해 생성된 향을 착향시킨다.
③ 보수력이 없어서 쉽게 노화된다.
④ 껍질색을 강하게 한다.

> **해설** 제품의 향을 개선하고 껍질색과 수분의 보유제 역할을 하고, 빵의 속결을 부드럽게 하고 글루텐의 기능을 향상시키고 우유속의 유당은 빵의 색을 나게 하며, 단백질을 함유하고 있어 제품의 구조를 형성한다.

04 다음 중 불포화지방산은?

① 팔미트산　　② 리놀렌산
③ 아라키돈산　　④ 올레산

> **해설** • 포화지방산(이중결합없이 이어진 지방산) : 팔미트산, 스테아르산
> • 불포화지방산(분자내에 이중결합이 있는 지방산) : 단일 불포화지방산-올레산
> • 다중불포화지방산 : 리놀렌산, 리놀레산, 아라키돈산, DHA, EPA

05 초콜릿을 씌운 사탕이나 아이스크림을 만들 때 전화효소(Invertase)의 작용은?

① 설탕의 가수분해를 막아준다.
② 설탕을 다량사용하지 않아도 단맛의 사탕을 제조할 수 있다.
③ 설탕을 가수분해시켜 결정화되는 것을 막아준다.
④ 설탕을 가수분해시켜 결정이 되는 것을 촉진시킨다.

> **해설** 전화효소(Invertase)는 설탕을 가수분해시켜 포도당과 과당의 동량 혼합물을 만들어 용해도를 증가시킨다.

06 성인의 단순갑상선종의 증상은?

① 갑상선이 비대해진다.
② 피부병이 발생한다.
③ 목소리가 쉰다.
④ 안구가 돌출된다.

> **해설** 단순갑상선종은 대개 갑상선 기능은 정상이며, 갑상선 크기만 커져 있는 경우다.

07 가소성이 크다는 것의 의미는?

① 지온에서 너무 단단하지 않으면서도 고온에서 너무 무르지 않다.
② 저온에서는 너무 무르지 않으면서도 고온에서 너무 단단하지 않다.
③ 저온에서는 무르고 고온에서는 단단하다.
④ 저온에서는 단단하고 고온에서는 무르다.

> **해설** 가소성은 고체에 힘을 주면 유동체와 같은 성질을 띠고 또 없애도 변형시킨 모양이 그대로 남는 성질을 말한다. 유지의 경도와 사용되는 온도와 상관관계를 나타낸다.

08 제빵 시 팬 오일로 유지를 사용할 때 무엇이 높은 것을 선택하는 것이 좋은가?

① 가소성 　　② 크림성
③ 발연점 　　④ 비등점

> **해설** 푸른연기가 발생하는 발연점이 높은 기름으로 무미, 무취, 무색으로 반죽무게의 0.1~0.2% 정도를 사용한다.

09 다음 중 세균에 의한 오염 위험성이 가장 낮은 것은?

① 상수도가 공급되지 않는 지역의 세척수나 음료수
② 어항이나 포구 주변에서 잡은 물고기
③ 습도가 낮은 상태의 냉동고 내에서 보관 중인 식품
④ 분뇨 처리가 미비한 농촌 지역의 채소나 열

> **해설** 세균의 생육에 영향을 미치는 온도를 조절할 수 있는 냉동고에서 보관 중인 식품이 오염 위험성이 가장 낮다.

10 원형팬의 용적 2.4㎤ 당 1g의 반죽을 넣으려한다. k 안치수로 팬의 직경이 10cm 높이가 4cm라면 약 얼마의 반죽을 분할해 넣는가?

① 100g 　　② 130g
③ 170g 　　④ 200g

> **해설** 반죽의 분할중량＝용적÷비용적
> $\therefore x = (5 \times 5 \times 3.14 \times 4) \div 2.4 = 130.8g$

11 제품의 유통기간 연장을 위해서 포장에 이용되는 불활성 가스는?

① 염소 　　② 산소
③ 질소 　　④ 수소

> **해설** 치환 가스는 불활성 가스로서 흡수성, 용해성이 적은 특징을 갖고 있고, 비교적 가격이 저렴한 질소(순도 99% 이상)를 사용한다.

12 식빵의 껍질색이 연하게 형성된 이유로 적절하지 않은 것은?

① 건조한 중간발효
② 과다한 1차 발효
③ 덧가루 과다 사용
④ 과다한 기름 사용

> **해설** 껍질색이 연하게 형성되는 이유 : 설탕 사용량 부족, 이스트 사용량 과다 반죽의 기계적 손상과 과다한 1차 발효, 덧가루 사용량 과다, 오래된 이스트 사용, 장시간 중간발효 등의 원인이다. 과다한 기름 사용은 식빵의 옆면을 움푹 들어가게 한다.

13 인체 내의 소화효소로 가수분해되는 다당류는?

① 전분
② 셀룰로오스
③ 헤미셀룰로오스
④ 팩틴

> **해설** 식이섬유란 인체 내 소화효소에 의해 가수분해되지 않는 탄수화물로서 열량원으로 이용되지 못한다. 식물성인 것으로는 셀룰로오스, 헤미셀룰로오스, 팩틴 등이 있으며 동물성으로는 키틴(Chitin), 콘트로이틴(Chondroitin) 등이 있다.

14 제빵에서 사용하는 측정단위에 대한 설명으로 옳은 것은?

① 원료의 무게를 측정하는 것을 계량이라고 한다.
② 온도는 열의 양을 측정하는 것이다.
③ 우리나라(한국)에서 사용하는 온도는 화씨(Fahrenheit)이다.
④ 제빵에서 사용되는 재료들은 무게보다는 부피단위로 계량된다.

> **해설** 온도는 물질이 뜨겁고 찬 정도를 나타내는 물리량이다. 우리나라에서 사용하는 온도는 섭씨(Celsius)이다. 제빵에서 사용되는 재료들은 부피보다는 무게단위로 계량한다.

15 글리세린에 대한 설명으로 틀린 것은?

① 3개의 수신기(-OH)를 가지고 있다.
② 색과 향의 보존을 도와준다.
③ 탄수화물의 가수분해로 얻는다.
④ 무색, 무취한 액체이다.

해설 글리세린의 특징
- 무색, 무취한 액체이다. 물에 잘 녹는다.
- 감미가 있다. 물보다 비중이 크다.
- 보습제로 식품에 사용된다.
- 색과 향의 보존을 도와준다.
- 3개의 수신기를 가지고 있다.
- 글리세린은 지방의 가수분해로 얻는다.

16 혈중 칼슘량이 부족할 때 합성과 분비가 증가하는 PTH(부갑상선 호르몬)에 대한 설명으로 옳지 않은 것은?

① 비타민 D는 이 호르몬과 상호작용을 나타낸다.
② PHT는 혈중 칼슘 농도를 정상으로 회복하기 위해 뼈, 신장, 장에서 작용한다.
③ PHT는 골격의 튼튼함을 유지시켜 준다.
④ 신장에서 PHT는 세뇨관에서 칼슘 재흡수를 촉진한다.

해설 칼슘이 결핍되는 동안 PHT는 정상적인 혈중 칼슘 농도를 유지시키지만 골격의 칼슘을 용해시킨다.

17 슈 재료의 계량 시 같이 계량하여서는 안 될 재료로 짝지어진 것은?

① 버터+물
② 물+소금
③ 버터+소금
④ 밀가루+베이킹파우더

해설 슈는 제조할 때 계란 다음에 베이킹파우더를 넣으므로 밀가루와 함께 계량하지 않는다.

18 반고체 유지 또는 지방의 각 온도에서 고체 성분 비율을 나타내는 것은?

① 용해성　　　　② 가소성
③ 결정구조　　　④ 고체지지수

해설 ① 용해성 : 두 물체가 녹아서 서로 융합하는 성질이나 그 정도를 말함
② 가소성 : 외부의 압력에 의해 형태가 변한 물체가 외부의 압력이 없어도 원래의 형태로 돌아오지 않는 물질의 성질을 말함
③ 결정구조 : 물질을 만들고 있는 원자가 공간내에서 규칙적으로 배열되어 결정을 이루는 구조, 결정을 구성하는 원자나 분자의 삼차원적 배열로서 흔히 공간격자를 이룸
④ 고체지지수 : 유지의 측정 온도에서 결정 고화한 양의 지수로 1Kg 유지 중의 고화부분이 측정온도에서 완전히 융해할 때까지 팽창한 양을 밀리리터로 표시

19 다음 중 데니쉬 페이스트리 제품을 구울 때 유지가 흘러나오는 원인이 아닌 것은?

① 장시간 굽기를 한 경우
② 오래된 반죽을 사용한 경우
③ 약한 밀가루를 사용한 경우
④ 밀어펴기가 불충분한 경우

해설 반죽이 되고 충전용 유지가 질면 밀어펴기 시 반죽 이음매 사이로 유지가 새어나오고 반죽이 질고 유지가 되면 밀어펴기 시 반죽만 밀려 충전용 유지가 고르게 펴지지 않는디.

20 다음 중 부족하면 야맹증, 결막염 등을 유발시키는 비타민은?

① 비타민 B_1　　② 비타민 B_2
③ 비타민 B_{12}　　④ 비타민 A

해설
- 비타민 B_1(티아민) 결핍 시 : 각기병, 식욕부진, 권태감, 신경통
- 비타민 B_2(리보플라빈) 결핍 시 : 구순, 구각염, 설염, 피부염, 발육장애
- 비타민 B_{12} 결핍 시 : 악성빈혈, 간질환, 성장정지 등

 정답 　15 ③　　16 ③　　17 ④　　18 ④　　19 ④　　20 ④

21 퐁당 아이싱이 끈적거리거나 포장지에 붙는 경향을 감소시키는 방법으로 옳지 않은 것은?

① 아이싱에 최대의 액체를 사용한다.
② 아이싱을 다소 덥게(40℃)하여 사용한다.
③ 굳은 것은 설탕 시럽을 첨가하거나 데워서 사용한다.
④ 젤라틴, 한천 등과 같은 안정제를 적절하게 사용한다.

해설 아이싱의 끈적임을 방지하기 위해서는 최소의 액체를 사용한다.

22 제빵 시 적절한 2차 발효점은 완제품 용적의 몇 %가 가장 적당한가?

① 40~45% ② 50~55%
③ 70~80% ④ 90~95%

해설 2차 발효의 완료점은 굽기 시 오븐라이즈와 오븐스프링을 감안하여 완제품 용적의 70~80% 정도 발효시킨다.

23 팬닝한 반죽의 다음 공정으로 2차 발효를 위한 발효실에 속하지 않는 것은?

① 오버헤드식 발효실
② 켄베이어식 발효실
③ 수동랙식 발효실
④ 모노레일식 발효실

해설 2차 발효실에는 켄베이어식, 수동랙식, 모노레일식, 캐비닛식, 랙트레이식 등이 있다.

24 2차 발효의 상대습도를 가장 낮게 하는 제품은?

① 옥수수빵 ② 데니쉬 페이스트리
③ 비상앙금 ④ 우유 식빵

해설 페이스트리의 반죽 적정온도는 18~22℃로 낮게 하고, 상대습도는 75~80% 정도로 낮게 한다.

25 반죽의 내부 온도가 60℃에 도달하지 않은 상태에서 온도상승에 따른 이스트의 활동으로 부피의 점진적인 증가가 진행되는 현상은?

① 호화(Gelatinization)
② 오븐스프링(Oven spring)
③ 오븐라이즈(Oven rise)
④ 캐러멜화(Caramelization)

해설 오븐라이즈는 반죽의 내부 온도가 60℃에 도달하지 않은 상태에서 이스트가 사멸전까지 활동하여 가스를 생성시켜 반죽의 부피를 조금씩 증가시키는 현상이다.

26 액체 발효법에서 가장 정확한 발효점 측정법은?

① 부피의 증가도 측정
② 산도 측정
③ 거품의 상태 측정
④ 액의 색 변화 측정

해설 액종의 발효 완료점은 pH 4.2~5.0으로 산도를 측정하여 확인한다.

27 냉동제법에서 혼합(Mixing) 다음 단계의 공정은?

① 1차 발효 ② 분할
③ 2차 발효 ④ 해동

해설 냉동반죽법은 1차 발효 또는 성형을 끝낸 반죽을 냉동 저장하는 방법으로 분할, 성형하여 필요할 때마다 쓸 수 있다.

28 중간발효에 대한 설명으로 틀린 것은?

① 오버헤드프루프라고 한다.
② 가스발생으로 반죽의 유연성을 회복한다.
③ 글루텐 구조를 재정돈한다.
④ 탄력성과 신장성에는 나쁜 영향을 미친다.

해설 오버헤드프루퍼는 중간발효를 목적으로 대량생산 공장에서 사용한다. 오버헤드프루퍼(overhead proofer)의 뜻은 머리 위에 설치한 중간발효기를 의미한다. 중간발효는 반죽의 유연성을 부여해서 성형을 용이하게 하기 위함이다.

정답 21 ① 22 ③ 23 ① 24 ② 25 ③ 26 ② 27 ② 28 ④

29 식빵을 팬닝할 때 일반적으로 권장되는 팬의 온도는?

① 22℃ ② 27℃
③ 32℃ ④ 37℃

해설 팬의 온도는 30~35℃가 적합하며, 철판이 너무 차가우면 반죽의 온도가 낮아져 2차 발효시간이 길어진다.

30 일반적으로 우유 1ℓ 로 만든 커스터드크림과 무당 휘핑크림 1ℓ 로 만든 생크림을 혼합하여 만드는 제품은?

① 퐁당 ② 디프로매트크림
③ 퍼지아이싱 ④ 마시멜로

해설 커스터드크림과 생크림을 혼합한 것이 디프로매트크림이다.

31 믹싱 시간, 믹싱 내구성, 흡수율 등 반죽의 배합이나 혼합을 위한 기초 자료를 제공하는 것은?

① 패리노 그래프 ② 익스텐소 그래프
③ 아밀로 그래프 ④ 알베오 그래프

해설 패리노 그래프 : 글루텐의 흡수율, 글루텐의 질, 믹싱 시간, 믹싱 내구성을 측정하는 기계이다.

32 성형(정형)공정의 방법이 순서대로 옳게 나열된 것은?

① 반죽 → 중간발효 → 분할 → 둥글리기 → 정형
② 분할 → 둥글리기 → 중간발효 → 정형 → 팬닝
③ 둥글리기 → 중간발효 → 정형 → 팬닝 → 2차 발효
④ 중간발효 → 정형 → 팬닝 → 2차 발효 → 굽기

해설 넓은 의미의 정형은 분할 → 둥글리기 → 중간발효 → 정형 → 팬닝이다.

33 완제품 빵을 충분히 식히지 않고 높은 온도에서 포장을 했을 경우 나타나는 현상이 아닌 것은?

① 노화가 가속되고 껍질이 건조해진다.
② 곰팡이가 발생할 수 있다.
③ 빵을 썰기가 어렵다.
④ 형태를 유지하기가 어렵다.

해설 노화가 가속되고 껍질이 건조해지는 것은 낮은 온도에서 포장을 했을 경우 나타나는 현상이다.

34 이스트에 거의 들어 있지 않은 효소로 디아스타아제라고도 불리는 것은?

① 인버타아제 ② 말타아제
③ 프로테아제 ④ 아밀라아제

해설 전분 분해효소인 아밀라아제를 일명 디아스타아제라고 한다.

35 식빵의 냉각에 관한 설명으로 옳은 것은?

① 40℃ 이상의 온도에서 식빵을 절단하는 것이 바람직하다.
② 통풍이 지나치면 제품의 옆면이 붕괴되는 비틀림 현상을 예방한다.
③ 빵을 냉각하는 장소의 습도가 낮으면 껍질에 잔주름이 생긴다.
④ 포장실의 이상적인 상대습도는 40~50%이다.

해설 냉각하는 장소의 습도가 낮으면 껍질에 잔주름이 생기고, 껍질이 갈라지는 현상이 발생된다.

36 다음 중 전염병과 관련 내용이 바르게 연결되지 않은 것은?

① 콜레라 - 외래 전염병
② 파상열 - 바이러스성 인수공통전염병
③ 장티푸스 - 고열 수반
④ 세균성 이질 - 점액성 혈변

해설 파상열이란 "고열이 주기적으로 일어난다"이다. 일명 브루셀라증이라고 하며, 동물은 유산을 일으키고 사람은 열병이 난다. 바이러스성 인수공통 전염병은 일본뇌염, 광견병, 뉴캐슬병, HVJ병, 구제역, 수포성 구내염 등이다.

37 환경오염물질 등의 비의도적으로 혼입하는 물질에 대해 평생 동안 섭취해도 건강상 유해한 영향이 나타나지 않는다고 판단되는 양을 의미하는 것은?

① ADI(일일섭취허용량)
② TDI(내용일일섭취량)
③ LD_{50}(반수치사량)
④ LC_{50}(반수치사농도)

해설 ADI는 인간이 섭취하게 되는 화학물질을 의미하고, TDI는 환경오염물질이 적용된다는 차이점이 있으며, LD_{50}은 독성물질의 양을 나타내며, LC_{50}은 실험동물 50%를 사망시키는 독성물질의 농도를 말한다.

38 유전자 재조합 식품 등의 표시 중 표시의무자, 표시대상 및 표시방법 등에 필요한 사항을 정하는 자는?

① 식품동업자 조합
② 보건복지부장관
③ 식품의약품안전처장
④ 농림축산식품부장관

해설 식품위생법 제12조의 2 제3항에 보면 "제1항에 따른 표시의무자, 표시대상 및 표시방법 등에 필요한 사항은 식품의약품안전처장이 정한다"라고 되어 있다.

39 밀가루를 부패시키는 미생물 (곰팡이)은?

① 누룩곰팡이(Asperillus)속
② 푸른곰팡이(Penicillium)속
③ 털 곰팡이(Mucor)속
④ 거미줄곰팡이(Rhizopus)속

해설 누룩곰팡이(Asperillus)속 : 아플라톡신을 생성하는 곰팡이류로 식품에서 보편적으로 발견된다. 전분당화력과 단백질 분해력이 강해 약주, 탁주, 간장, 된장 제조에 이용된다.

40 수은이 일으키는 화학성 식중독의 증상은?

① 미나마타병   ② 이타이이타이병
③ 단백뇨   ④ 페기종

해설 수은은 중추 신경장애 증상인 미나마타병으로 언어장애, 보행곤란 등이 나타난다.

41 주로 냉동된 육류 등 저온에서도 생존력이 강하고 수막염이나 임산부의 자궁내패혈증 등을 일으키는 식중독균은?

① 대장균   ② 살모넬라균
③ 리스테리아균   ④ 포도상구균

해설 리스테리아균은 5℃ 이하의 저온에서도 증식하는 냉온성 세균이어서 냉장고 안에서도 쉽게 죽지 않는다.

42 다음 보존료와 사용 식품이 잘못 연결된 것은?

① 소르브산 - 식육가공품, 절임류, 과실주
② 안식향산 - 탄산음료, 간장
③ 파라옥시안식향산부틸 - 과실주, 채소음료
④ 디하이드로초산 - 된장, 고추장

해설 디하이드로초산은 곰팡이, 효모, 혐기성의 그램 양성 세균에 효과가 있다.

43 다음 중 유해방부제는?

① 포름알데히드   ② 삼염화질소
③ 아우라민   ④ 론갈리트

해설 착색료는 인공적으로 착색시켜 천연색을 보완, 미화하여 식품의 매력을 높여 소비자의 기호를 끌기 위해 사용되는 물질이다. 아우라민은 식품의 착색료로 사용되었으나 유해한 작용이 있어 사용이 금지되었다. 유해인공 착색료는 아우라민, 로다민 B이다.
  • 포름알데히드 : 유해방부제,
  • 론갈리트 : 유해표백제
  • 삼염화질소 : 유해표백료

44 미생물에 의한 오염을 최소화하기 위한 작업장 위생관리 방법으로 바람직하지 않은 것은?

① 소독액으로 벽, 바닥, 천장을 세척한다.
② 빵상자, 수송차량, 매장 진열대는 항상 온도를 높게 관리한다.
③ 깨끗하고 뚜껑이 있는 재료통을 사용한다.
④ 적절한 환기와 소녕시설이 된 서장실에 새료를 보관한다.

해설 빵상자, 수송차량, 매장 진열대는 항상 온도가 높게 되면 미생물의 병균이 증식하기에 최적온도가 된다.

45 제품회전율을 계산하는 공식은?

① 순매출액 / (기초원재료 + 기말원재료) ÷ 2
② 고정비 / (단위당 판매가격 − 변동비)
③ 순매출액 / (기초제품 + 기말제품) ÷ 2
④ 총이익 / 매출액 × 100

해설 제품회전율 = 순매출액 / 평균재고액
평균재교액 = (기초제품 + 기말제품) ÷ 2의 병균이 증식하기에 최적온도가 된다.

46 펩티드(Peptide) 사슬이 이중 나선 구조를 이루고 있는 것은?

① 비타민 A의 구조
② 글리세롤과 지방산의 에스테르 결합 구조
③ 아밀로펙틴이 가지 구조
④ 단백질의 2차 구조

해설 유도단백질에 속하는 펩티드는 2개 이상의 아미노산 화합물로 단백질의 2차 구조이다.

47 탄수화물이 많이 든 식품을 고온에서 가열하거나 튀길 때 생성되는 발암성 물질은?

① 니트로사민(Nitrosamine)
② 다이옥신(Dioxins)
③ 벤조피렌(Benzopyrene)
④ 아크릴아마이드(Acrylamide)

해설 아크릴아마이드(acrylamide)는 전분식품(탄수화물이 많이든 식품) 가열 시 아미노산과 당의 열에 의한 결합 반응의 생성물로 발암성 화합물이다.

48 작업장의 방충, 방서용 금서망의 그물로 적당한 크기는?

① 5mesh
② 15mesh
③ 20mesh
④ 30mesh

해설 작업장의 방충, 방서용 금서망의 그물은 30mesh 이다.

49 호염성 세균으로서 어패류를 통화여 가장 많이 발생하는 식중독은?

① 살모넬라 식중독
② 장염비브리오 식중독
③ 병원성대장균 식중독
④ 포도상규균 식중독

해설 감염형 식중독인 장염비브리오균 식중독은 병원성호염균으로 약 3% 식염배지에서 발육이 잘되고, 어패류, 해조류 등에 의해 감염된다.

50 동물에게 유산을 일으키며 사람에게는 열병을 나타내는 인수공통전염병은?

① 탄저병
② 리스테리아증
③ 돈단독
④ 브루셀라증

해설 파상열이란 "고열이 주기적으로 일어난다"이다. 일명 브루셀라증이라고 한다.

51 원인균은 바실러스 안트라시스이며, 수육을 조리하지 않고 섭취할 때 발생하는 감염병은?

① 야토병
② 돈단독
③ 브루셀라병
④ 탄저

해설 탄저의 원인균은 바실러스 안트라시스이며, 수육을 조리하지 않고 섭취하였거나 피부 상처 부위로 감염되기 쉬운 인수공통감염병이다.

정답 44 ② 45 ③ 46 ③ 47 ④ 48 ④ 49 ② 50 ④ 51 ④

52 물수건의 소독방법으로 가장 적합한 것은?

① 비누로 세척한 후 건조한다.
② 삶거나 차아염소산 소독 후 일광 건조한다.
③ 3% 과산화수소로 살균 후 일광 건조한다.
④ 크레졸(Cresol) 비누액으로 소독하고 일광 건조한다.

해설 물수건은 삶거나 차아염소산 소독 후 일광 건조 한다.

53 제빵 제조공정의 4대 중요관리 항목에 속하지 않는 것은?

① 시간 관리　　② 온도 관리
③ 공정 관리　　④ 영양 관리

해설 제빵 제조공정의 4대 중요관리 항목은 시간, 온 도, 습도, 공정을 관리하는 것이다.

54 생산관리의 기능과 거리가 먼 것은?

① 품질보증기간
② 적시 · 적량기능
③ 원가조절기능
④ 시장개척기능

해설 시장개척기능은 영업관리기능이다.

55 생산부서의 지난달 원가관련 자료가 아래와 같을 때 생산가치율은 얼마인가?

> 근로자 : 100명
> 인건비 : 170,000,000원
> 생산액 : 1,000,000,000원
> 외부가치 : 700,000,000원
> 생산가치 : 300,000,000원
> 감가상각비 : 20,000,000원

① 25%　　② 30%
③ 35%　　④ 40%

해설
$$생산가치율 = \frac{생산가치}{생산액} \times 100\%$$
$$\therefore x = 300,000,000 \div 1,000,000,000 \times 100$$
$$= 30\%$$

56 오븐에서 구운 빵을 냉각할 때 평균 몇 %의 수 분 손실이 추가적으로 발생하는가?

① 4%　　② 6%
③ 2%　　④ 8%

해설 냉각은 조건에 따라 수분 손실의 양이 달라질 수 있으나 실온에서 3시간 정도 서서히 냉각시키면 2% 수분 손실이 발생한다.

57 수평형 믹서를 청소하는 방법으로 올바르지 않은 것은?

① 청소하기 전에 전원을 차단한다.
② 생산 직후 청소를 실시한다
③ 물을 가득 채워 회전시킨다.
④ 금속으로 된 스크레이퍼를 이용하여 반죽 을 긁어낸다.

해설 금속으로된 스크레이퍼를 이용하면 믹서기에 흠 집을 내므로 플라스틱스크래퍼를 이용한다.

58 다음 중 생산관리의 목표는?

① 재고, 출고, 판매의 관리
② 재고, 납기, 출고의 관리
③ 납기, 재고, 품질의 관리
④ 납기, 원가, 품질의 관리

해설 생산관리의 목표는 납기관리, 원가관리, 품질관 리, 생산량관리이다.

59 다음 중 채소를 통해 감염되는 기생충은?

① 광절열두조충
② 회충
③ 선모충
④ 폐흡충

해설 • 민물고기로부터 감염 : 광절열두조충, 폐흡충
　　• 육류로부터 감염 : 선모충

60 생산공장시설의 효율적 배치에 대한 설명 중 적합하지 않은 것은?

① 판매 장소와 공장의 면적 배분(판매 3 : 공장 1)의 비율로 구성되는 것이 바람직하다.

② 작업용 바닥 면적은 그 장소를 이용하는 사람들의 수에 따라 달라진다.

③ 공상의 소요 면적은 주방 설비의 설치 면적과 기술자의 작업을 위한 공간 면적으로 이루어진다.

④ 공장의 모든 업무가 효과적으로 진행되기 위한 기본은 주방의 위치와 규모에 대한 설계이다.

해설 판매 장소와 공장의 면적 배분은 판매 1 : 공장 1 의 비율이다.

정답 60 ①

01 도넛 글레이즈의 가장 적당한 사용 온도는?

① 18℃　　　　② 30℃
③ 35℃　　　　④ 45℃

해설 도넛 글레이즈의 사용 온도는 45~50℃ 정도가
적당하다.

02 튀김기름에 스테아린(Stearin)을 첨가하는 이
유로 틀린 것은?

① 기름의 침출을 막아 도넛에 설탕이 젖는
것을 방지한다.
② 도넛에 설탕이 붙는 점착성을 높인다.
③ 유지의 융점을 높인다.
④ 경화제로 튀김기름의 3~6%를 사용한다.

해설 스테아린은 경화제로 설탕의 융점을 높여 기름의
침투를 막는다. 튀김기름의 3~6%를 사용하는데
경화기능이 너무 강하면 도넛에 붙는 설탕량이
줄어들게 된다.

03 파이롤러를 사용하기에 적합한 제품은?

① 케이크도넛
② 트위스트
③ 젤리롤케이크
④ 브리오슈

해설 파이롤러는 파이류, 페이스트리 등을 밀어펴기할
때 사용하는 기계이므로 케이크도넛을 만들 때
사용한다.

04 유지를 고온으로 계속 가열하였을 때 점차 낮
아지는 것은?

① 산가
② 과산화물가
③ 점도
④ 발연점

해설 유지를 계속 가열하면 발연점은 낮아진다.

05 젤리롤 케이크를 말 때 겉면이 터지는 경우 조
치 사항이 아닌 것은?

① 저온처리하여 말기를 한다.
② 설탕의 일부를 물엿으로 대치한다.
③ 팽창이 과도한 경우 팽창제 사용량을 감소
시킨다.
④ 덱스트린의 점착성을 이용한다.

해설 과도하게 냉각(저온처리)시켜서 말면 윗면이 터
지기 쉽다.

06 밀가루 25g에서 젖은 글루텐 6g을 얻었다면
이 밀가루에 해당하는 것은?

① 박력분　　　　② 중력분
③ 강력분　　　　④ 듀럼분

해설 젖은글루텐(%) = (젖은글루텐 반죽의 중량÷밀가
루 중량) X 100 = (6÷25) X 100 = 24%
건조글루텐(%) = 젖은글루텐÷3 = 24÷3 = 8%
따라서 건조글루텐의 함량은 8%이다. 강력분의
단백질 함량은 11.5~13%, 박력분의 단백질 함
량은 7~9%이므로 박력분에 해당된다.

07 감염병을 일으키는 조건이 아닌 것은?

① 숙주의 감수성
② 예방접종
③ 감염될 수 있는 환경조건
④ 충분한 병원체

해설 감염병을 일으키는 조건은 감염원(병원체, 환자),
감염경로(공기, 병원소로부터 접촉), 숙주의 감수
성(명역성) 등이다.

08 음식을 매개로 전파되지 않는 것은?

① 장티푸스　　　　② 이질
③ 콜레라　　　　④ 광견병

해설 광견병은 동물(개)에 의해 전파되는 인수공통감
염병이다.

09 화학적 팽창제에 대한 설명으로 틀린 것은?

① 효모보다 가스생산이 느리다.
② 증량제로 전분이나 밀가루를 사용한다.
③ 산의 종류에 따라 작용 속도가 달라진다.
④ 가스를 생산하는 것은 탄산수소나트륨이다.

■해설 화학적 팽창제는 효모보다 가스 생산이 빠르게 일어난다.

10 다음 중 반죽형 반죽이 아닌 것은?

① 파운드 케이크 ② 후르츠파운드
③ 쵸코칩머핀   ④ 시폰케이크

■해설 반죽형 반죽은 계란보다 밀가루가 많이 들어가는 반죽이고, 거품형 반죽은 계란이 많이 들어가는 반죽으로 시폰케이크는 거품형 반죽이다.

11 어떤 과자 반죽의 비중을 측정하기 위하여 다음과 같이 무게를 달았다면 이 반죽의 비중은? (단, 비중컵＝50g, 비중컵＋물＝250g, 비중컵＋반죽＝170g)

① 0.40   ② 0.60
③ 0.68   ④ 1.47

■해설 비중 = $\dfrac{반죽 무게 - 비중컵 무게}{물 무게 - 비중컵 무게}$

$= \dfrac{170-50}{250-50} = \dfrac{120}{200} = 0.60$

12 전분을 가수분해 할 때 처음 생성되는 덱스트린은?

① 에리트로덱스트린(erythrodextrin)
② 아밀로덱스트린(anylodextrin)
③ 아크로덱스트린(ackrodextrin)
④ 말토덱스트린(maltodextrin)

■해설 전분을 산, 효소, 열 등으로 가수분해 할 때 맥아당으로 분해되기까지 만들어지는 중간 생성물의 총칭이다. 처음 생성되는 덱스트린을 아밀로덱스트린이라 하고, 마지막으로 생성되는 덱스트린을 말토덱스트린이라 한다.

13 아밀로그래프의 설명으로 틀린 것은?

① 전분의 다소(多小) 측정
② 전분의 점도 측정
③ 아밀로오스 능력 측정
④ 점도를 BU단위로 측정

■해설 아밀로그래프는 전분의 질, 호화정도, 점도 곡선 높이가 400-600BU를 측정할 때 사용

14 식물성 안정제가 아닌 것은?

① 젤라틴   ② 한천
③ 로커스트빈검   ④ 펙틴

■해설 • 젤라틴 : 동물의 가죽이나 뼈에서 추출
• 한천 : 우뭇가사리에서 추출
• 펙틴 : 과일의 껍질에서 추출
• 카라기난 : 홍조류인 카라기니에서 추출

15 반죽의 물리적 성질을 시험하는 기기가 아닌 것은?

① 패리노그래프(Farinogr aph)
② 수분활성도측정기(Water activity analyzer)
③ 익스텐소그래프(Extensogr aph)
④ 폴링넘버(Falling number)

■해설 • 패리노그래프 : 글루텐의 흡수율, 반죽의 내구성, 믹싱 시간을 측정
• 익스텐소그래프 : 반죽의 신장성과 신장에 대한 저항을 측정하여 밀가루 개량제의 효과를 측정
• 믹소그래프 : 밀가루의 흡수율, 글루텐의 발달 정도를 측정
• 폴링넘버 : 호화시험을 한다.
• 수분활성도측정기 : 반죽 속에 함유되어 있는 수분의 결합

16 소화기관에 대한 설명으로 틀린 것은?

① 위는 강알칼리의 위액을 분비한다.
② 이자(췌장)는 당대사호르몬의 내분비선이다.
③ 소장은 영양분을 소화·흡수한다.
④ 대장은 수분을 흡수하는 역할을 한다.

■해설 위는 강산성의 위액을 분비한다.

17 다음 중 단백질을 분해하는 효소는?

① 아밀라아제
② 리파아제
③ 찌마아제
④ 프로테아제

[해설] • 아밀라아제 : 전분 분해효소
• 리파아제 : 지방 분해효소
• 찌마아제 : 포도당, 과당 분해효소
• 프로테아제 : 단백질 분해효소

18 아밀로그래프의 최고점도가 너무 높을 때 생기는 결과가 아닌 것은?

① 효소활성이 약하다.
② 반죽의 발효상태가 나쁘다.
③ 효소에 대한 전분, 단백질 등의 분해가 적다.
④ 가스발생력이 강하다.

[해설] 아밀로그래프의 최고점도(maximum viscosity)가 높으면 효소에 대한 전분, 단백질 등의 분해가 적어 가스발생력이 약하다.

19 일반적으로 제빵용 이스트로 사용되는 것은?

① Aspergillus Niger
② Bacillus Subtilis
③ Saccharomyces Serevisiae
④ Saccharomyces Ellipsoideus

[해설] 이스트는 빵이나 주정 발효 등 발효식품에 널리 이용되어 왔으며, 제빵용, 알코올발효(맥주, 막걸리)용 이스트는 개량된 것으로 학명 사카로마이세스세레비시에(Saccharomyces Serevisiae)라고 부른다.

20 탈지분유 20g을 물 80g에 넣어 녹여 탈지분유액을 만들었을 때 탈지분유액 중 단백질의 함량은 몇 %인가? (단, 탈지분유 조성은 수분 4%, 유당 57%, 단백질 35%, 지방 4%이다.)

① 5.1%
② 6%
③ 7%
④ 8.75%

[해설] ① 탈지분유에 함유된 단백질 함량＝탈지분×단백질 비율
② 탈지분유액 중 단백질 비율＝탈지분유에 함유된 단백질 함량÷탈지분유액 함량×100
③ 식을 이용하여 탈지분유에 함유된 단백질 함량을 구하면 20×(35÷100)＝7g
그러므로 7÷100×100＝7%

21 세계보건기구(WHO)는 성인의 경우 하루 섭취 열량 중 트랜스 지방의 섭취를 몇 % 이하로 권고하고 있는가?

① 0.5%
② 1%
③ 2%
④ 3%

[해설] 트랜스지방이란 불포화지방산의 이중결합에 니켈을 촉매로 하여 수소를 첨가시키면 불포화도가 감소되어 포화도가 높아지므로 지방의 성질이 바뀐 것이다. 섭취열량의 1% 이하로 권고하고 있다.

22 섬유소(cellulose)를 완전하게 가수분해하면 어떤 물질로 분해되는가?

① 포도당(glucose)
② 설탕(sucrose)
③ 아밀로오스(amylose)
④ 맥아당(maltose)

[해설] 전분은 포도당으로 이루어진 저장성 탄수화물, 섬유소는 포도당으로 이루어진 구조 형성 탄수화물이다.

23 완성된 반죽형 케이크가 단단하고 질길 때 그 원인이 아닌 것은?

① 부적절한 밀가루의 사용
② 밀가루의 과다 사용
③ 높은 굽기 온도
④ 팽창제의 과다 사용

[해설] 팽창제 사용은 제품의 식감을 부드럽게 하고 유연하게 하기 위함이다.

24 데커레이션케이크 100개를 1명이 아이싱할 때 5시간이 필요하다면, 1,400개를 7시간 안에 아이싱하는데 필요한 인원수는? (단, 작업의 능률은 동일하다.)

① 10명 ② 12명
③ 14명 ④ 16명

해설 100÷1÷5=20개
1,400÷7÷20=10명

25 다음 중 식품의 변질에 관여하는 요인과 거리가 먼 것은?

① pH ② 압력
③ 수분 ④ 산소

해설 변질에 관여하는 요인 : 영양소, 산소, 수분, 온도, pH, 삼투압 등이 있다.

26 우유식빵 완제품 500g짜리 5개를 만들 때 분할손실이 4%이라면 분할 전 총반죽 무게는 약 얼마인가?

① 2,604g ② 2,505g
③ 2,518g ④ 2,700g

해설 총반죽 무게=총완제품 중량÷{1−(분할손실÷100)} 500×5÷{1−(4÷100)}=2,604.16g

27 노로바이러스에 대한 설명으로 틀린 것은?

① 이중나선구조 RNA 바이러스이다.
② 사람에게 급성장염을 일으킨다.
③ 오염음식물을 섭취하거나 감염자와 접촉하면 전염된다.
④ 환자가 접촉한 타월이나 구토물 등은 바로 세탁하거나 제거하여야 한다.

해설 **노로바이러스 식중독 일반 증상**
• 잠복기는 24~28시간
• 지속시간은 1~2일 정도
• 주요증상은 설사, 탈수, 복통 구토 등
• 발병률은 40~70%
• 단일나선구조 RNA 바이러스이다.

28 다음 중 우유 단백질이 아닌 것은?

① 카제인(casein)
② 락토알부민(lactalbumin)
③ 락토글로불린(lactoglobulin)
④ 락토오스(lactose)

해설 락토오스는 우유에 들어 있는 당류이다.

29 과자반죽의 믹싱완료 정도를 파악할 때 사용되는 항목으로 적합하지 않은 것은?

① 반죽의 비중
② 글루텐의 발전 정도
③ 반죽의 점도
④ 반죽의 색

해설 글루텐의 발전 정도는 제빵반죽의 믹싱완료 정도를 파악할 때 사용

30 일반적으로 식빵에 사용되는 설탕은 스트레이트법에서 몇 % 정도일 때 이스트 작용을 지연시키는가?

① 1% ② 2%
③ 4% ④ 7%

해설 설탕은 5% 이상이 되면 이스트 작용을 지연시킨다.

31 반죽의 온도가 25℃일 때 반죽의 흡수율이 61%인 조건에서 반죽의 온도를 30℃로 조정하면 흡수율은 얼마가 되는가?

① 55% ② 58%
③ 62% ④ 65%

해설 단백질 1% 증가에 흡수율은 1.5~2% 증가한다. 온도가 ±5℃ 증감함에 따라 물 흡수율은 3% 감소한다.

32 산형식빵의 비용적으로 가장 적합한 것은?

① 1.5~1.8 ② 1.7~2.6
③ 3.2~3.5 ④ 4.0~4.5

정답 24 ① 25 ② 26 ① 27 ① 28 ④ 29 ② 30 ④ 31 ② 32 ③

┃해설┃ 비용적은 반죽 1g이 차지하는 부피를 말하며, 산형식빵은 3.2~3.4cm³/g이고, 풀먼식빵은 3.3~4.0cm³/g이다.

33 기업경영의 3요소(3M)가 아닌 것은?

① 사람(man)　　② 자본(money)
③ 재료(material)　④ 방법(method)

┃해설┃ 기업경영의 1차 관리요소는 Man(사람 질과 양) Material(재료, 물질) Money(자금, 원가)이며, 2차 관리요소는 Method(방법), Minute(시간, 공정), Machine(기계, 시설), Market(시장)이다.

34 10% 이상의 단백질 함량을 가진 밀가루로 케이크를 만들었을 때 나타나는 결과가 아닌 것은?

① 제품이 수축되면서 딱딱하다.
② 형태가 나쁘다.
③ 제품의 부피가 크다.
④ 제품이 질기며 속결이 좋지 않다.

┃해설┃ 10% 이상의 단백질 함량을 가진 밀가루는 글루텐이 많이 생성되어 반죽의 힘이 강하여 완제품의 부피가 작아진다.

35 "태양광선 비타민"라고도 불리며 자외선에 의해 체내에서 합성되는 비타민은?

① Vit A　　② Vit B
③ Vit C　　④ Vit D

┃해설┃ 에르고스테롤과 콜레스테롤은 자외선에 의하여 비타민 D_2와 비타민 D_3로 변한다. 칼슘과 인의 흡수력 증강 및 뼈의 성장에 관여하며 결핍증세는 구루병, 골연화증, 골다공증이다.

36 식빵 50개, 파운드 케이크 300개, 앙금빵 200개를 제조하는데 5명이 10시간 동안 작업하였다. 1인 1시간 기준의 노무비가 1,000원일 때 개당 노무비는 약 얼마인가?

① 81원　　② 91원
③ 100원　④ 105원

┃해설┃ 1인 1시간 생산량＝총갯수÷인÷시간
개당 노무비＝1인 1시간 노무비÷1인 1시간 생산량(50＋300＋200)÷5명÷10시간＝11개
1,000÷11＝90.9 → 91원

37 균체의 독소 중 뉴로톡신(neurotoxin)을 생산하는 식중독 균은?

① 포도상구균
② 클로스트리디움 보툴리늄균
③ 장염비브리오균
④ 병원성대장균

┃해설┃ 클로스트리디움 보툴리늄균은 신경독인 뉴로톡신을 생성하여 포자가 내열성이 강하여 완전 살균되지 않은 통조림에서 발아하여 신경마비를 일으킨다.

38 경구전염병 중 바이러스에 의해 전염되어 발병되는 것은?

① 성홍열　　② 장티푸스
③ 홍역　　　④ 아메바성 이질

┃해설┃ 경구전염병에는 세균성 감염 : 콜레라, 장티푸스, 파라티푸스, 세균성이질 등이 있다.
바이러스성 감염 : 폴리오, 급성회백수염, 천 열, 전염성 설사증, 유행성 감염, 인플루엔자, 홍역 등이 있다.

39 급성전염병을 일으키는 병원체로 포자는 내열성이 강하며 생물학전이나 생물 테러에 사용될 수 있는 위험성이 높은 병원체는?

① 브루셀라균　② 탄저균
③ 결핵균　　　④ 리스테리아균

┃해설┃ 탄저의 원인균은 바실러스 안트라시스이며, 수육을 조리하지 않고 섭취하였거나 피부상처 부위로 감염되기 쉬운 인축공통전염병이다.

40 다음 중 비용적이 가장 큰 제품은?

① 파운드 케이크　② 레이어 케이크
③ 스펀지 케이크　④ 식빵

 정답 33 ④　34 ③　35 ④　36 ②　37 ②　38 ③　39 ②　40 ③

해설 파운드 케이크 : 2.4㎤/g, 레이어 케이크 : 2.96㎤/g,
스펀지 케이크 : 5.08㎤/g, 식빵 : 3.36㎤/g

해설 당도＝용질×100
용매＋용질
∴25÷(100＋25)×100＝20%

41 스트레이트법에 의한 제빵 반죽시 보통 유지를 첨가하는 단계는?

① 픽업 단계　② 클린업 단계
③ 발전 단계　④ 렛다운 단계

해설 • 픽업 단계 : 물을 먹은 상태, 반죽이 혼합되는 상태이며, 글루텐의 구조가 형성되기 시작
• 클린업 단계 : 글루텐이 형성되기 시작하는 단계로 이 시기이후에 유지를 넣으면 시간이 단축
• 발전 단계 : 탄력성이 형성되는 단계이다.
• 최종 단계 : 탄력성과 신장성이 최대인 단계이다.
• 렛다운단계 : 신장성이 최대인 단계, 탄력성을 잃으며 점성이 많아진다.

42 전분의 호화 현상에 대한 설명으로 틀린 것은?

① 전분의 종류에 따라 호화 특성이 달라진다.
② 전분현탁액에 적당량의 수산화나트륨(NaOH)을 가하면 가열하지 않아도 호화될 수 있다.
③ 수분이 적을수록 호화가 촉진된다.
④ 알칼리성일 때 호화가 촉진된다.

해설 호화는 수분이 많고 pH가 높을수록 촉진된다.

43 다음 중 신선한 계란의 특징은?

① 난각 표면에 광택이 없고 신명하다.
② 난각 표면이 매끈하다.
③ 난각에 광택이 있다.
④ 난각 표면에 기름기가 있다.

해설 신선한 계란은 표면이 거칠고, 윤기가 없으며 난백계수가 0.4 또는 400일 때, 물 1리터에 소금 60g에 가라앉는 것이 신선하다.

44 물 100g에 설탕 25g을 녹이면 당도는?

① 20%　② 30%
③ 40%　④ 50%

45 식품향료에 대한 설명 중 틀린 것은?

① 자연향료는 자연에서 채취한 후 추출, 정재, 농축, 분리 과정을 거쳐 얻는다.
② 합성향료는 석유 및 석탄류에 포함되어 있는 방향성유기물질로부터 합성하여 만든다.
③ 조합향료는 천연향료와 합성향료를 조합하여 양자 간의 문제점을 보완한 것이다.
④ 식품에 사용하는 향료는 첨가물이지만, 품질,규격 및 사용법을 준수하지 않아도 된다.

해설 식품에 사용하는 향료는 식품첨가물이므로, 품질, 규격, 사용법을 준수하여야 한다.

46 아래의 쌀과 콩에 대한 설명 중 (　)에 알맞은 것은?

쌀에는 라이신(lysine)이 부족하고 콩에는 메티오닌(methionine)이 부족하다. 이것을 쌀과 콩단백질의 (　　)이라 한다.

① 제한아미노산
② 필수아미노산
③ 불필수아미노산
④ 아미노산 불균형

해설 • 제한아미노산은 사람의 몸속에서 합성할 수 없는 필수아미노산으로 표준필요량에 있어서 가장 부족하여 영양가를 제한하는 아미노산을 말한다.
• 제1제한아미노산 : 쌀이나 밀, 대두 등이 있다.

47 다음 중 감염형 식중독을 일으키는 것은?

① 보톨리누스균　② 살모넬라균
③ 포도상구균　④ 고초균

해설 감염형 식중독 : 살모넬라균, 장염비브리오균, 병원성대장균 등이 있다.

정답　41 ②　42 ③　43 ①　44 ①　45 ④　46 ①　47 ②

48 산양, 양, 돼지, 소에게 감염되면 유산을 일으키고, 인체 감염 시 고열이 주기적으로 일어나는 인수공통전염병은?

① 광우병
② 공수병
③ 파상열
④ 신증후군출혈열

> **해설** 파상열이란 "고열이 주기적으로 일어난다."이다. 일명 브루셀라증이라고 하며, 동물은 유산을 일으키고 사람은 열병이 난다.

49 다음 설명 중 기공이 열리고 조직이 거칠어지는 원인이 아닌 것은?

① 크림화가 지나쳐 많은 공기가 혼입되고 큰 공기 방울이 반죽에 남아 있다.
② 기공이 열리면 탄력성이 증가되어 거칠고 부스러지는 조직이 된다.
③ 과도한 팽창제는 필요량 이상의 가스를 발생하여 기공에 압력을 가해 기공이 열리고 조직이 거칠어진다.
④ 낮은 온도의 오븐에서 구우면 가스가 천천히 발생하여 크고 열린 기공을 만든다.

> **해설** 기공이 열리면 탄력성이 감소하여 거칠고 부스러지는 조직이 된다.

50 캐러멜 커스타드 푸딩에서 캐러멜 소스는 푸딩컵의 어느 정도 깊이로 붓는 것이 적합한가?

① 0.2cm
② 0.4cm
③ 0.6cm
④ 0.8cm

> **해설** 캐러멜 커스타드 푸딩에서 캐러멜 소스는 푸딩컵의 0.2cm 정도의 깊이로 부어주고 팬닝량은 95%이다.

51 냉동반죽의 제조공정에 관한 설명 중 옳은 것은?

① 반죽의 유연성 및 기계성을 향상시키기 위하여 반죽 흡수율을 증가시킨다.

② 반죽 혼합 후 반죽 온도는 18~24℃가 되도록 한다.
③ 혼합 후 반죽의 발효시간은 1시간 30분이 표준발효시간이다.
④ 반죽을 -40℃까지 급속 냉동시키면 이스트의 냉동에 대한 적응력이 커지나 글루텐의 조직이 약화된다.

> **해설** 냉동반죽법은 -40℃에서 급속동결 후 -18℃의 냉장고에서 보관한다. 이스트와 글루텐의 냉해를 막기 위해 급속냉동시키고 글루텐의 조직이 약화되는 것을 막을 수 있다.

52 수용성 향료(essence)의 특징으로 옳은 것은?

① 제조 시 계면활성제가 반드시 필요하다.
② 기름(oil)에 쉽게 용해된다.
③ 내열성이 강하다.
④ 고농도의 제품을 만들기 어렵다.

> **해설** 수용성 향료는 알코올성으로 굽기 중 휘발성이 큰 것으로 알코올에 녹는 향을 용해시켜 만들고 내열성이 약하며, 고농도의 제품을 만들기 어렵다.

53 비타민과 관련된 결핍증의 연결이 틀린 것은?

① 비타민 A - 야맹
② 비타민 B_1 - 구내염
③ 비타민 C - 괴혈병
④ 비타민 D - 구루병

> **해설** 비타민 B_1 - 각기병

54 신경조직의 주요 물질인 당지질은?

① 세레브로시드(cerebroside)
② 스핑고미엘린(sphingomyelin)
③ 레시틴(lecithin)
④ 이노시톨(inositol)

> **해설** 세레브로시드는 탄수화물과 중성지방이 결합된 것이다.

55 전파속도가 빠르고 국민건강에 미치는 위해 정도가 너무 커서 발생 또는 유행 즉시 방역대책을 수립하여야 하는 전염병은?

① 제1군 전염병
② 제2군 전염병
③ 제3군 전염병
④ 제4군 전염병

> **해설** 제1군 전염병에는 장티푸스, 파라티푸스, 세균성 이질, 콜레라, 장출혈성대장균감염증, 유행성 간염 등이 있다.

56 화농성 질병이 있는 사람이 만든 제품을 먹고 식중독을 일으켰다면 가장 관계가 깊은 원인균은?

① 장염비브리오균
② 살모넬라균
③ 보툴리누스균
④ 황색포도상구균

> **해설** 화농성질환의 대표적인 식중독은 포도상구균이며, 독소는 엔테로톡신에 의해 발생한다.

57 빵의 제품평가에서 브레이크와 슈레드 부족현상의 이유가 아닌 것은?

① 발효시간이 짧거나 길었다.
② 오븐의 온도가 높았다.
③ 2차 발효실의 습도가 낮았다.
④ 오븐의 증기가 너무 많았다.

> **해설** 브레이크(터짐)와 슈레드(찢어짐)의 부족현상은 발효가 부족했거나 지나치게 과다한 경우 2차 발효실 온도가 높았거나 시간이 길었거나, 습도가 낮은 경우, 연수 사용, 너무 높은 오븐온도, 진반죽일 때이다.

58 계란 흰자의 약 13%를 차지하며 철과의 결합능력이 강해서 미생물이 이용하지 못하는 항세균 물질은?

① 오브알부민(ovalbumin)
② 콘알부민(conalbumin)
③ 오보뮤코이드(ovomucoid)
④ 아비딘(avidin)

> **해설** 콘알부민은 미생물이 이용하지 못하는 항세균 물질이다.

59 생산공장시설의 효율적 배치에 대한 설명 중 적합하지 않은 것은?

① 작업용 바닥면적은 그 장소를 이용하는 사람들의 수에 따라 달라진다.
② 판매장소와 공장의 면적배분(판매 3 : 공장 1)의 비율로 구성되는 것이 바람직하다.
③ 공장의 소요면적은 주방설비의 설치면적과 기술자의 작업을 위한 공간면적으로 이루어진다.
④ 공장의 모든 업무가 효과적으로 진행되기 위한 기본은 주방의 위치와 규모에 대한 설계이다.

> **해설** 판매장소와 공장면적의 배분은 판매2 : 공장1의 비율에서 판매1 : 공장1의 비율로 구성되는 추세이다.

60 식품 또는 식품첨가물을 채취, 제조, 가공, 조리, 저장, 운반 또는 판매하는 직접 종사자들이 정기건강진단을 받아야 하는 주기는?

① 1회/월
② 1회/3개월
③ 1회/6개월
④ 1회/년

> **해설** 1년에 1회이다.

PART 03

제과·제빵기능사
마무리 점검 200제

▶ 출제빈도가 높은 중요 문제만 엄선하였습니다.
시험 보기 전에 반드시 점검하세요.

제과
01 겨울철 굳어버린 버터크림의 농도를 조절하기 위한 첨가물은?

① 초콜릿   ② 분당
③ 캐러멜 색소   ④ 식용유

해설 농도를 조절하기 위해서는 버터크림에 액체 수지를 가진 식용유를 넣어 농도를 조절한다.

제과
02 쿠키 포장지의 특성으로 적합하지 않은 것은?

① 방습성이 있어야 한다.
② 독성 물질이 생성되지 않아야 한다.
③ 내용물의 색, 향이 변하지 않아야 한다.
④ 통기성이 있어야 한다.

해설 포장지는 방수성이 있고 통기성이 없어야 한다.

제과
03 팬 오일의 조건이 아닌 것은?

① 발연점이 130℃ 정도 되는 기름을 사용한다.
② 면실유, 대두유 등의 기름이 이용된다.
③ 보통 반죽 무게의 0.1~0.2%를 사용한다.
④ 산패되기 쉬운 지방산이 적어야 한다.

해설 팬 오일은 발연점이 210℃ 이상 높은 것을 사용한다.

공통
04 탈지분유 1% 변화에 따른 반죽의 흡수율 차이로 적당한 것은?

① 1%   ② 2%
③ 3%   ④ 별 영향이 없다.

해설 분유 1% 증가 시 흡수율도 0.75~1% 증가한다.

공통
05 초콜릿 케이크에서 우유 사용량을 구하는 공식은?

① 설탕＋30－(코코아×1.5)＋전란
② 설탕－30－(코코아×1.5)－전란
③ 설탕＋30＋(코코아×1.5)－전란
④ 설탕－30＋(코코아×1.5)＋전란

해설 우유 ＝ 설탕＋30＋(코코아×1.5)－전란물＝우유×0.9 분유＝우유×0.1

제과
06 케이크 팬 용적 410㎤에 100g의 스펀지 케이크 반죽을 넣어 좋은 결과를 얻었다면, 팬 용적 1,230㎤에 넣어야 할 스펀지 케이크의 반죽 무게(g)는?

① 123   ② 200
③ 300   ④ 410

해설 410 : 100 ＝ 1,230 : X
X ＝ 123,000÷410 ＝ 300g

제과
07 무스크림을 만들 때 가장 많이 이용되는 머랭의 종류는?

① 이탈리안 머랭   ② 스위스 머랭
③ 온제 머랭   ④ 냉제 머랭

해설 이탈리안 머랭은 흰자를 거품내면서 114~118℃로 끓인 시럽을 천천히 부어주는 머랭으로, 무스, 냉과를 만들 때 사용한다.

제과
08 다음 제품 중 정형하여 팬닝할 경우 제품의 간격을 가장 충분히 유지하여야 하는 제품은?

① 슈   ② 오믈렛
③ 애플파이   ④ 쇼트브레드 쿠키

해설 슈는 굽기 시 많이 팽창하므로 팬닝 시 반죽의 간격을 충분히 유지한다.

공통
09 다음 중 유지의 산화방지를 목적으로 사용되는 산화방지제는?

① 비타민 B   ② 비타민 D
③ 비타민 E   ④ 비타민 K

정답   01 ④   02 ④   03 ①   04 ①   05 ③   06 ③   07 ①   08 ①   09 ③

해설 토코페롤(Vit E)은 천연 항산화제이다. 항산화제는 유지의 산화적 연쇄반응을 방해하므로 유지의 안정효과를 갖게 하는 물질이다. 비타민 E는 산화방지제로 쓰인다.

제과
10 파이를 냉장고에 휴지시키는 이유와 가장 거리가 먼 것은?

① 전 재료의 수화 기회를 준다.
② 유지와 반죽의 굳은 정도를 같게 한다.
③ 반죽을 경화 및 긴장시킨다.
④ 끈적거림을 방지하여 작업성을 좋게 한다.

해설 재료의 수화, 반죽과 유지의 경도를 같게 하고, 반죽의 성형을 용이하게 하기 위해 냉장휴지를 한다.

공통
11 젤라틴(Gelatin)에 대한 설명 중 틀린 것은?

① 동물성 단백질이다.
② 응고제로 주로 이용된다.
③ 물과 섞으면 용해된다.
④ 콜로이드 용액의 젤 형성 과정은 비가역적인 과정이다.

해설 젤라틴은 물과 섞이면 용해되어 콜로이드 용액이 되고, 온도가 낮아지면 젤을 형성하며, 온도가 높아지면 다시 콜로이드 용액이 되는 가역적 과정을 거친다.

제빵
12 데니시 페이스트리나 퍼프 페이스트리 제조 시 충전용 유지가 갖추어야 할 가장 중요한 요건은?

① 가소성
② 유화성
③ 경화성
④ 산화안전성

해설 가소성이란 외부의 압력에 의해 형태가 변한 물체가 외부의 압력이 없어도 원래의 형태로 돌아오지 않는 물질의 성질을 말한다.

제과
13 일반적인 케이크에 사용하는 밀가루의 적당한 단백질 함량은?

① 4~6%
② 7~9%
③ 10~12%
④ 13% 이상

해설 케이크의 적합한 밀가루는 박력분으로, 단백질 함량은 7~9%이다.

제과
14 다음 중 파이 롤러를 사용하지 않는 제품은?

① 젤리 롤 케이크
② 데니시 페이스트리
③ 퍼프 페이스트리
④ 케이크 도넛

해설 파이 롤러는 두께를 일정하게 밀어펴는 것으로 데니시, 퍼프 페이스트리, 크로와상, 케이크 도넛 등을 제조할 때 사용한다.

공통
15 다음 중 우유 단백질이 아닌 것은?

① 락토알부민(Lactoalbumin)
② 락토오스(Lactose)
③ 락토글로블린(Lactoglobulin)
④ 카세인(Casein)

해설 락토오스는 우유의 대표적인 탄수화물이다.

제빵
16 2차 발효의 상대습도를 가장 낮게 하는 제품은?

① 옥수수빵
② 데니시 페이스트리
③ 비상앙금
④ 우유식빵

해설 페이스트리의 반죽 적정온도는 18~22℃로 낮게 하고, 상대습도는 75~80% 정도로 낮게 한다.

제과
17 반죽 온도에 미치는 영향이 가장 적은 것은?

① 물 온도
② 실내 온도
③ 밀가루 온도
④ 훅 온도

해설 반죽 온도에 영향을 미치는 것은 물 온도, 실내 온도, 밀가루 온도, 마찰열 등이다.

정답 10 ③   11 ④   12 ①   13 ②   14 ①   15 ②   16 ②   17 ④

제빵

18 발효가 늦어지는 경우에 해당되는 것은?

① 반죽에 소금을 3% 첨가하였다.
② 2차 발효 온도를 38℃로 하였다.
③ 이스트의 양을 3%로 첨가하였다.
④ 설탕을 3% 첨가하였다.

> **해설** 소금이 많으면 효소작용을 억제하여 가스 발생을 저하시킨다. 2차 발효온도는 38~40℃가 적정하고, 이스트의 양이 많아지면 발효시간은 짧아진다. 설탕은 5% 이상이면 발효시간이 길어진다.

공통

19 일시적 경수에 대한 설명으로 옳은 것은?

① 모든 염이 황산염의 형태로만 존재한다.
② 연수로 변화시킬 수 없다.
③ 탄산염에 기인한다.
④ 끓여도 제거되지 않는다.

> **해설** 일시적 경수는 칼슘염과 마그네슘염이 가열에 의해 탄산염으로 침전되어 연수가 되는 물이다.

제빵

20 굽기 공정에 대한 설명 중 틀린 것은?

① 이스트는 사멸되기 전까지 부피 팽창에 기여한다.
② 빵의 옆면에 슈레드가 형성되는 것이 억제된다.
③ 굽기 과정 중 당류의 캐러멜화가 일어난다.
④ 전분의 호화가 일어난다.

> **해설** 굽기 과정 중 캐러멜화와 갈변반응이 촉진되고, 오븐 팽창과 전분호화 발생, 단백질 변성과 효소의 불활성화, 빵 세포 구조 형성과 향의 발달이 일어난다.

제빵

21 일반적으로 제빵용 이스트로 사용되는 것은?

① Aspergillus niger
② Bacillus subtilis
③ Saccharomyces serevisiae
④ Saccharomyces ellipsoideus

> **해설** 이스트는 빵이나 주정 발효 등 발효식품에 널리 이용됐으며, 제빵용, 알코올발효(맥주, 막걸리)용 이스트는 개량된 것으로 학명은 사카로마이세스 세레비시에(Saccharomyces serevisiae)라고 부른다.

공통

22 밀가루에 대한 설명 중 옳은 것은?

① 일반적으로 빵용 밀가루의 단백질 함량은 10.5~13% 정도이다.
② 보통 케이크용 밀가루의 회분 함량이 빵용보다 높다.
③ 케이크용 밀가루의 단백질 함량은 4% 이하여야 한다.
④ 밀가루의 회분 함량에 따라 강력분, 중력분, 박력분으로 나뉜다.

> **해설** 글루텐은 단백질의 질과 함량에 의해 결정된다.
> • 박력분 단백질 함량 : 7~9%
> • 중력분 단백질 함량 : 9.1~10.0%
> • 강력분 단백질 함량 : 11.5~13.0%

공통

23 다당류 중 포도당으로만 구성된 단수화물이 아닌 것은?

① 펙틴
② 전분
③ 글리코겐
④ 셀룰로오스

> **해설** 펙틴은 여러 종류의 당이 모인 복합 다당류이고 전분, 글리코겐, 셀룰로오스 등은 포도당으로 구성된 단순 다당류이다.

공통

24 지방 5g은 몇 칼로리의 열량을 내는가?

① 20kcal
② 25kcal
③ 45kcal
④ 50kcal

> **해설** 지방은 열량 영양소로 1g에 9kcal의 열량을 낸다.

 정답 18 ① 19 ③ 20 ② 21 ③ 22 ① 23 ① 24 ③

제과
25 반죽 무게를 구하는 식은?

① 틀 부피 × 비용적
② 틀 부피 + 비용적
③ 틀 부피 ÷ 비용적
④ 틀 부피 − 비용적

해설 반죽의 무게는 틀 부피÷비용적으로 계산한다.

공통
26 빵 및 케이크류에 사용이 허가된 보존료는?

① 프로피온산
② 탄산암모늄
③ 포름알데하이드
④ 탄산수소나트륨

해설 프로피온산은 빵 및 케이크류에 사용이 허가되어 있다.

공통
27 계란의 흰자 540g을 얻으려고 한다. 계란 한 개의 평균 무게가 60g이라면 몇 개의 계란이 필요한가?

① 10개   ② 15개
③ 20개   ④ 25개

해설 계란은 껍데기 10%, 흰자 60%, 노른자 30%로 구성되어 있다.
540g : 60% = x : 100%
x = 54,000 ÷ 60 = 900g
900g ÷ 60g = 15개

제빵
28 빵의 관능적 평가법에서 내부적 특성을 평가하는 항목이 아닌 것은?

① 기공(Grain)
② 조직(Texture)
③ 속 색상(Crumb color)
④ 입안에서의 감촉(Mouth feel)

해설 • 외부적 평가 : 부피, 껍질색, 외피의 균형, 터짐성, 껍질 형성
• 식감 평가 : 냄새, 맛

제빵
29 아밀로펙틴이 요오드 정색 반응에서 나타나는 색은?

① 적자색   ② 청색
③ 황색   ④ 흑색

해설 요오드에 의해 아밀로오스는 청색 반응, 아밀로펙틴은 적자색 반응을 나타낸다.

공통
30 제품회전율을 계산하는 공식은?

① 순매출액 / {(기초원재료 + 기말원재료) ÷ 2}
② 고정비 / (단위당 판매가격 − 변동비)
③ 순매출액 / {(기초제품 + 기말제품) ÷ 2}
④ 총이익 / 매출액 × 100

해설 제품회전율 = 순매출액 / 평균재고액
평균재고액 = (기초제품 + 기말제품) ÷ 2

공통
31 효모가 주로 증식하는 방법은?

① 포자법   ② 이분법
③ 출아법   ④ 복분열법

해설 출아법이란 몸의 일부분에서 혹과 같은 눈이 나와 자란 다음에 떨어져 나가 새로운 개체가 되는 생식법이다.

공통
32 다음의 입자 크기 중 입자가 가장 작은 것은?

① 50mesh   ② 100mesh
③ 150mesh   ④ 200mesh

해설 메쉬는 체눈의 개수를 의미하므로 체눈의 숫자가 큰 경우 입자가 많은 것으로 입자의 크기가 가장 작다.

공통
33 다음 중 3당류에 속하는 당은?

① 맥아당   ② 라피노오스
③ 스타키오스   ④ 갈락토오스

해설 라피노오스는 녹는점 80℃, 무수물의 녹는점 120℃으로, 호주산 유칼리의 만나, 사탕무의 당밀, 목화의 과실 등을 비롯하여 식물계에 널리 분포하며, 3당류의 일종이다.

 정답 25 ③   26 ①   27 ②   28 ④   29 ①   30 ③   31 ③   32 ④   33 ②

제과·제빵기능사 **필기**   185

공통
34 건조된 아몬드 100g이 탄수화물 16g, 단백질 18g, 지방 54g, 무기질 3g, 수분 6g, 기타 성분 등을 함유하고 있다면 열량은 얼마인가?

① 약 200kcal　　② 약 364kcal
③ 약 622kcal　　④ 약 751kcal

해설 아몬드 열량 = (단백질×4) + (탄수화물×4) + (지방×9) = (18×4) + (16×4) + (54×9) = 622Kcal

공통
35 다음 중 바이러스가 원인인 병은?

① 장티푸스　　② 파라티푸스
③ 간염　　　　④ 콜레라

공통
36 이스트에 존재하는 효소로 포도당을 분해하여 알코올과 이산화탄소를 발생시키는 것은?

① 말타아제(maltase)
② 리파아제(lipase)
③ 찌마아제(zymase)
④ 인버타아제(invertase)

해설 찌마아제는 과당, 포도당을 분해하여 CO_2 가스와 알코올을 생성한다.

제빵
37 다음 중 분할에 대한 설명으로 옳은 것은?

① 1배합당 식빵류는 30분 내에 하도록 한다.
② 기계 분할은 발효 과정의 진행과는 무관하여 분할 시간에 제한을 받지 않는다.
③ 기계 분할은 손 분할에 비해 약한 밀가루로 만든 반죽 분할에 유리하다.
④ 손 분할은 오븐스프링이 좋아 부피가 양호한 제품을 만들 수 있다.

해설 손 분할이나 기계 분할은 15~20분 이내로 분할하는 것이 좋다.

공통
38 소장에 대한 설명으로 틀린 것은?

① 소장에서는 호르몬이 분비되지 않는다.
② 길이는 약 6cm이며, 대장보다 많은 일을 한다.
③ 영양소가 체내로 흡수된다.
④ 췌장과 담낭이 연결되어 있어 소화액이 유입된다.

해설 소장은 각종 소화관 호르몬을 분비하여 소화 운동에 관여한다.

제빵
39 단과자빵의 껍질에 흰 반점이 생긴 경우 그 원인에 해당되지 않는 것은?

① 반죽 온도가 높았다.
② 발효하는 동안 반죽이 식었다.
③ 숙성이 덜 된 반죽을 그대로 정형하였다.
④ 2차 발효 후 찬 공기를 오래 쐬었다.

해설 반죽 온도가 높으면 발효시간이 단축된다.

공통
40 원가에 대한 설명 중 틀린 것은?

① 기초원가는 직접노무비, 직접재료비를 말한다.
② 직접원가는 기초원가에 직접경비를 더한 것이다.
③ 제조원가는 간접비를 포함한 것으로 보통 제품의 원가라고 한다.
④ 총 원가는 제조원가에서 판매비용을 뺀 것이다.

해설 총 원가는 제조원가와 판매비, 일반관리비 등을 더한 것이다.

제빵
41 제빵용 물로 가장 적합한 것은?

① 연수(1~60ppm)
② 아연수(61~120ppm)
③ 아경수(121~180ppm)
④ 경수(180ppm 이상)

해설 칼슘과 마그네슘 같은 미네랄이 121~180ppm 정도 함유된 아경수가 제빵용 물로 가장 적합하다.

42 물과 기름처럼 서로 혼합이 잘되지 않은 두 종류의 액체를 혼합, 분산시켜 주는 첨가물은?

① 유화제 ② 소포제
③ 피막제 ④ 팽창제

▌해설▐ ① 유화제 : 잘 혼합되지 않는 두 종류의 성분을 혼합할 때 분리를 막고 유화를 도와주는 첨가물(글리세린)
② 소포제 : 규소수지, 식품제조과정에서 생기는 불필요한 거품 제거제(규소수지)
③ 피막제 : 과일, 채소의 신선도를 유지하기 위해 사용하는 첨가물(파라핀, 초산비닐수지)
④ 팽창제 : 빵, 카스테라 등을 부풀려 모양을 갖추기 위한 목적으로 사용(중조, BP)

43 밀가루를 전문적으로 시험하는 기기로 이루어진 것은?

① 패리노그래프, 가스크로마토그래피, 익스텐소그래프
② 패리노그래프, 아밀로그래프, 파이브로미터
③ 패리노그래프, 익스텐소그래프, 아밀로그래프
④ 아밀로그래프, 익스텐소그래프, 펑츄어 테이터

▌해설▐ • 패리노그래프 : 밀가루의 흡수율 측정, 믹싱 시간, 내구성
• 아밀로그래프 : 밀가루의 호화 정도 측정
• 익스텐소그래프 : 반죽의 신장성에 대한 저항 측정

44 당뇨병과 직접적인 관계가 있는 영양소는?

① 포도당 ② 필수지방산
③ 필수아미노산 ④ 비타민

▌해설▐ 포도당 분자식은 $C_6H_{12}O_6$. 과일과 벌꿀에 존재하며 고등동물의 혈액에 순환하는 주요 유리당이다. 세포 기능에 필요한 에너지의 원천으로 대사 조절작용을 한다.

45 성형(정형)공정의 방법이 순서대로 옳게 나열된 것은?

① 반죽 → 중간발효 → 분할 → 둥글리기 → 정형
② 분할 → 둥글리기 → 중간발효 → 정형 → 팬닝
③ 둥글리기 → 중간발효 → 정형 → 팬닝 → 2차 발효
④ 중간발효 → 정형 → 팬닝 → 2차 발효 → 굽기

▌해설▐ 넓은 의미의 정형은 분할 → 둥글리기 → 중간발효 → 정형 → 팬닝이다.

46 인수공통감염병으로만 짝지어진 것은?

① 폴리오, 장티푸스
② 결핵, 유행성 간염
③ 탄저, 리스테리아증
④ 홍역, 브루셀라증

▌해설▐ • 인수공통감염병은 탄저병, 브루셀라증, 야토병, 결핵, Q열, 광견병, 돈단독 등이 있다.
• ③ 리스테리아는 유산을 일으키는 병원균으로 포유류, 조류에 널리 분포한다.

47 장출혈성대장균에 대한 설명으로 틀린 것은?

① 오염된 식품 이외에 동물 또는 감염된 사람과의 접촉을 통하여 전파될 수 있다.
② 오염된 지하수를 사용한 채소류, 과실류 등이 원인이 될 수 있다.
③ 내성이 강하여 신선 채소의 경우 세척, 소독 및 데치기의 방법으로는 예방되지 않는다.
④ 소가 가장 중요한 병원소이며 양, 염소, 돼지, 개, 닭 등 가금류의 대변이 원인이다.

▌해설▐ 장출혈성대장균 감염증을 예방하려면 물은 반드시 끓여 섭취하고, 육류제품은 충분히 익혀서 먹어야 하며, 채소류는 염소 처리한 청결한 물로 잘 씻어서 먹는 것이 좋다.

 정답 42 ① 43 ③ 44 ① 45 ② 46 ③ 47 ③

공통 48 우리나라의 식품위생법에서 정하고 있는 내용이 아닌 것은?

① 건강기능식품의 검사
② 건강진단 및 위생교육
③ 조리사 및 영양사의 면허
④ 식중독에 관한 조사보고

해설 건강기능식품에 대해서는 식품위생법에 따른 처벌을 배제한다.

공통 49 폐디스토마의 제1중간숙주는?

① 돼지고기
② 쇠고기
③ 참붕어
④ 다슬기

해설 폐디스토마(폐흡충)의 제1중간숙주는 다슬기, 제2중간숙주는 민물 게 또는 가재이다.

공통 50 미나마타병은 어떤 중금속에 오염된 어패류의 섭취 시 발생하는가?

① 수은
② 카드뮴
③ 납
④ 아연

해설 • 비소 : 피부 발진, 탈모
• 아연 : 구토, 설사, 복통
• 카드뮴 : 이타이이타이병
• 수은 : 미나마타병

공통 51 다음 중 조리사의 직무가 아닌 것은?

① 집단 급식소에서의 식단에 따른 조리 업무
② 구매식품의 검수 지원
③ 집단 급식소의 운영일지 작성
④ 급식 설비 및 기구의 위생, 안전 실무

해설 조리사는 식품위생법의 규정에 의한 소정의 면허를 소지하고 음식점 및 집단 급식소에서 식품의 조리를 업으로 하는 사람을 말한다. ③ 집단 급식소의 운영일지 작성은 영양사의 직무이다.

공통 52 경구감염병의 예방대책 중 감염경로에 대한 대책으로 올바르지 않은 것은?

① 우물이나 상수도의 관리에 주의한다.
② 하수도 시설을 완비하고, 수세식 화장실을 설치한다.
③ 식기, 용기, 행주 등은 철저히 소독한다.
④ 환기를 자주 시켜 실내공기의 청결을 유지한다.

해설 경구감염병은 병원체가 입을 통하여 침입하여 감염을 일으키는 소화기계 감염병이다. 적은 양으로 감염되며 2차 감염이 되는 경우가 많다.

공통 53 빵의 제조과정에서 빵 반죽을 분할기에서 분할할 때나 구울 때 달라붙지 않게 하고, 모양을 그대로 유지하기 위하여 사용되는 첨가물을 이형제라고 한다. 다음 중 이형제는?

① 유동파라핀
② 명반
③ 탄산수소나트륨
④ 염화암모늄

해설 허용된 이형제는 유동파라핀이다.

공통 54 공장 설비 시 배수관의 최소 내경으로 알맞은 것은?

① 5cm
② 7cm
③ 10cm
④ 15cm

해설 배수관의 내경은 최소 10cm로 한다.

공통 55 오염된 우유를 먹었을 때 발생할 수 있는 인수공통감염병이 아닌 것은?

① 파상열
② 결핵
③ Q-열
④ 야토병

해설 ① 파상열(브루셀라증) : 세균성으로 소, 돼지, 산양, 개, 닭 등의 인수공통감염병이다.
② 결핵 : 병에 걸린 소의 유즙이나 유제품을 거쳐 사람에게 경구적으로 감염되며, 잠복기는 불명이다.
④ 야토병 : 산토끼와 같은 병원체에 의해 발생하는 인수공통감염병이다.

 정답 48 ① 49 ④ 50 ① 51 ③ 52 ④ 53 ① 54 ③ 55 ④

공통 56 위생동물의 일반적인 특성이 아닌 것은?

① 식성 범위가 넓다.
② 음식물과 농작물에 피해를 준다.
③ 병원미생물을 식품에 감염시키는 것도 있다.
④ 발육기간이 길다.

해설 위생동물의 발육기간은 짧다.

공통 57 제1군감염병으로 소화기계 감염병인 것은?

① 결핵   ② 화농성 피부염
③ 장티푸스   ④ 독감

해설 1군법정감염병은 장티푸스, 파라티푸스, 세균성 이질, 콜레라, 장출혈성대장균감염증, A형간염 이다.

공통 58 세균성 식중독의 예방원칙에 해당하지 않는 것은?

① 세균 오염 방지
② 세균 가열 방지
③ 세균 증식 방지
④ 세균의 사멸

해설 세균에 의한 오염 방지, 세균 증식 방지, 세균의 사멸 등이 예방원칙에 들어간다.

공통 59 식품첨가물의 구분 및 종류에 대한 설명 중 틀린 것은?

① 식품첨가물은 그 원료 물질에 따라 화학적 합성품, 천연첨가물 및 혼합 제제류로 나뉜다.
② 화학적 합성품과 천연첨가물은 화합물 성격상 구조적인 차이가 있다.
③ 식품첨가물 중 유화제는 물에 혼합되지 않는 액체를 분산시키는 데 사용된다.
④ 증점 안정제는 식품의 점도 증가 또는 결착력 증가에 사용된다.

해설 식품첨가물은 식품을 개량하여 보존성 또는 기호성을 향상시키고 영양가 및 식품의 실질적인 가치를 증진시킬 목적으로 식품을 제조 가공, 보존함에 있어 식품에 첨가, 혼합, 침윤, 기타의 방법으로 사용하는 식품 본래의 성분 이외의 물질이다.

공통 60 다음 중 조리사의 결격사유에 해당하지 않는 것은?

① 정신질환자
② 감염병 환자
③ 위산 과다 환자
④ 마약중독자

해설 조리사의 결격사유
• 정신질환자
• 정감염병 환자(B형간염 환자는 제외)
• 마약이나 그 밖의 약물중독자
• 조리사 면허취소 처분을 받고 그 취소된 날로부터 1년이 경과되지 않은 자

제과 61 굽기에 대한 설명으로 가장 적합한 것은?

① 저율배합은 낮은 온도에서 장시간 굽는다.
② 저율배합은 높은 온도에서 단시간 굽는다.
③ 고율배합은 낮은 온도에서 단시간 굽는다.
④ 고율배합은 높은 온도에서 장시간 굽는다.

해설 고율배합은 저온에서 장시간, 저율배합은 고온에서 단시간 굽는다.

공통 62 중조 1.2%를 사용하는 배합 비율에서 팽창제를 베이킹파우더로 대체하고자 할 경우의 사용량으로 알맞은 것은?

① 2.4%   ② 3.6%
③ 4.8%   ④ 1.2%

해설 베이킹파우더는 합성 팽창제로, 소다를 주성분으로 각종 산성제를 배합하고, 완충제로서 전분을 더한 팽창제이다. 중조는 베이킹파우더의 발생력보다 3배 더 높다.

제과
63 수돗물 온도 25℃, 사용할 물 온도 5℃, 물 사용량 4,000g일 때 필요한 얼음의 양은?

① 862g ② 962g
③ 762g ④ 662g

┃해설┃ 얼음 = $\dfrac{물 사용량 \times (수돗물 온도 - 사용수 온도)}{80 + 수돗물 온도}$

= 4,000 - (25 - 5) ÷ 80 + 25 - 761.9

따라서 필요한 얼음의 양은 약 762g이다.

제과
64 커스터드 크림을 제조할 때 결합제의 역할을 하는 것은?

① 설탕 ② 소금
③ 계란 ④ 밀가루

┃해설┃ 커스터드 크림의 재료는 우유, 계란, 설탕, 전분, 버터, 바닐라향, 브랜디 등이다. 계란의 단백질은 가열하면 변성되어 물에 녹지 않는 불용성을 갖기 때문에 유동성이 줄어들고 형태를 지탱할 구성체로 응고되어 결합제의 역할을 한다.

공통
65 과일 파이의 충전물용 농후화제로 사용하는 전분은 설탕을 함유한 시럽의 몇 %를 사용하는 것이 가장 적당한가?

① 12~14% ② 17~19%
③ 6~10% ④ 1~2%

┃해설┃ 충전물용 농후화제로 사용하는 전분은 시럽에 사용되는 물의 8~11%, 설탕의 6~10% 정도로 사용하는 것이 적당하다.

제과
66 반죽형 케이크 제품에서 반죽 온도가 정상보다 낮을 때 나타나는 제품의 변화 중 틀린 것은?

① 내부색이 밝다.
② 향이 강하다.
③ 기공이 너무 커진다.
④ 껍질이 두껍다

┃해설┃ 반죽 온도가 낮을 때는 기공이 조밀해진다.

제과
67 젤리 롤 케이크를 만드는 방법으로 적합하지 않은 것은?

① 무늬 반죽은 남은 반죽을 캐러멜 색소와 섞어 만든다.
② 무늬를 그릴 때는 가능한 빨리 짜야 깨끗하게 그려지고, 가라앉지 않는다.
③ 충진물을 샌드할 때는 충분히 식힌 후 샌드하여 준다.
④ 롤을 마는 방법은 종이를 사용하는 방법과 천을 사용하는 방법이 있다.

┃해설┃ 롤 케이크의 부드러운 말기를 위하여 설탕의 일부분을 물엿으로 대체하는데 지나치게 물엿을 많이 사용하면 충전물이 제품에 축축하게 스며든다.

제과
68 퍼프 페이스트리를 제조할 때 주의할 점으로 틀린 것은?

① 굽기 전에 적정한 휴지를 시킨다.
② 파치가 최소가 되도록 성형한다.
③ 충전물을 넣고 굽는 반죽은 구멍을 뚫고 굽는다.
④ 성형한 반죽을 장기간 보관하려면 냉장하는 것이 좋다.

┃해설┃ 장기간 보관하려면 냉동하는 것이 좋다.

제과
69 다음 제품의 반죽 중에서 비중이 낮은 것은?

① 레이어 케이크
② 스펀지 케이크
③ 데블스 푸드 케이크
④ 파운드 케이크

┃해설┃ 비중이 높으면 공기의 포집이 적게 있음을 의미하며, 제품의 부피가 작고 기공이 조밀하고 조직이 무겁다.

① 레이어 케이크 : 0.75~0.85
② 스펀지 케이크 : 0.5~0.55
③ 데블스 푸드 케이크 : 0.80~0.85
④ 파운드 케이크 : 0.8~0.9

 정답 63 ③   64 ③   65 ③   66 ③   67 ②   68 ④   69 ②

70 일반적으로 우유 1로 만든 커스터드 크림과 무당 휘핑 크림 1로 만든 생크림을 혼합하여 만드는 제품은?

① 퐁당　　　　② 디프로매트 크림
③ 퍼지 아이싱　④ 마시멜로

해설 커스터드 크림과 생크림을 혼합한 것이 디프로매트 크림이다.

71 케이크의 아이싱으로 생크림을 많이 사용하고 있다. 이러한 목적으로 사용할 수 있는 생크림의 지방 함량은 얼마 이상인가?

① 20%　　　　② 35%
③ 10%　　　　④ 7%

해설 생크림의 유지방은 보통 30% 이상인 것을 사용한다.

72 튀김용 기름 조건으로 알맞지 않은 것은?

① 과산화물가가 높을수록 기름의 흡유율이 적어 담백한 맛이 나고 건강에 도움이 된다.
② 도넛에 기름기가 적게 남고 식은 후에는 고체로 변하는 것이 유리하다.
③ 장시간 튀김에 자유지방산 생성이 적고 산패가 되지 않아야 한다.
④ 튀김 중 연기가 나지 않는 발연점이 높은 기름이 유리하다.

해설 산패취란 지방이 산화되어 나는 냄새를 가리키며, 산패취가 있으면 기름이 상한 것을 의미한다. 푸른 연기가 발생하는 발연점이 높아야 제품에 이미, 이취가 나지 않는다.

73 다음 제품 중 건조 방지를 목적으로 나무틀을 사용하여 굽기를 하는 제품은?

① 슈　　　　　② 카스테라
③ 퍼프 페이스트리④ 밀푀유

해설 카스테라는 나무틀을 사용하여 굽기도 한다.

74 파이 반죽을 휴지시키는 이유는?

① 밀가루의 수분 흡수를 돕기 위해
② 촉촉하고 끈적거리는 반죽을 만들기 위해
③ 유지를 부드럽게 하기 위해
④ 제품의 분명한 결 형성을 방지하기 위해

해설 페이스트리의 반죽 적정 온도는 18~22℃로 낮게 하여 냉장 휴지시킨다. 반죽의 휴지가 길면 글루텐이 부드러워져서 더 팽창한다. 냉장 휴지를 하면 향이 좋아지는 것이 아니라 반죽의 안정화로 성형이 용이해지는 것이다.

75 다음 조건에서 물 온도를 계산하면?

- 반죽 희망 온도 : 23℃	- 밀가루 온도 : 25℃
- 실내 온도 : 25℃	- 설탕 온도 : 25℃
- 쇼트닝 온도 : 15℃	- 계란 온도 : 20℃
- 수돗물 온도 : 23℃	- 마찰계수 : 20

① 8℃　　　　② 3℃
③ 0℃　　　　④ 12℃

해설 물 온도=(반죽 희망 온도×6)−(밀가루 온도+실내 온도+설탕 온도+쇼트닝 온도+계란 온도+마찰계수)=(23×6)−(25+25+25+15+20+20)=138−130=8℃

76 중간발효에 대한 설명으로 틀린 것은?

① 오버헤드프루프라고 한다.
② 가스 발생으로 반죽의 유연성을 회복한다.
③ 글루텐 구조를 재정돈한다.
④ 탄력성과 신장성에는 나쁜 영향을 미친다.

해설 오버헤드프루퍼는 중간발효를 목적으로 대량생산 공장에서 사용한다. 오버헤드프루퍼(Overhead proofer)의 뜻은 머리 위에 설치한 중간발효기를 의미한다. 중간발효는 반죽의 유연성을 부여해서 성형을 용이하게 하기 위함이다.

 정답　70 ②　71 ②　72 ②　73 ②　74 ①　75 ①　76 ④

[제빵] 77 식빵 반죽 표피에 수포가 생긴 이유로 적합한 것은?

① 1차 발효실 상대습도가 낮았다.
② 1차 발효실 상대습도가 높았다.
③ 2차 발효실 상대습도가 낮았다.
④ 2차 발효실 상대습도가 높았다.

해설 2차 발효실의 상대습도가 높으면 반죽 표피에 수포가 형성된다.

[제과] 78 재료 계량에 대한 설명으로 틀린 것은?

① 가루 재료는 서로 섞어 체질한다.
② 이스트, 소금, 설탕은 함께 계량한다.
③ 사용할 물은 반죽 온도에 맞도록 조절한다.
④ 저울을 사용하여 정확히 계량한다.

해설 이스트, 소금, 설탕은 서로 닿지 않도록 한다.

[제빵] 79 냉동 반죽을 2차 발효시키는 방법으로 가장 바람직한 것은?

① 냉동 반죽을 30~33℃, 상대습도 80%의 2차 발효실에 넣어 해동시킨 후 발효시킨다.
② 실온(25℃)에서 30~60분간 자연 해동시킨 후 38℃, 상대습도 85%의 2차 발효실에서 발효시킨다.
③ 동 반죽을 38~43℃, 상대습도 90%의 고온 다습한 2차 발효실에 넣어 해동시킨 후 발효시킨다.
④ 냉장고에서 15~16시간 냉장 해동시킨 후 30~33℃, 상대습도 80%의 2차 발효실에서 발효시킨다.

해설 냉동 제품은 냉장 해동을 시키므로 상대습도는 60~80%로 유지한다. 냉동된 반죽은 완만 해동, 냉장 해동을 해야 하며, 해동 후 30~33℃, 상대습도 80%의 2차 발효실에서 발효시킨다. 냉동 반죽은 -40℃에서 급랭하고, 보관은 -18℃에서 저장한다.

[공통] 80 일반적으로 이스트 도넛의 가장 적당한 튀김 온도는?

① 230~245℃
② 180~195℃
③ 100~115℃
④ 150~160℃

해설 이스트 도넛의 튀김온도는 185℃가 적당하다.

[제빵] 81 식빵 600g짜리 10개를 제조할 때 발효 및 굽기, 냉각, 손실 등을 합하여 총손실이 20%이고 배합률의 합계가 150%라면 밀가루 사용량은?

① 8kg
② 6kg
③ 5kg
④ 3kg

해설 반죽 총중량 = 분할 총중량 ÷ {1 − (발효 손실 ÷ 100)} = 600 × 10 ÷ (1 − 20/100) = 7,500
밀가루의 중량 = 반죽 총중량 × 밀가루의 비율 ÷ 총배합률 = (7,500 × 100) ÷ 150 = 5,000g = 5kg

[제빵] 82 빵의 혼합이 지나쳤을 경우 조치할 사항으로 잘못된 것은?

① 산화제를 사용한다.
② 신속하게 분할하고 성형한다.
③ 반죽 온도를 내린다.
④ 환원제를 사용한다.

해설 반죽이 최종 단계가 최적 상태로 탄력성과 신장성이 좋다. 환원제를 사용하면 반죽의 구조를 연화시키게 된다.

[제빵] 83 성형에서 반죽의 중간발효 후 '밀어펴기'를 하는 과정의 주된 효과는?

① 가스를 고르게 분산
② 단백질의 변성
③ 글루텐 구조의 재정돈
④ 부피의 증가

 정답 77 ④　78 ②　79 ④　80 ②　81 ③　82 ④　83 ①

해설 중간발효의 목적

- 분할 둥글리기 하는 과정에서 손상된 글루텐 구조를 재정돈한다.
- 가스 발생으로 반죽의 유연성을 회복시킨다.
- 반죽의 신장성을 증가시켜 정형 과정에서 '밀어 펴기'를 쉽게 한다.
- 성형할 때 끈적거리지 않게 반죽 표면에 얇은 막을 형성한다.

제빵 84 스트레이트법과 비교할 때 스펀지법의 특징이 아닌 것은?

① 저장성 증대
② 제품의 부피 증가
③ 공정시간 단축
④ 이스트 사용량 감소

해설 스펀지법은 믹싱을 2번 하는 중종법으로 발효 내구성이 강하고, 공정에 수정할 기회도 있으며, 노화가 지연되어 저장성이 좋고 부피가 크고 속결이 부드러워지는 장점이 있다. 반면에, 발효 손실이 증가하고 시설, 노동력, 장소 등 경비가 증가하는 것이 단점이다.

제빵 85 스펀지 반죽법으로 반죽을 만들 때 스펀지 반죽 온도로 적당한 것은?

① 28℃   ② 27℃
③ 24℃   ④ 26℃

해설 스펀지·도우법에서 스펀지 반죽 온도는 24℃이고, 본반죽 온도는 27℃이다.

제빵 86 빵 포장 시 가장 적합한 빵의 중심 온도와 수분 함량은?

① 42℃, 45%
② 30℃, 30%
③ 48℃, 55%
④ 35℃, 38%

해설 빵의 내부 온도가 35~40℃ 정도 될 때, 습도는 38%가 될 때까지 식히는 것이 좋다.

제빵 87 제빵에 있어서 발효의 주된 목적이 아닌 것은?

① 이산화탄소와 에틸알코올을 생성시키는 것이다.
② 이스트를 증식시키기 위한 것이다.
③ 분할 및 성형이 잘되도록 하기 위한 것이다.
④ 가스를 포집할 수 있는 상태로 글루텐의 연화를 시키는 것이다.

해설 발효의 목적은 반죽 글루텐의 배열을 조정하고 가스를 발생시켜 성형 시 작업성을 높이고 경화된 반죽을 완화시키는 데에 있다.

제빵 88 다음 조건을 이용하여 마찰계수를 구하면?

> 밀가루 온도 25℃, 실내 온도 26℃, 수돗물 온도 18℃, 결과 온도 30℃, 희망 온도 27℃

① 21   ② 27
③ 25   ④ 18

해설 마찰계수＝(반죽 결과 온도×3)－(실내 온도＋밀가루 온도＋수돗물 온도＝(30×3)－(26＋25＋18)＝21

공통 89 반고체 유지 또는 지방의 각 온도에서 고체 성분 비율을 나타내는 것은?

① 용해성   ② 가소성
③ 결정구조   ④ 고체 지지수

해설
① 용해성 : 두 물체가 녹아서 서로 융합하는 성질이나 그 정도를 말함
② 가소성 : 외부의 압력에 의해 형태가 변한 물체가 외부의 압력이 없어도 원래의 형태로 돌아오지 않는 물질의 성질을 말함
③ 결정구조 : 물질을 만들고 있는 원자가 공간 내에서 규칙적으로 배열되어 결정을 이루는 구조
④ 고체 지지수 : 유지의 측정 온도에서 결정 고화한 양의 지수로, 1kg 유지 중의 고화 부분이 측정 온도에서 완전히 융해할 때까지 팽창한 양을 밀리리터 단위로 표시

정답 84 ③   85 ③   86 ④   87 ①   88 ①   89 ④

90 식빵 제조용 밀가루(강력분)의 원료로 적합한 것은?

① 듀럼밀　　　② 연질백색맥
③ 호밀　　　　④ 경질 적색 겨울밀

해설 경질 적색 겨울밀은 우리나라에 많이 수입되는 밀로 글루텐의 함량이 많으며 습부량은 보통 35% 이상인 밀가루로 제빵용과 마카로니용에 적합하다.

91 제빵에서 쇼트닝의 기능과 가장 거리가 먼 것은?

① 비효소적 갈변　　② 부피의 개선
③ 조직의 개선　　　④ 저장성 증가

해설 쇼트닝은 케이크 반죽의 유동성, 기공과 조직, 부피 저장성을 개선한다. 그리고 제과제빵 외에 튀김, 햄, 소시지 등에도 사용된다.

92 설탕의 감미도를 100이라 할 때 포도당의 감미도는?

① 32　　　　② 75
③ 16　　　　④ 135

해설 과당(175) 〉 전화당(130) 〉 자당(100) 〉 포도당(75) 〉 맥아당(32) 〉 갈락토스(32) 〉 유당(16)

93 밀, 쌀, 고구마 진분의 아밀로펙틴 힘량은 어느 정도인가?

① 70~80%　　② 20~30%
③ 50~60%　　④ 100%

해설 밀, 쌀, 옥수수, 감자, 고구마 등은 아밀로펙틴이 70~80%, 아밀로오스가 20~30% 함유되어 있다.

94 유황을 함유한 아미노산으로 -S-S 결합을 가진 것은?

① 시스틴　　　② 라이신
③ 글루타민산　④ 루신

해설 유황을 함유한 아미노산은 메티오닌, 시스테인, 시스틴이며 이 중 시스틴은 -S-S 결합을 가지고 있다.

95 밀가루의 단백질 함량이 증가하면 패리노그래프 흡수율은 증가하는 경향을 보인다. 밀가루의 등급이 낮을수록 패리노그래프에 나타나는 현상은?

① 흡수율은 감소하나 반죽 시간과 안정도는 변화가 없다.
② 흡수율은 증가하나 반죽 시간과 안정도는 변화가 없다.
③ 흡수율은 증가하나 반죽 시간과 안정도는 감소한다.
④ 흡수율은 감소하고 반죽 시간과 안정도도 감소한다.

해설 밀가루의 등급이 낮을수록 단백질 함량이 높아 패리노그래프 흡수율은 증가하나 반죽 시간과 안정도는 감소한다.

96 코코아(Cocoa)에 대한 설명 중 옳은 것은?

① 카카오 닙스를 건조한 것이다.
② 초콜릿 리쿠어를 압착, 건조한 것이다.
③ 코코아버터를 만들고 남은 박(Press cake)을 분쇄한 것이다.
④ 비터초콜릿을 건조 분쇄한 것이다.

해설 코코아는 초콜릿의 원료가 되는 카카오 페이스트를 압착하여 많은 카카오 기름을 제거하고 분쇄한 것이다.

97 다음 중 효소에 대한 설명으로 틀린 것은?

① 효소는 특정 기질에 선택적으로 작용하는 기질 특이성이 있다.
② 효소 반응은 온도, pH, 기질 농도 등에 의하여 기능이 크게 영향을 받는다.
③ β-아밀라아제를 액화 효소, α-아밀라아제를 당화 효소라 한다.

정답　90 ④　91 ①　92 ②　93 ①　94 ①　95 ③　96 ③　97 ③

④ 생체 내의 화학 반응을 촉진시키는 생체 촉매이다.

해설 β-아밀라아제를 당화 효소, α-아밀라아제를 액화 효소라 한다.

공통
98 영구 경수의 주된 물질은?

① $MgSO_2$, $CaSO_2$

② $CaHPO_4$

③ $NaHCO_2$, Na_2CO_2

④ NH_4C_1

해설 영구적 경수는 황산이온($SO_3{}^{2-}$)이 칼슘염($CaCl_2$, $Ca(OH)_2$), 마그네슘염($MgCl_2$)과 결합된 형태($MgSO_3$, $CaSO_3$)로 들어 있는 경수이다.

공통
99 우유 단백질 중 카세인의 함량은?

① 약 30% ② 약 80%

③ 약 95% ④ 약 50%

해설 카세인은 우유에 함유된 전체 단백질의 80%를 차지하는 성분으로 식품의 점도를 높이고 촉감을 개선하는 등의 효과를 가진 식품첨가물이다.

공통
100 다음 중 제과제빵에 안정제를 사용하는 목적과 거리가 먼 것은?

① 아이싱 제조 시 끈적거림을 방지한다.

② 젤리나 잼 제조에 사용한다.

③ 케이크나 빵에서 흡수율을 감소시킨다.

④ 크림 토핑물 제조 시 부드러움을 제공한다.

해설 안정제는 흡수제로서 노화 지연 효과, 크림 토핑의 거품 안정, 아이싱이 부서지는 것 등을 방지하는 목적으로 사용한다.

제빵
101 이스트 양 계산에서 2%의 이스트로 4시간의 발효가 가장 좋은 결과를 얻었다고 가정할 때 발효시간을 3시간으로 감소시키려면 필요한 이스트의 양은 약 얼마인가?

① 1.66% ② 3.66%

③ 2.66% ④ 4.66%

해설 가감하고자 하는 이스트 양×기존의 발효시간÷조절하고자 하는 발효시간=2%×4시간÷3시간=2%×240÷180=2.66%

공통
102 다음 중 필수아미노산이면서 분자구조에 황을 함유하고 있는 것은?

① 메티오닌 ② 라이신

③ 타이로신 ④ 발린

해설 ① 메티오닌 : 유황을 함유한 아미노산은 메티오닌, 시스테인, 시스틴이다.

② 라이신 : 염기성·아미노산의 하나로 동물성 단백질에 많이 존재하며 식품의 가공에도 이용한다.

③ 타이로신 : 가결 아미노산으로 녹는점은 314~318℃이며, 미소한 바늘 모양 결정이다.

④ 발린 : 알부민에서 발견된 분지사슬 - 아미노산의 일종이다.

공통
103 땀을 많이 흘리는 중노동자는 어떤 물질을 특히 보충해야 하는가?

① 비타민 ② 지방

③ 식염 ④ 탄수화물

해설 땀을 흘리게 되면 수분과 전해질이 부족해지게 되므로 보충해야 한다.

공통
104 칼국수 100g에 탄수화물이 40% 함유되어 있다면 칼국수 200g을 섭취하였을 때 탄수화물로부터 얻을 수 있는 열량은 얼마인가?

① 320kcal ② 800kcal

③ 400kcal ④ 720kcal

해설 100g의 40%는 40g으로 칼국수 200g에서는 탄수화물 80g을 얻는다. 탄수화물은 1g당 4kcal의 열량을 내므로 80×4=320kcal를 얻게 된다.

정답 98 ① 99 ② 100 ③ 101 ③ 102 ① 103 ③ 104 ①

공통
105 장티푸스질환의 특성은?

① 급성 이완성 마비질환
② 급성 전신성 열성질환
③ 급성 간염질환
④ 만성 간염질환

해설 장티푸스균 감염에 의한 급성 전신성 열성질환으로 고열, 복통, 무기력증 등의 증상이 나타나고 환자나 보균자의 배설물에 오염된 음식이나 물을 섭취했을 때 감염된다.

공통
106 밀가루에 대한 설명 중 옳은 것은?

① 일반적으로 빵용 밀가루의 단백질 함량은 10.5~13% 정도이다.
② 보통 케이크용 밀가루의 회분 함량이 빵용보다 높다.
③ 케이크용 밀가루의 단백질 함량은 4% 이하이어야 한다.
④ 밀가루의 회분 함량에 따라 강력분, 중력분, 박력분으로 나뉜다.

해설 글루텐은 단백질의 질과 함량에 의해 결정된다.
• 박력분 단백질 함량 : 7~9%
• 중력분 단백질 함량 : 9.1~10.0%
• 강력분 단백질 함량 : 11.5~13.0%

공통
107 공장 조리기구의 설명으로 적당하지 않은 것은?

① 기기나 기구는 부식되지 않으며 독성이 없어야 한다.
② 접촉을 통해서 식품을 생산하는 설비의 표면은 세척할 수 있어야 한다.
③ 기기나 기구에서 발견될 수 있는 유독한 금속은 아연, 납, 황동 등이다.
④ 구리는 열전도가 뛰어나고 유독성이 없는 기구로 많이 사용한다.

해설 기기나 기구는 부식되지 않고 독성이 없어야 하며, 유독성이 없는 기구여야 한다. 유독성이 발견될 수 있는 유독한 금속은 카드뮴, 구리, 아연, 안티몬 등이 있다.

공통
108 병원성대장균 식중독의 원인균에 관한 설명으로 옳은 것은?

① 독소를 생산하는 것도 있다.
② 보통의 대장균과 똑같다.
③ 혐기성 또는 강한 혐기성이다.
④ 장내 상재균총의 대표격이다.

해설 병원성대장균 식중독은 베로독소를 생성하여 대장점막에 궤양을 유발하는 것도 있다.

공통
109 유전자재조합식품 등의 표시 중 표시의무자, 표시대상 및 표시방법 등에 필요한 사항을 정하는 자는?

① 식품동업자조합
② 보건복지부장관
③ 식품의약품안전처장
④ 농림축산식품부장관

해설 식품위생법 제12조의 2 제3항에 보면 "제1항에 따른 표시의무자, 표시대상 및 표시방법 등에 필요한 사항은 식품의약품안전처장이 정한다"라고 되어 있다.

공통
110 다음 세균성 식중독균 중 내열성이 가장 강한 것은?

① 살모넬라균
② 포도상구균
③ 장염비브리오균
④ 클로스트리디움 보툴리늄균

해설 ① 살모넬라균은 60℃에서 10분 이상, 70℃에서 1~2분 가열하면 된다.
② 포도상구균은 비교적 열에 강하지만 80℃에서 30분간 가열하면 죽는다. 그러나 장독소는 100℃에서 30분간 가열해도 파괴되지 않는다.
③ 장염비브리오균은 60℃에서 5분간 가열하여도 사멸한다. 날로 먹는 사람이 감염된다.
④ 클로스트리디움 보툴리늄의 독소는 동물의 근육을 수축시키고 마비시킨다.

정답 105 ② 106 ① 107 ③ 108 ① 109 ③ 110 ④

공통 111 다음 중 HACCP 적용의 7가지 원칙에 해당하지 않는 것은?

① HACCP팀 구성
② 기록유지 및 문서 관리
③ 위해요소 분석
④ 한계기준 설정

> **해설** HACCP의 실시 단계 7가지 원칙
> • 위해분석
> • 중요관리점 설정
> • 허용한계기준 설정
> • 모니터링 방법의 설정
> • 시정조치의 설정
> • 검증방법의 설정
> • 기록유지

공통 112 빵과 같은 곡류 식품의 변질에 관여하는 주 오염균은?

① 비브리오
② 곰팡이
③ 대장균
④ 살모넬라균

> **해설** 붉은곰팡이와 누룩곰팡이가 곡류의 변질에 주요 원인이 된다.

공통 113 인체 유해 병원체에 의한 감염병의 발생과 전파를 예방하기 위한 올바른 개인위생 관리로 가장 적합한 것은?

① 설사증이 있을 때는 약을 복용한 후 식품을 취급한다.
② 식품 취급 시 장신구는 순금 제품을 착용한다.
③ 식품 작업 중 화장실 사용 시에 위생복을 착용한다.
④ 정기적으로 건강검진을 받는다.

> **해설** 정기적으로 건강검진을 받는 것이 감염병에 대한 최선책이다.

공통 114 세균성 식중독을 예방하는 방법과 가장 거리가 먼 것은?

① 먹기 전에 가열 처리할 것
② 가급적 조리 직후에 먹을 것
③ 설사 환자나 화농성질환이 있는 사람은 식품을 취급하지 않도록 할 것
④ 실온에서 잘 보관하여 둘 것

> **해설** 실온에서는 세균이 번식할 수 있는 조건이다.

공통 115 타르색소 사용상 문제점과 원인이 옳은 것은?

① 퇴색 - 환원성 미생물에 의한 오염
② 색조의 둔화 - 색소의 함량 미달
③ 색소 용액의 침전 - 용매 과다
④ 착색 탄산음료의 보존성 저하 - 아조색소의 사용량 미달

> **해설** 타르색소는 환원작용에 의해 변색 및 퇴색되는 경우가 많다.

공통 116 다음 중 황색포도상구균 식중독의 특징으로 틀린 것은?

① 잠복기가 다른 식중독균보다 짧으며 회복이 빠르다.
② 치사율이 다른 식중독균보다 낮다.
③ 그람 양성균으로 장내 독소(Enterotoxin)를 생산한다.
④ 발열이 24~48시간 정도 지속된다.

> **해설** 포도상구균 : 화농에 황색포도상구균으로 독소는 엔테로톡신이며, 구토, 복통, 설사 증상이 나타나며 잠복기는 짧다.

공통 117 반죽형 케이크 제조 시 중심부가 솟는 경우는?

① 오븐 윗불이 약한 경우
② 유지 사용량이 감소한 경우
③ 계란 사용량이 증가한 경우
④ 굽기 시간이 증가한 경우

해설 반죽형 케이크의 중심부가 솟는 경우는 반죽이 너무 되거나, 오븐의 윗불이 너무 강한 경우와 쇼트닝의 양이 적은 경우이다.

118 발효가 부패와 다른 점은?

① 미생물이 작용한다.
② 생산물을 식용으로 한다.
③ 단백질의 변화 반응이다.
④ 성분의 변화가 일어난다.

해설
• 발효 : 식품에 미생물이 번식하여 식품의 성질이 변화를 일으키는 현상으로, 그 변화가 인체에 유익한 경우를 말한다.
• 부패 : 단백질 식품에 혐기성 세균이 증식한 생물학적 요인에 의해 분해되어 악취와 유해물질을 생성하는 현상이다.

119 다음 중 동종 간의 접촉에 의한 감염병이 아닌 것은?

① 세균성이질
② 조류독감
③ 광우병
④ 구제역

해설 광우병은 동종 간의 접촉이 아닌 섭취 시 감염된다.

120 다음 중 이형제의 용도는?

① 가수분해에 사용된 산제의 중화제로 사용된다.
② 과자나 빵을 구울 때 형틀에서 제품의 분리를 용이하게 한다.
③ 거품을 소멸·억제하기 위해 사용하는 첨가물이다.
④ 원료가 덩어리지는 것을 방지하기 위해 사용한다.

해설 이형제란 빵 반죽을 틀에서 쉽게 분리하기 위해 틀에 바르는 것으로, 유동파라핀을 사용한다.

121 환경오염물질 등의 비의도적으로 혼입하는 물질에 대해 평생 동안 섭취해도 건강상 유해한 영향이 나타나지 않는다고 판단되는 양을 의미하는 것은?

① ADI(일일섭취허용량)
② TDI(내용일일섭취량)
③ LD_{50}(반수치사량)
④ LC_{50}(반수치사농도)

해설 ADI는 인간이 섭취하게 되는 화학물질을 의미하고, TDI는 환경오염물질이 적용된다는 차이점이 있으며, LD_{50}은 독성물질의 양을 나타내며, LC_{50}은 실험동물 50%를 사망시키는 독성물질의 농도를 말한다.

122 튀김기름의 조건으로 틀린 것은?

① 발연점(Smoking point)이 높아야 한다.
② 산패에 대한 안정성이 있어야 한다.
③ 여름철에 융점이 낮은 기름을 사용한다.
④ 산가(Acid value)가 낮아야 한다.

해설 융점은 고체가 열을 받아 액체가 되는 현상으로 튀김용 기름은 푸른 연기가 발생하는 발연점이 높고 제품에 이미, 이취가 나지 않아야 한다.

123 슈(Choux)에 대한 설명이 틀린 것은?

① 팬닝 후 반죽 표면에 물을 분사하여 오븐에서 껍질이 형성되는 것을 지연시킨다.
② 껍질 반죽은 액체 재료를 많이 사용하기 때문에 굽기 중 증기 발생으로 팽창한다.
③ 오븐의 열 분배가 고르지 않으면 껍질이 약하여 주저앉는다.
④ 기름칠이 적으면 껍질 밑부분이 접시 모양으로 올라오거나 위와 아래가 바뀐 모양이 된다.

해설 굽는 온도가 낮고 기름칠이 적으면 슈가 팽창하지 않아 밑면이 옆으로 퍼지지 못해 밑면이 좁아진다.

제과
124 고율배합의 제품을 굽는 방법으로 알맞은 것은?

① 저온 단시간   ② 고온 단시간
③ 저온 장시간   ④ 고온 장시간

해설 고율배합 제품은 낮은 온도에서 장시간 굽는다.

제과
125 다음 중 비용적이 가장 큰 케이크는?

① 스펀지 케이크
② 파운드 케이크
③ 화이트레이어 케이크
④ 초콜릿 케이크

해설 비용적은 반죽 1g이 차지하는 부피를 의미한다.
• 파운드 케이크 : 2.4㎤/g
• 레이어 케이크 : 2.96㎤/g
• 스펀지 케이크 : 5.08㎤/g

제과
126 어떤 과자 반죽의 비중을 측정하기 위하여 다음과 같이 무게를 달았다면 이 반죽의 비중은? (단, 비중컵＝50g, 비중컵＋물＝250g, 비중컵＋반죽＝170g)

① 0.40   ② 0.60
③ 0.68   ④ 1.47

해설 비중＝$\dfrac{반죽\ 무게-비중컵\ 무게}{물\ 무게-비중컵\ 무게}$

$＝\dfrac{170-50}{250-50}＝\dfrac{120}{200}＝0.60$

제빵
127 3% 이스트를 사용하여 4시간 발효시켜 좋은 결과를 얻는다고 가정할 때 발효 시간을 3시간으로 줄이려 한다. 이때 필요한 이스트 양은? (단, 다른 조건은 같다고 본다)

① 3.5%   ② 4%
③ 4.5%   ④ 5%

해설 가감하고자 하는 이스트 양×기존의 발효시간 ÷ 조절하고자 하는 발효시간＝3%×4시간 ÷ 3시간＝3%×240 ÷ 180＝4%

공통
128 다음 당류 중 감미도가 가장 낮은 것은?

① 유당
② 전화당
③ 맥아당
④ 포도당

해설 과당(175), 전화당(130), 설탕(100), 포도당(75), 맥아당(32), 갈락토스(32), 유당(16)

공통
129 도넛의 튀김기름이 갖추어야 할 조건은?

① 산패취가 없다.
② 저장 중 안정성이 낮다.
③ 발연점이 낮다.
④ 산화와 가수분해가 쉽게 일어난다.

해설 푸른 연기가 발생하는 발연점이 높은 기름을 선택한다.

공통
130 계란 흰자가 360g 필요하다고 할 때 전란 60g짜리 계란은 몇 개 정도 필요한가? (단, 계란 중 난백의 함량은 60%)

① 6개   ② 8개
③ 10개   ④ 13개

해설 계란은 껍질 10%, 흰자 60%, 노른자 30%로 구성되어 있다.
360g : 60%＝60xg : 100%
3,600x＝36,000
x＝10개

제과
131 반죽 무게를 구하는 식은?

① 틀 부피×비용적
② 틀 부피＋비용적
③ 틀 부피÷비용적
④ 틀 부피－비용적

해설 반죽의 무게는 틀 부피 ÷ 비용적으로 계산한다.

제과
132 생크림 보존 온도로 가장 적합한 것은?

① -18℃ 이하   ② -5~-1℃
③ 0~10℃   ④ 15~18℃

해설 생크림은 냉장 온도로 0~10℃에서 보관하여 사용한다.

제과
133 커스타드 크림에서 계란의 주요 역할은?

① 영양가를 높이는 역할
② 결합제의 역할
③ 팽창제의 역할
④ 저장성을 높이는 역할

해설 계란은 팽창제, 유화제, 농후화제, 결합제 및 제품의 구조를 형성하는 구성 재료이다.

제과
134 젤리 롤 케이크 반죽 굽기에 대한 설명으로 틀린 것은?

① 두껍게 편 반죽은 낮은 온도에서 굽는다.
② 구운 후 철판에서 꺼내지 않고 냉각시킨다.
③ 양이 적은 반죽은 높은 온도에서 굽는다.
④ 열이 식으면 압력을 가해 수평을 맞춘다.

해설 구워낸 후 철판에서 꺼내지 않고 냉각시키면 수분에 의해 제품이 수축된다.

제과
135 반죽의 온도가 정상보다 높을 때, 예상되는 결과는?

① 기공이 밀착된다.
② 노화가 촉진된다.
③ 표면이 터진다.
④ 부피가 작다.

해설 반죽 온도가 높으면 제품의 기공이 커지고 노화가 빠르다.

제빵
136 다음 중 중간발효에 대한 설명으로 옳은 것은?

① 상대습도 85% 전후로 시행한다.

② 중간발효 중 습도가 높으면 껍질이 형성되어 빵 속에 단단한 소용돌이가 생성된다.
③ 중간발효 온도는 27~29℃가 적당하다.
④ 중간발효가 잘되면 글루텐이 잘 발달된다.

해설 중간발효는 온도 27~29℃ 이내, 상대습도 75% 전후에서 실행하고, 반죽의 성형을 용이하게 하기 위함이다.

공통
137 우유를 pH 4.6으로 유지하였을 때, 응고되는 단백질은?

① 카세인(Casein)
② α-락트알부민(Lactalbumin)
③ β-락토글로불린(Lactoglobulin)
④ 혈청알부민(Serum albumin)

해설 카세인은 우유 단백질의 80% 정도를 차지하며, 응고시키기 위해 응고 효소인 레닌을 이용하는 법과 pH 6.6을 pH 4.6으로 내려 응고 분리시키는 방법을 사용한다.

제빵
138 바게트 배합률에서 비타민 C를 30ppm 사용하려고 할 때 이 용량을 %로 올바르게 나타낸 것은?

① 0.3%   ② 0.03%
③ 0.003%   ④ 0.0003%

해설 ppm이란 part per million의 약자로 g당 중량 백만분율을 의미한다. 30ppm은 0.00003에 해당하므로 이를 %로 표현하면 0.00003×100(%)=0.003%이다.

공통
139 다음 중 효소와 온도에 대한 설명으로 틀린 것은?

① 효소는 일종의 단백질이기 때문에 열에 의해 변성된다.
② 최적 온도 수준이 지나도 반응 속도는 증가한다.
③ 적정 온도 범위에서 온도가 낮아질수록 반응 속도는 낮아진다.

④ 적정 온도 범위 내에서 온도 10℃ 상승에 따라 효소 활성은 약 2배로 증가한다.

해설 효소를 구성하는 단백질은 열에 불안정하여 가열하면 변성된다. 온도, pH, 수분에 영향을 받으며 선택적으로 반응한다.

공통 140 다음에서 탄산수소나트륨(중조) 반응에 의해 발생하는 물질이 아닌 것은?

① CO_2
② H_2O
③ C_2H_5OH
④ Na_2CO_3

해설 탄산수소나트륨과 산성제가 화학적 반응을 일으켜 이산화탄소를 발생시키고 기포를 만들어 반죽을 부풀게 한다. 이 화학 반응의 원리는 탄산수소나트륨이 분해되어 이산화탄소, 물, 탄산나트륨이 되는 것이다.

공통 141 단당류의 성질에 대한 설명 중 틀린 것은?

① 선광성이 있다.
② 물에 용해되어 단맛을 가진다.
③ 산화되어 다양한 알코올을 생성한다.
④ 분자 내의 카르보닐기에 의하여 환원성을 가진다.

해설 단당류는 카르보닐기를 가진 환원성을 가진다. 오사존을 생성한다. 비대칭 탄소원자를 가지고 광학활성을 나타낸다. 고리 모양 이성질체를 만들어 광회전 현상을 나타낸다. 알코올로서 각종의 산과 당 에스테르를 만든다. 산화하면 알돈산, 당산으로 변한다.

제빵 142 냉각으로 인한 빵 속의 수분 함량으로 적당한 것은?

① 약 5% ② 약 15%
③ 약 25% ④ 약 38%

해설 빵을 절단, 포장하기에 적당한 온도는 35~40℃이며, 수분 함량은 38%가 좋다.

공통 143 글리세린(Glycerin, Glycerol)에 대한 설명으로 틀린 것은?

① 무색, 무취한 액체이다.
② 3개의 수산기(-OH)를 가지고 있다.
③ 색과 향의 보존을 도와준다.
④ 탄수화물의 가수분해로 얻는다.

해설 글리세린은 지방의 가수분해로 얻는다.

공통 144 검류에 대한 설명으로 틀린 것은?

① 유화제, 안정제, 점착제 등으로 사용된다.
② 낮은 온도에서도 높은 점성을 나타낸다.
③ 무기질과 단백질로 구성되어 있다.
④ 친수성 물질이다.

해설 검류는 식물의 수지로부터 얻을 수 있으며, 탄수화물과 단백질로 구성되어 있다.

제빵 145 스트레이트법에 의해 식빵을 만들 경우 밀가루 온도 22℃, 실내 온도 26℃, 수돗물 온도 17℃, 결과 온도 30℃, 희망 온도 27℃, 사용할 물의 양 1,000g이면 얼음 사용량은 약 얼마인가?

① 98g ② 93g
③ 88g ④ 83g

해설 마찰계수＝(반죽 결과 온도×3)－(실내 온도＋밀가루 온도＋수돗물 온도＝(30×3)－(26＋22＋17)＝25사용할 물 온도＝(희망 온도×3)－(실내 온도＋밀가루 온도＋마찰계수 온도)＝(27×3)－(26＋22＋25)＝8℃

$$얼음＝\frac{물\ 사용량×(수돗물\ 온도－사용수\ 온도)}{80＋수돗물\ 온도}$$
＝{1,000×(17－8)÷(80＋17)＝92.78g

공통 146 다음 중 필수아미노산이 아닌 것은?

① 트레오닌
② 메티오닌
③ 글루타민
④ 트립토판

해설 필수아미노산이란 식품 단백질을 구성하고 있는 아미노산 중 체내에서는 합성할 수 없어 음식으로 섭취해야 하는 아미노산으로 아이소루신, 루신, 라이신, 메티오닌, 페닐알라닌, 트레오닌, 트립토판, 발린 등이 있다.

[제빵]
147 냉동 반죽을 2차 발효시키는 방법 중 가장 올바른 것은?

① 냉장고에서 15~16시간 냉장 해동시킨 후 30~33℃, 상대습도 80%의 2차 발효실에서 발효시킨다.

② 실온(25℃)에서 30~60분간 자연 해동시킨 후 30℃, 상대습도 85%의 2차 발효실에서 발효시킨다.

③ 냉동 반죽을 30~33℃, 상대습도 80% 2차 발효실에 넣어 해동시킨 후 발효시킨다.

④ 냉동 반죽을 38~43℃, 상대습도 90%의 고온다습한 2차 발효실에 넣어 해동시킨 후 발효시킨다.

해설 냉동된 반죽은 완만 해동, 냉장 해동을 해야 하며, 해동 후 30~33℃, 상대습도 80%의 2차 발효실에서 발효시킨다.

[공통]
148 이스트 푸드에 관한 사항 중 틀린 것은?

① 물 조절제 - 칼슘염
② 이스트 영양분 - 암모늄염
③ 반죽 조절제 - 산화제
④ 이스트 조절제 - 글루텐

해설 이스트 푸드의 역할은 물 조절제, 반죽 조절제, 이스트의 영양분을 공급하는 것이다.

[제빵]
149 발효에 직접적으로 영향을 주는 요소와 가장 거리가 먼 것은?

① 반죽 온도
② 계란의 신선도
③ 이스트의 양
④ 반죽의 pH

해설 발효에 영향을 주는 요소 : 충분한 물, 적당한 온도, 산도, 이스트의 양, 발효성, 탄수화물의 양, 삼투압 등

[공통]
150 효모에 대한 설명으로 틀린 것은?

① 당을 분해하여 산과 가스를 생성한다.
② 출아법으로 증식한다.
③ 제빵용 효모의 학명은 Saccharomyces s(c)erevisiae이다.
④ 산소의 유무에 따라 증식과 발효가 달라진다.

해설 찌마아제는 과당, 포도당을 분해하여 CO_2 가스와 알코올을 생성한다.

[제과]
151 젤리 롤 케이크를 만드는 방법으로 적합하지 않은 것은?

① 무늬 반죽은 남은 반죽을 캐러멜 색소와 섞어 만든다.
② 무늬를 그릴 때는 가능한 빨리 짜야 깨끗하게 그려지고 가라앉지 않는다.
③ 충전물을 샌드할 때는 충분히 식힌 후 샌드하여 준다.
④ 롤을 마는 방법은 종이를 사용하는 방법과 천을 사용하는 방법이 있다.

해설 충전물을 샌드할 때 많이 식히면 수분이 너무 증발하여 갈라시기 때문에 롤 말기가 너 어려워진다.

[공통]
152 젤리화의 요소가 아닌 것은?

① 유기산류
② 염류
③ 당분류
④ 펙틴류

해설 설탕 농도 50% 이상 PH 2.8~3.4 산의 상태에서 젤리를 형성한다.

공통
153 데니시 페이스트리에 사용하는 유지에서 가장 중요한 성질은?

① 유화성 ② 가소성
③ 안정성 ④ 크림성

■해설 • 쇼트닝성 : 제품을 부드럽게 한다.
• 안정성 : 산패를 방지한다.
• 가소성 : 밀어펴지는 성질을 부여한다.

제빵
154 밀가루의 단백질 함량이 증가하면 패리노그래프 흡수율은 증가하는 경향을 보인다. 밀가루의 등급이 낮을수록 패리노그래프에 나타나는 현상은?

① 흡수율은 증가하나 반죽 시간과 안정도는 감소한다.
② 흡수율은 감소하고 반죽 시간과 안정도는 감소한다.
③ 흡수율은 증가하나 반죽 시간과 안정도는 변화가 없다.
④ 흡수율은 감소하나 반죽 시간과 안정도는 변화가 없다.

■해설 흡수율은 증가하나 반죽 시간과 안정도는 감소한다.

공통
155 다음 중 찬물에 잘 녹는 것은?

① 한천(Agar)
② 씨엠시(CMC)
③ 젤라틴(Gelatin)
④ 일반 펙틴(Pectin)

■해설 씨엠씨는 식물의 뿌리에 있는 셀룰로오스에서 추출하며 냉수에 쉽게 팽윤된다.

제과
156 용적 2,050㎤인 팬에 스펀지 케이크 반죽을 400g으로 분할할 때 좋은 제품이 되었다면 용적 2,870㎤인 팬에 적당한 분할 무게는?

① 440g ② 480g
③ 560g ④ 600g

■해설 2,050 : 400 = 2,870 : x
x = 400 × 2,870 ÷ 2,050 = 560g

제과
157 버터 크림을 만들 때 흡수율이 가장 높은 유지는?

① 라드
② 경화 라드
③ 경화 식물성 쇼트닝
④ 유화 쇼트닝

■해설 쇼트닝은 자기 무게의 100~400%, 유화 쇼트닝은 800%까지 수분을 흡수한다.

제빵
158 밀가루 반죽을 끊어질 때까지 늘려서 반죽의 신장성을 알아보는 것은?

① 아밀로그래프 ② 패리노그래프
③ 익스텐소그래프 ④ 믹소그래프

■해설 익스텐소그래프 : 반죽의 신장성과 신장에 대한 저항을 측정하여 밀가루 개량제의 효과를 측정한다.

제빵
159 빵 제품의 모서리가 예리하게 된 것은 다음 중 어떤 반죽에서 오는 결과인가?

① 발효가 지나친 반죽
② 과다하게 이형유를 사용한 반죽
③ 어린 반죽
④ 2차 발효가 지나친 반죽

■해설 어린 반죽은 발효 부족으로 반죽을 구성하는 성분들과 잘 결합하지 못하고 겉도는 물이 많기 때문에 반죽이 퍼져 빵 제품의 모서리가 예리하다.

공통
160 반추위 동물의 위액에 존재하는 우유 응유효소는?

① 펩신 ② 트립신
③ 레닌 ④ 펩티다아제

■해설 반추위 동물이란 되새김질을 하는 소, 염소를 가리키며, 카제인을 응유시키는 레닌이 들어 있다.

161 공장 설비 시 배수관의 최소 내경으로 알맞은 것은?

① 5cm ② 7cm

③ 10cm ④ 15cm

해설 배수관의 내경은 최소 10cm로 한다.

162 술에 대한 설명으로 틀린 것은?

① 달걀 비린내, 생크림의 비린 맛 등을 완화시켜 풍미를 좋게 한다.

② 양조주란 곡물이나 과실을 원료로 하여 효모로 발효시킨 것이다.

③ 증류주란 발효시킨 양조주를 증류한 것이다.

④ 혼성주란 증류주를 기본으로 하여 정제당을 넣고 과실 등의 추출물로 향미를 낸 것으로 대부분 알코올 농도가 낮다.

해설 혼성주는 대부분 알코올 농도가 높다.

163 다음 혼성주 중 오렌지 성분을 원료로 하여 만들지 않는 것은?

① 그랑 마르니에(Grand Marnier)

② 마라스키노(Maraschino)

③ 쿠앵트로(Cointreau)

④ 큐라소(Curacao)

해설 마라스키노는 체리를 사용한다. 달고 강렬한 풍미가 특징이다.

164 다음 중 전화당의 특성이 아닌 것은?

① 껍질색의 형성을 빠르게 한다.

② 제품에 신선한 향을 부여한다.

③ 설탕의 결정화를 감소, 방지한다.

④ 가스 발생력이 증가한다.

해설 제품에 신선한 향을 부여하고, 설탕의 결정화를 방지하며, 껍질색의 형성을 빠르게 한다.

165 폐디스토마의 제1중간숙주는?

① 돼지고기

② 쇠고기

③ 참붕어

④ 다슬기

해설 폐디스토마(폐흡충)의 제1중간숙주는 다슬기, 제2중간숙주는 민물 게 또는 민물 가재이다.

166 아밀로오스(Amylose)의 특징이 아닌 것은?

① 일반 곡물 전분 속에 약 17~28% 존재한다.

② 비교적 적은 분자량을 가졌다.

③ 퇴화의 경향이 적다.

④ 요오드 용액에 청색 반응을 일으킨다.

해설 아밀로오스는 아밀로펙틴보다 노화나 퇴화의 경향이 크다.

167 복어의 독소 성분은?

① 엔테로톡신(Enterotoxin)

② 테트로도톡신(Tetrodotoxin)

③ 무스카린(Muscarine)

④ 솔라닌(Solanine)

해설 ① 엔테로톡신 : 황색포도상구균

② 테트로도톡신 : 복어

③ 무스카린 : 독버섯

④ 솔라닌 : 감자

168 인수공통감염병으로만 짝지어진 것은?

① 폴리오, 장티푸스

② 탄저, 리스테리아증

③ 결핵, 유행성 간염

④ 홍역, 브루셀라증

해설 인수공통감염병은 탄저병, 파상열(브루셀라증), 결핵, 야토병, 돈단독, Q열, 리스테리아증 등이 있다.

공통
169 이형제의 용도는?

① 가수분해에 사용된 산제의 중화제로 사용된다.
② 과자와 빵을 구울 때 형틀에서 제품의 분리를 용이하게 한다.
③ 거품을 소멸, 억제하기 위해 사용하는 첨가물이다.
④ 원료가 덩어리지는 것을 방지하기 위해 사용한다.

해설 이형제란 빵 반죽을 틀에서 쉽게 분리하기 위해 틀에 바르는 것으로 유동파라핀을 사용한다.

공통
170 식품첨가물 중 보존료의 구비조건과 거리가 먼 것은?

① 사용법이 간단해야 한다.
② 미생물의 발육저지력이 약해야 한다.
③ 오염이 의심되는 식품은 폐기한다.
④ 모든 예방접종은 1회만 실시한다.

해설 보존료는 미량으로도 미생물의 의한 부패를 방지할 수 있어야 한다.

공통
171 소독력이 강한 양이온 계면활성제로서 종업원의 손을 소독할 때나 용기 및 기구의 소독제로 알맞은 것은?

① 석탄산   ② 과산화수소
③ 역성비누   ④ 크레졸

해설 역성비누는 무독성이며, 원액을 200~400배로 희석하여 손, 식품, 가구 등에 사용하며 살균력이 강하다.

공통
172 탄저, 브루셀라증과 같이 사람과 가축 양쪽에 이환되는 감염병은?

① 법정감염병
② 경구감염병
③ 인수공통감염병
④ 급성감염병

해설 사람과 가축이 같은 병원체에 의하여 발생되는 질병이 인수공통감염병이다.

공통
173 해수(海水) 세균의 일종으로 식염 농도 3%에서 잘 생육하며 어패류를 생식할 경우 중독 발생이 쉬운 균은?

① 보툴리누스(Botulinus)균
② 장염비브리오(Vibrio)균
③ 웰치(Welchii)균
④ 살모넬라(Salmonella)균

해설 감염형 식중독인 장염비브리오균 식중독은 병원성 호염균으로, 약 3% 식염배지에서 발육이 잘 되고, 어패류, 해조류 등에 의해 감염된다.

공통
174 다음 중 병원체가 바이러스인 질병은?

① 폴리오   ② 결핵
③ 디프테리아   ④ 성홍열

해설 바이러스성 감염병은 소화 마비(폴리오, 급성회백수염), 유행성 간염, 천열, 감염성 설사 등이 있다.

공통
175 식품보존료로서 갖추어야 할 요건으로 적합한 것은?

① 공기, 광선에 안정할 것
② 사용법이 까다로울 것
③ 일시적 효력이 나타날 것
④ 열에 의해 쉽게 파괴될 것

해설 보존료는 식품의 변질 및 부패를 방지하고 신선도를 유지하기 위해 사용된다.

식품첨가물의 조건
• 변질 미생물에 대한 증식 억제 효과가 클 것
• 미량으로도 효과가 클 것
• 독성이 없거나 극히 적을 것
• 무미, 무취하고 자극성이 없을 것
• 공기, 빛, 열에 대한 안정성이 있을 것
• pH에 의한 영향을 받지 않을 것
• 사용하기 간편하고 경제적일 것

176 다음 중 곰팡이독과 관계가 없는 것은?

① 파툴린(Patulin)
② 아플라톡신(Aflatoxin)
③ 시트리닌(Citrinin)
④ 고시풀(Gossypol)

해설 고시풀은 목화씨 기름인 면실유에서 폴리페놀 화합물인 고시풀이 함유되어 있어 정제를 불충분하게 하면 신장독의 중독을 일으킨다.

177 쥐나 곤충류에 의해서 발생될 수 있는 식중독은?

① 살모넬라 식중독
② 클로스트리디움 보툴리늄 식중독
③ 포도상구균 식중독
④ 장염비브리오 식중독

해설 살모넬라균은 감염형 식중독을 일으키는 원인균이다. 감염경로는 쥐, 파리, 바퀴벌레 등의 곤충류이다.

178 유전자 재조합 식품 등의 표시 중 표시의무자, 표시대상 및 표시방법 등에 필요한 사항을 정하는 자는?

① 식품동업자 조합
② 보건복지부장관
③ 식품의약품안전처장
④ 농림축산식품부장관

해설 식품위생법 제12조의 2 제3항에 보면 "제1항에 따른 표시의무자, 표시대상 및 표시방법 등에 필요한 사항은 식품의약품안전처장이 정한다."라고 되어 있다.

179 다음 중 3당류에 속하는 당은?

① 맥아당
② 라피노오스
③ 스타키오스
④ 갈락토오스

해설 라피노오스는 녹는점 80℃, 무수물의 녹는점 120℃ 호주산 유칼리의 만나, 사탕무의 당밀, 목화의 과실 등을 비롯하여 식물계에 널리 분포한다. 3당류의 일종이다.

180 제빵 생산의 원가를 계산하는 목적으로만 연결된 것은?

① 순이익과 총매출의 계산
② 이익계산, 가격결정, 원가관리
③ 노무비, 재료비, 경비산출
④ 생산량관리, 재고관리, 판매관리

해설 제빵 생산의 원가를 계산하는 목적인 것은 이익계산, 판매가격결정, 원·부재료 관리 등이며, 설비보수는 생산계획의 감가상각의 목적이 된다.

181 쇠고기 뼈와 고기를 국물로 삶았을 때 섭취할 수 있는 영양소와 거리가 먼 것은?

① 무기질
② 비타민 C
③ 칼슘
④ 단백질

해설 무기질, 칼슘, 단백질은 쇠고기 뼈와 육류에서 섭취할 수 있는 영양소이다.

182 유지를 공기와 접촉하에 160~180℃로 가열할 때 일어나는 주반응은?

① Malonaldehyde 생성
② 자동산화
③ Free Radical생성
④ 열산화

해설 유지의 자동 산화 영향 인자는 유지의 불포화도, 자외선, 온도, 방사선, 산소 산화촉진제 등이 있으며, 온도가 높을수록, 산소가 많을수록 자동산화가 촉진된다.

[제과]
183 pH 측정으로 알 수 없는 사항은?

① 재료의 품질변화
② 반죽의 산도
③ 반죽에 존재하는 총 산의 함량
④ 반죽의 발효 정도

[해설] pH는 발효된 산도를 측정하는 것으로 산도, 발효 정도, 품질들을 알 수 있다. 총산의 함량은 총 산도(TTA)를 측정 - 총 산도는 휘발성 산을 포함한 모든 산을 말한다.

[공통]
184 반고체 유지 또는 지방의 각 온도에서 고체 성분비율을 그 온도에서의 고체지방지수라고 한다. 다음 중 고체지방지수에 대한 설명으로 옳지 않은 것은?

① 고체지방지수는 버터, 마가린, 쇼트닝 및 기타 반고체 유지의 물리적 상태를 연구하는 데 매우 중요하다.
② 고체지방지수가 15~25% 이상이 되면 거의 가소성을 상실하여 사용하기 어려워진다.
③ 고체지방지수가 5% 이하인 경우에는 너무 연해서 사용하기가 어렵다.
④ 온도와 고체지방지수 간의 관계를 고체지방지수 곡선이라고 부른다.

[해설] 쇼트닝이나 마가린의 경우 고체지방지수가 실온에서 15~25%일 때 매우 사용하기 편하고, 고체지방지수가 40~50% 이상이면 가소성을 상실하여 사용하기 어려워진다.

[공통]
185 찐빵을 제조하기 위해 식용소다($NaHCO_3$)를 넣으면 누런색으로 변하는 이유는?

① 밀가루의 카로티노이드(Carotenoid)계가 활성이 되었기 때문이다.
② 효소적 갈변이 일어났기 때문이다.
③ 플라본 색소가 알칼리에 의해 변색했기 때문이다.
④ 비효소적 갈변이 일어났기 때문이다.

[해설] 식용소다(중탄산나트륨)를 넣으면 밀가루의 흰색을 나타내는 플라본 색소가 알칼리에 의해 누렇게 변색된다.

[공통]
186 다음 중 전분의 구조가 100% 아밀로펙틴으로 이루어지는 것은 무엇인가?

① 콩
② 찰옥수수
③ 보리
④ 멥쌀

[해설] 보통 전분은 70~80%의 아밀로펙틴을 함유하지만 옥수수 전분과 찹쌀 전분은 대개 아밀로펙틴으로 이루어진다.

[제과]
187 전분크림 충전물과 커스터드 충전물을 사용하는 파이의 근본적인 차이는?

① 껍질의 성질 차이
② 굽는 방법의 차이
③ 쇼트닝 사용량의 차이
④ 농후화제의 차이

[해설] 껍질 성질에 따라 다른 충전물을 사용하며 카스타드 충전물 같이 부드러운 충전물을 채울 반죽은 유지를 적게 쓰고 더운물로 반죽한다.

[공통]
188 다음 중 필수아미노산이며 분자구조에 황을 함유하고 있는 것은?

① 메티오닌
② 라이신
③ 타이로신
④ 발린

[해설] 유황을 함유한 아미노산은 메티오닌, 스테인, 시스틴이다.
- 라이신 : 염기성 α-아미노산의 하나로 동물성 단백질에 많이 존재하며 식품의 가공에도 이용된다.
- 타이로신 : 가결 아미노산으로 녹는점은 314~318℃이며, 미소한 바늘 모양 결정이다.
- 발린 : 알부민에서 발견된 분지사슬 α-아미노산의 일종이다.

189 나가사끼 카스테라 제조 시 굽기 과정에서 휘젓기를 하는 이유가 아닌 것은?

① 반죽온도를 균일하게 한다.
② 껍질 표면을 매끄럽게 한다.
③ 내상을 균일하게 한다.
④ 팽창을 원활하게 한다.

> **해설** 나가사끼 카스테라는 굽기 과정 중 휘젓기를 한 후 뚜껑을 덮는다. 이유는 반죽온도 균일, 껍질 표면의 매끄러움과 내상의 균일을 위해서다.

190 생산된 소득 중에서 인건비와 관련된 부분은?

① 노동분배율
② 생산가치율
③ 가치적 생산성
④ 물량적 생산성

> **해설** 노동분배율은 인건비를 생산가치로 나눈 값이다.

191 포자형성균의 멸균에 가장 적절한 것은?

① 고압증기   ② 염소액
③ 역성비누   ④ 자비소독

> **해설** 고압증기멸균은 미생물뿐만 아니라 아포까지 죽일 수도 있으며 통조림의 살균에 이용된다.

192 1품종당 제조 수량을 기준으로 생산 활동을 구분할 때 공예 과자, 웨딩케이크 등과 같이 1개 또는 2개의 생산 1회 한정생산 방식은?

① 예약생산
② 개별생산
③ 연속생산
④ 로트생산

> **해설** 로트생산 방식은 로트(1회 생산분량) 단위로 생산하는 방식으로 개별생산과 연속생산의 중간적 생산 방식이다.

193 WHO에서 안전한 식품 조리를 위한 10대 원칙을 제시하고 교차 오염 방지를 강조한 조항은?

① 적절한 방법으로 충분히 가열하라
② 조리한 후 신속히 섭취하라
③ 조리된 것과 조리되지 않은 식품의 접촉을 막아라
④ 저장되었던 조리식품을 섭취할 때는 재가열하라

> **해설** 가열조리한 식품과 날식품이 접촉하면 조리한 식품이 오염될 수 있으므로 서로 섞이지 않도록 한다.

194 지질대사에 관계하는 비타민이 아닌 것은?

① pantothenic acid(펜토텐산)
② folic acid(엽산)
③ 비타민 B_2
④ niacin(나이신)

> **해설** 엽산(folic acid)은 비타민B복합체의 하나로 RNA와 DNA 및 단백질 생합성에 필수적이므로 인체 및 동물의 세포분열 성장인자로 작용한다. 엽산이 부족하면, 무뇌증, 척추이분증, 구순구개열, 심장기형 등의 발생위험률을 높인다.

195 초콜릿의 브룸(bloom) 현상에 대한 설명 중 틀린 것은?

① 초콜릿 표면에 나타난 흰 반점이나 무늬같은 것을 브룸(Bloom) 현상이라고 한다.
② 설탕이 재결정화된 것을 슈가 브룸(Sugar bloom)이라고 한다.
③ 지방이 유출된 것을 팻 브룸(Fat bloom)이라고 한다.
④ 템퍼링이 부족하면 설탕의 재결정화가 일어난다.

> **해설** 템퍼링이 부족하면 초콜릿의 표면으로 지방이 유출된다.

196 다음 중 우리나라에서 허용되어 있지 않은 감미료는?

① 시클라민산나트륨
② 사카린나트륨
③ 아세설팜 K
④ 스테비아 추출물

> **해설** 허가되지 않은 감미료의 종류 : 시클라메이트, 둘신, 페릴라틴, 에틸렌글리콜

197 감미도 100인 설탕 20kg과 감미도 70인 포도당 24kg을 섞었다면 이 혼합당의 감미도는? (단, 계산결과는 소수점 둘째 자리에서 반올림한다.)

① 50.1   ② 83.6
③ 105.8   ④ 188.2

> **해설** 20kg÷(20kg+24kg)×100)+(24÷(20+24)×70)=45.46+38.18=83.64

198 반죽법에 대한 설명 중 틀린 것은?

① 스펀지법은 반죽을 2번에 나누어 믹싱하는 방법으로 중종법이라고 한다.
② 직접법은 스트레이트법이라고 하며, 전재료를 한번에 넣고 반죽하는 방법이다.
③ 비상 반죽법은 제조시간을 단축할 목적으로 사용하는 반죽법이다.
④ 재반죽법은 직접법의 변형으로 스트레이트법 장점을 이용한 방법이다.

> **해설** 재반죽법은 직접법의 변형으로 스펀지법 장점을 이용한 방법이다.

199 감자 조리 시 아크릴아마이드를 줄일 수 있는 방법이 아닌 것은?

① 냉장고에 보관하지 않는다.
② 튀기거나 굽기 직전에 감자의 껍질을 벗긴다.
③ 물에 침지시켰을 때 경우는 건조 후 조리한다.
④ 튀길 때 180℃ 이상의 고온에서 조리한다.

> **해설** 아크릴아마이드는 120℃ 이상의 온도에서 발생시키는 발암물질이다.

200 노타임 반죽법에 사용되는 산화, 환원제의 종류가 아닌 것은?

① 소르브산
② 요오드칼슘
③ ADA(azodicarbonamide)
④ L-시스테인

> **해설** 노타임법의 산화제로 브롬산칼륨, 요오드칼륨, Vit C, ADA를 사용하며 환원제로는 L-시스테인, 소르브산, 중아황산염, 푸마르산 등을 주로 사용한다.

정답 196 ①   197 ②   198 ④   199 ④   200 ②

따로 정리할 필요없이 책에 요점정리가 잘 되어 있었고 한 눈에 보기 편하게 이유들도 정리되어 있어서 좋았습니다. 또한 뒤쪽에 나와 있는 문제가 매우 다양하고 이유까지 나와 있어서 왜 아닌지, 틀렸는지에 대해서 정확히 알 수 있어서 공부하기 편했습니다.

2022년 1회 합격 박○민(16)

이론을 이해하고 암기하기 쉽게 요약정리가 잘 되어 있어서 눈에 잘 들어오고 공부하기가 편리하였고, 다양한 문제가 자격증 시험에도 도움이 되었어요.

2022년 2회 합격 신○민(19)

책에 나온 이론들이 잘 정리되어 있어 공부하기 편했고, 기출문제가 많아서 풀어보는데 많은 도움이 되었어요.

2022년 8회 합격 위○욱(24)

요약정리가 시험에 출제되는 이론들만 잘 정리되어 있어 빠른 이론 습득에 많은 도움이 되었습니다. QR코드 영상도 같이 첨부되어 있어서 이해하는데 많은 도움이 되었습니다.

2022년 9회 합격 정○선(19)

필기의 핵심이 잘 나와 있으며 문제 구성이 풍부해서 공부하기 너무 좋았습니다. 문제를 많이 풀어 볼수록 실력이 향상되었습니다.

2022년 11회 합격 곽○선(49)

교재에 정말 중요한 내용들만 있어서 많이 외웠는데 도움이 많았습니다. 또 교재 뒤에 문제들이 많아서 공부하기도 좋았는데 그중에서도 모의고사가 정말 도움이 많이 되어 합격했습니다.

2022년 24회 합격 김○린(14)

시험출제에 잘 나오는 것을 표시하여 외우기 쉽게 해놓아 공부가 쉽게 되었습니다. 최종적으로 해설없이 문제풀이를 하고 점검할 수 있도록 한 것이 도움이 많이 되었습니다.

2022년 25회 합격 정○택(47)

요점정리가 잘 되어 있고, 팁으로 외워야 할 사항들이 잘 수록되어 편했으며, 풀어볼 수 있는 문제들이 많아서 좋았습니다.

2022년 32회 합격 송○영(47)

책에 나와 있는 이론이 요약정리가 잘 되어 있어서 눈에 잘 들어오고 공부하기가 편리하였고, 다양한 문제가 자격증 시험에도 도움이 되었습니다.

2020년 4회 합격 황○인(16)

요약정리가 시험에 출제되는 이론들만 잘 정리되어 있어 빠른 이론 습득에 많은 도움이 되었습니다. QR코드 영상도 같이 첨부되어 있어서 이해하기 더 수월했습니다.

2020년 10회 합격 최○규(24)

책에 나온 이론들이 잘 정리되어 있어 공부하기 편했고 필기 문제가 많아서 풀기 좋았습니다.

2020년 16회 합격 임○서(18)

요점정리가 잘 되어 있었고 한 눈에 보기 편하게 이유도 정리되어 있어서 좋았고 뒤쪽에 나와 있는 문제가 매우 다양하고 이유까지 나와 있어서 왜 아닌지, 틀렸는지에 대해서 정확히 알 수 있어서 좋았습니다.

2020년 16회 합격 이○인(19)

이론을 이해하고 암기하기 쉽게 정리되어 있어서 공부하기 수월했고 책 뒤에 문제가 많이 있어서 복습하기 좋았습니다.

2020년 16회 합격 진○경(18)

선생님들의 체계적인 교육 진행과 입문자도 보기 쉽게 정리된 교재 덕분에 빠른 이론 습득에 많은 도움이 되었습니다. 그리고 QR코드를 통한 영상이 있어 이해하는 데 많은 도움을 주었습니다. 많은 연습문제와 모의고사로 반복 학습에도 많은 도움이 되었다고 생각합니다.

2020년 19회 합격 권○학(25)

표지부터 사고 싶은 마음이 강했는데 내용을 보아하니 고민할 필요도 없이 완벽한 내용까지 들어있었습니다. 값비싼 다른 책보다 가성비 최고인 이 책이 큰 도움이 되었습니다. 감사합니다. 사랑합니다.

2020년 25회 합격 나○진(18)

따로 정리할 필요 없이 정리가 되어 있어서 공부하기에도 편했던 것 같습니다. 또한 QR코드로 필요한 정보를 찾아볼 수 있는 것이 좋았습니다.

2020년 29회 합격 김○현(18)

교재에 나와 있는 체계적인 이론들과 선생님이 더 이해하기 쉽고 핵심을 잘 집어주셔서 모의고사와 기출문제를 풀 때 많은 도움이 되었습니다. 또 뒤편에 지금까지의 기출문제와 모의고사 등 연습할 수 있는 문제들이 많은 점이 가장 좋았습니다.

2020년 29회 합격 맹○민(22)

교재에 정말 중요한 내용만 있어서 시험 볼 때 도움이 되었고, 교재 뒤에 문제들이 많아서 공부하기도 좋았는데 그쯤에서도 모의고사가 정말 도움이 되었습니다.

2020년 34회 합격 김○희(17)

책에 핵심이 잘 나와 있어서 암기할 때 도움이 되고 공부를 쉽게 할 수 있었습니다.
또 어려운 문제의 해설도 책에 잘 되어 있어서 공부하기 편했습니다.

2020년 34회 합격 김○경(18)

책에 (모의고사)문제가 많아서 도움이 많이 되었고, 책이 정리가 잘 되어 있어 좋았습니다.

2020년 37회 합격 임○민(29)

필기의 핵심이 잘 나와 있으며 문제 구성이 풍부해서 공부하기 너무 좋았습니다. 문제를 많이 풀어볼수록 실력이 쌓여가는 것을 느낄 수 있었습니다.

2020년 37회 합격 박○영(35)

풀 문제가 정말 많고 이걸 다 풀고도 떨어진다면 그것은 당신의 죄라고 생각하며 문제를 많이 풀었더니 한 번에 합격!

2020년 37회 합격 정○은(27)

책에 문제가 되게 많고 정리도 잘 되어 있어서 매우 좋았고, 책에 있는 문제를 다 풀어보면 무조건 합격할 수 있습니다.

2020년 37회 합격 이○원(21)

'다 풀면 무조건 합격!'이라는 생각으로 많이 풀었습니다. 결과적으로 한 번에 합격하였습니다.

2020년 37회 합격 이○정(34)

MEMO

제과제빵기능사
필기시험

2016. 1. 12. 초 판 1쇄 발행
2016. 3. 3. 개정 1판 1쇄 발행
2018. 1. 5. 개정 2판 1쇄 발행
2018. 6. 28. 개정 2판 2쇄 발행
2019. 1. 7. 개정 3판 1쇄 발행
2020. 2. 28. 개정 4판 1쇄 발행
2021. 1. 19. 개정 5판 1쇄 발행
2023. 1. 18. 개정 6판 1쇄 발행

지은이 | 전경희
펴낸이 | 이종춘
펴낸곳 | **BM** ㈜도서출판 **성안당**

주소 | 04032 서울시 마포구 양화로 127 첨단빌딩 3층(출판기획 R&D 센터)
     | 10881 경기도 파주시 문발로 112 파주 출판 문화도시(제작 및 물류)

전화 | 02) 3142-0036
     | 031) 950-6300

팩스 | 031) 955-0510
등록 | 1973. 2. 1. 제406-2005-000046호
출판사 홈페이지 | **www.cyber.co.kr**
ISBN | 978-89-315-6992-6 (13590)
정가 | 19,000원

이 책을 만든 사람들
기획 | 최옥현
진행 | 김원갑
교정·교열 | 최동진
전산편집 | 오승민
표지 디자인 | 박원석
홍보 | 김계향, 박지연, 유미나, 이준영, 정단비
국제부 | 이선민, 조혜란
마케팅 | 구본철, 차정욱, 오영일, 나진호, 강호묵
마케팅 지원 | 장상범
제작 | 김유석

■ 도서 A/S 안내

성안당에서 발행하는 모든 도서는 저자와 출판사, 그리고 독자가 함께 만들어 나갑니다.
좋은 책을 펴내기 위해 많은 노력을 기울이고 있습니다. 혹시라도 내용상의 오류나 오탈자 등이 발견되면 "좋은 책은 나라의 보배"로서 우리 모두가 함께 만들어 간다는 마음으로 연락주시기 바랍니다. 수정 보완하여 더 나은 책이 되도록 최선을 다하겠습니다.
성안당은 늘 독자 여러분들의 소중한 의견을 기다리고 있습니다. 좋은 의견을 보내주시는 분께는 성안당 쇼핑몰의 포인트(3,000포인트)를 적립해 드립니다.

잘못 만들어진 책이나 부록 등이 파손된 경우에는 교환해 드립니다.

제과 · 제빵기능사

최종 모의고사

01 퍼핑 제조공정에 관한 설명으로 틀린 것은?

① 모든 재료를 섞어서 체에 거른다.
② 퍼핑껍질에 반죽을 부어 중탕으로 굽는다.
③ 우유와 설탕을 섞어 설탕이 캐러멜화 될 때까지 끓는다.
④ 다른 그릇에 계란, 소금 및 나머지 설탕을 넣고 혼합한 후 우유를 섞는다.

02 제품 회전율을 계산하는 공식은?

① $\dfrac{순매출액}{평균재고}$

② $\dfrac{단위당판매가격 - 변동비}{순매출액}$ 고정비

③ $\dfrac{(기초재고 + 기말재고) \div 2}{순매출액}$

④ $\dfrac{순매출액}{(기초재고 - 기말원재료) \div 2}$ × 100

03 다음 중 제품의 건조 방지를 목적으로 나무틀을 사용하여 굽기를 하는 제품은?

① 슈
② 카스테라
③ 퍼프페이스트리
④ 밀푀유

04 탁지분유 1% 변화에 따른 반죽의 흡수율 차이로 적은 것은?

① 1%
② 2%
③ 3%
④ 별 영향이 없다.

05 실내온도 30℃, 실외온도 35℃, 밀가루온도 24℃, 설탕온도 20℃, 쇼트닝온도 20℃, 계란온도 24℃, 마찰계수가 220이다. 반죽온도가 25℃가 되기 위해서 필요한 물의 온도는?

① 8℃
② 9℃
③ 10℃
④ 12℃

06 케이크팬 용적 410cm³에 100g의 스펀지케이크 반죽을 넣어 좋은 결과를 얻었다면, 팬 용적 1,230cm³에 넣어야 할 스펀지케이크의 반죽무게(g)는?

① 123g
② 200g
③ 300g
④ 410g

07 케이크 반죽의 pH가 적정 범위를 벗어나 알칼리성일 경우 제품에서 나타나는 현상은?

① 부피가 작다.
② 향이 약하다.
③ 껍질색이 여리다.
④ 기공이 거칠다.

08 베이킹파우더의 산-반응물질(Acid-reacting material)이 아닌 것은?

① 주석산과 주석산염
② 인산과 인산염
③ 알루미늄 물질
④ 중탄산과 중탄산염

09 다음의 케이크 반죽 중 일반적으로 pH가 가장 낮은 것은?

① 스펀지케이크
② 엔젤푸드케이크
③ 파운드케이크
④ 데블스푸드케이크

10 다음 중 유지의 산화방지를 목적으로 사용되는 산화방지제는?

① 비타민 B
② 비타민 D
③ 비타민 E
④ 비타민 K

11 다음에서 탄산수소나트륨(중조)의 반응에 의해 발생하는 물질이 아닌 것은?

① CO_2
② H_2O
③ C_2H_5OH
④ Na_2CO_3

12 젤라틴(Gelatin)에 대한 설명 중 틀린 것은?

① 동물성 단백질이다.
② 응고제로 주로 이용된다.
③ 물과 섞으면 용해된다.
④ 콜로이드 용액의 젤 형성과정은 비가역적인 과정이다.

13 다음 중 우유의 단백질이 아닌 것은?

① 락토알부민(Lactoalbumin)
② 락토오스(Lactose)
③ 락토글로불린(Lactoglobulin)
④ 카세인(Casein)

14 일반적으로 케이크에 사용하는 밀가루의 적당한 단백질 함량은?

① 4~6%
② 7~9%
③ 10~12%
④ 13% 이상

15 다음 중 화학적 팽창 제품이 아닌 것은?

① 과일케이크
② 팬케이크
③ 파운드케이크
④ 시폰케이크

16 반죽 비중에 대한 설명으로 옳지 않은 것은?

① 비중이 높으면 부피가 작아진다.
② 비중이 낮으면 부피가 커진다.
③ 비중이 낮으면 기공이 열려 조직이 거칠어진다.
④ 비중이 높으면 기공이 커지고 노화가 느리다.

17 언더 베이킹(Under baking)이란?

① 낮은 온도에서 장시간 굽는 방법
② 높은 온도에서 단시간 굽는 방법
③ 윗불을 낮게, 밑불을 높게 굽는 방법
④ 윗불을 낮게, 밑불을 낮게 굽는 방법

18 파운드케이크 제조 시 윗면이 터지는 경우가 아닌 것은?

① 굽기 중 겉질 형성이 느릴 때
② 반죽 내의 수분이 부족할 때
③ 설탕 입자가 용해되지 않고 남아 있을 때
④ 반죽을 팬에 넣은 후 굽기까지 장시간 방치할 때

19 다음 중 반죽의 얼음사용량 계산식으로 옳은 것은?

① 물사용량×(수돗물온도-사용수온도)
　　　　80+수돗물의온도

② 물사용량×(수돗물온도+사용수온도)
　　　　80+수돗물의온도

③ 물사용량×(수돗물온도×사용수온도)
　　　　80+수돗물의온도

④ 물사용량×(계산된물온도-사용수온도)
　　　　80+수돗물의온도

20 비중컵의 물을 담은 무게가 300g이고 반죽을 담은 무게가 260g일 때 비중은? (단, 비중컵의 무게는 50g이다)

① 0.64　　　　　② 0.74
③ 0.84　　　　　④ 1.04

21 밀가루에 대한 설명 중 옳은 것은?

① 일반적으로 빵용 밀가루의 단백질 함유는 11.5~13% 정도이다.
② 보통 케이크용 밀가루의 회분 함량이 빵용보다 높다.
③ 케이크용 밀가루의 단백질 함유은 4% 이하이어야 한다.
④ 밀가루는 회분 함량에 따라 강력분, 중력분, 박력분으로 나눈다.

22 아이싱 크림에 많이 쓰이는 퐁당(Fondant)을 만들 때 끓이는 온도로 가장 적합한 것은?

① 78~80℃　　　② 98~100℃
③ 114~116℃　　④ 130~132℃

23 버터의 위조품 검정에 이용되는 값은?

① 아세틸가　　　② 요오드가
③ 과산화물가　　④ Reichert-Meissl값

24 다음 중 포도당으로만 구성되어 있는 탄수화물이 아닌 것은?

① 맥텍　　　　　② 전분
③ 글리코겐　　　④ 셀룰로오스

25 이스트푸드 성분 중 물 조절제로 사용되는 것은?

① 황산암모늄　　② 전분
③ 칼슘염　　　　④ 이스트

26 계란의 흰자 540g을 얻으려고 한다. 계란 한 개의 평균 무게가 60g 이라면 몇 개의 계란이 필요한가?

① 10개　　　　　② 15개
③ 20개　　　　　④ 25개

27 빵 및 케이크류에 사용이 허가된 보존료는?

① 프로피온산　　② 탄산암모늄
③ 포름알데히드　④ 탄산수소나트륨

28 빵의 부피가 2,300cm³ 이고, 비용적이 3.8 cm³/g이라면 적당한 분할량은?

① 480g　　　　　② 560g
③ 605g　　　　　④ 644g

29 백색의 결정으로 감미도는 설탕의 250배이며 청량음료수, 과자류, 잠깐 등에 사용되었으나 만성중독인 함예독을 일으켜 우리나라에서는 사용이 금지된 인공 감미료는?

① 둘신
② 사이클라메이트
③ 에틸렌글리콜
④ 파라-니트로-오르토-톨루이딘

30 이밀로펙틴의 요오드 정색 반응에서 나타나는 색은?

① 적자색　　　　② 청색
③ 황색　　　　　④ 흑색

31 이스트푸드의 구성 물질 중 생지의 pH를 효묘의 발육에 가장 알맞은 미산성의 상태로 조절하는 것은?

① 황산암모늄　　② 브롬산칼륨
③ 요오드화칼륨　④ 인산칼슘

32 다음 중 조미류에 속하는 담은?

① 맥아당　　　　② 라피노오스
③ 스타키오스　　④ 갈락토오스

33 다음 중 입자 크기가 가장 작은 것은?
① 50mesh　② 100mesh
③ 150mesh　④ 200mesh

34 건조된 이분드 100g에 탄수화물 16g, 단백질 18g, 지방54g, 무기질 3g, 수분 6g, 기타 성분 등을 함유하고 있다면 이 이분드 100g의 열량은?
① 약 200kcal　② 약 364kcal
③ 약 622kcal　④ 약 751kcal

35 환경오염 물질 등의 비의도적으로 혼입되는 물질에 대해 평생 동안 섭취해도 건강상 유해한 영향이 나타나지 않는다고 판단되는 양을 의미하는 것은?
① ADI(일일섭취허용량)　② TDI(내용일일섭취량)
③ LD_{50}(반수치사량)　④ LC_{50}(반수치사농도)

36 다음 중 바이러스가 원인인 병은?
① 장티푸스　② 파라티푸스
③ 간염　④ 콜레라

37 HACCP에 대한 설명 중 틀린 것은?
① 식품위생의 접근노무비, 직접재료비를 말한다.
② 원료부터 유통의 전 과정에 대한 것이다.
③ 종합적인 위생관리체계이다.
④ 사후처리의 안벽을 추구한다.

38 연가에 대한 설명 중 틀린 것은?
① 기조원가는 직접노무비, 직접재료비를 말한다.
② 직접원가는 기초원가에 직접경비를 더한 것이다.
③ 제조원가는 간접비를 포함한 것으로 보통 제품의 원가라고 한다.
④ 총원가는 제조원가에서 판매비용을 뺀 것이다.

39 소장에 대한 설명으로 틀린 것은?
① 소장에서는 호르몬이 분비되지 않는다.
② 길이는 약 6cm이며, 대장보다 많은 일을 한다.
③ 영양소가 체내로 흡수된다.
④ 췌장과 담낭이 연결되어 있어 소화액이 유입된다.

40 맘, 노새, 당나귀 등의 감염병으로 동물이서이만, 응고, 피가스탄, 막 시크 등지에서 발생하여 2차적으로 사람에게 기름 발생하는 감염병은?
① 앨브관열　② 렙토스피라증
③ 비저　④ 광우병

41 다음 중 소녀념을 몇 % 정도 사용했을 때 빵 제품의 최대 부피를 얻을 수 있는가?
① 2%　② 4%
③ 8%　④ 12%

42 담즙산과 직접적인 관계가 있는 영양소는?
① 포도당　② 필수지방산
③ 필수아미노산　④ 비타민

43 돌과 기름처럼 서로 혼합이 잘 되지 않은 두 종류의 액체를 혼합, 분산시켜주는 첨가물은?
① 유화제　② 소포제
③ 피막제　④ 팽창제

44 선우, 양, 돼지, 소에게 감염되면 유산을 일으키고, 인체 감염 시 고열이 주기적으로 일어나는 인수공통감염병은?
① 광우병　② 고수병
③ 파상열　④ 신증후군출혈

45 경총합성대장균에 대한 설명으로 틀린 것은?
① 오염된 식품 이외에 동물 또는 감염된 사람과의 접촉등을 통하여 전파될 수 있다.
② 오염된 지하수를 사용한 채소류, 과실류 등이 원인이 될 수 있다.
③ 내장이 감하되어 신선채소의 경우 세척, 소독 및 저장기의 방법으로는 병원이 되지 않는다.
④ 소가 가장 중요한 병원소이며 양, 염소, 돼지, 개, 닭 등 가금류의 대변이 원인이다.

46 해수세균 일종으로 식염농도 3%에서 잘 생육하며 어패류를 생식할 경우 중독될 수 있는 균은?
① 보툴리누스균　② 장염비브리오균
③ 웰치균　④ 살모넬라균

47 인수공통감염병으로만 짝지어진 것은?
① 콜레라, 장티푸스　② 결핵, 유행성 간염
③ 탄저, 리스테리아증　④ 홍역, 브루셀라증

48 탄지분을 빵에 넣을 시 pH 변화에 어떤 영향을 미치는가?
① pH 저하를 촉진시킨다.
② pH 상승을 촉진시킨다.
③ pH 변화에 대한 완충역할을 한다.
④ pH가 중성을 유지하게 된다.

49 폐디스토마의 제1중간숙주는?
① 돼지고기　② 쇠고기
③ 참붕어　④ 다슬기

50 다음 중 조리사의 직무가 아닌 것은?
① 집단급식소에서의 식단에 따른 조리 업무
② 구매식품의 검수 지원
③ 집단급식소의 운영일지 작성
④ 급식설비 및 기구의 위생, 안전 실무

51 미나마타병은 어떤 중금속에 오염된 어패류의 섭취 시 발생되는가?
① 수은　② 카드뮴
③ 납　④ 아연

52 다음 중 조리사의 결격사유에 해당하지 않는 것은?
① 정신질환자　② 감염병 환자
③ 위산과다 환자　④ 마약중독자

53 경구감염병의 예방대책 중 감염경로에 대한 대책으로 올바르지 않은 것은?
① 우물이나 상수도의 관리에 주의한다.
② 하수도 시설을 완비하고, 수세식 화장실을 설치한다.
③ 식기, 용기, 행주 등은 철저히 소독한다.
④ 환기를 자주 시켜 실내공기의 청결을 유지한다.

54 빵의 제조과정에서 빵 반죽을 분할할 때나 구울 때 달라붙지 않게 하고, 모양을 그대로 유지하기 위하여 사용되는 첨가물을 이형제라고 한다. 다음 중 이형제는?
① 유동파라핀　② 명반
③ 탄산수소나트륨　④ 염화암모늄

55 공장 설비 시 배수관의 최소 내경으로 알맞은 것은?
① 5cm　② 7cm
③ 10cm　④ 15cm

56 오염된 우유를 먹었을 때 발병할 수 있는 인수공통감염병이 아닌 것은?
① 파상열　② 결핵
③ Q열　④ 아토피병

57 위생동물의 일반적인 특성이 아닌 것은?
① 식성 범위가 넓다.
② 음식물과 농작물에 피해를 준다.
③ 병원미생물을 식품에 감염시키는 것도 있다.
④ 발육기간이 길다.

58 제1군 감염병으로 소화기계 감염병이 아닌 것은?
① 결핵　② 화농성 피부염
③ 장티푸스　④ 독감

59 세균성 식중독의 예방법칙에 해당되지 않는 것은?
① 세균 오염 방지　② 세균 가열 방지
③ 세균 증식 방지　④ 세균의 사멸

60 식품첨가물의 구분 및 종류에 대한 설명 중 틀린 것은?
① 식품첨가물은 그 원료물질에 따라 화학적합성품, 천연첨가물 및 혼합제제류로 나뉜다.
② 화학적합성품과 천연첨가물은 화합물 성질상 구조적인 차이가 있다.
③ 식품첨가물 중 유화제는 물에 혼합되지 않는 액체를 분산시키는데 사용된다.
④ 증점안정제는 식품의 점도 증가 또는 결착력 증가에 사용된다.

제2회 최종모의고사

수험번호
수검자명
제한시간 : 60분

01 다음 제품 중 일반적으로 비중이 가장 낮은 것은?

① 파운드케이크 ② 레이어케이크
③ 스펀지케이크 ④ 과일케이크

02 다음 제품 중 굽기 전 충전물 또는 토핑으로 굽는 제품은?

① 다쿠아즈 ② 오믈렛
③ 팽 오 쇼콜라 ④ 슈

03 파프 페이스트리에서 불규칙한 팽창이 발생하는 원인이 아닌 것은?

① 덧가루를 과량으로 사용하였다.
② 밀어 펴기 사이에 휴지시간이 불충분하였다.
③ 예리하지 못한 칼을 사용하였다.
④ 쇼트닝이 너무 부드러웠다.

04 반죽형 케이크의 결점과 원인의 연결이 잘못된 것은?

① 고율배합 케이크의 부피가 작음 - 설탕과 액체 재료의 사용량이 적었다.
② 굽는 동안 부풀어 올랐다가 가라앉음 - 설탕과 팽창제 사용량이 많았다.
③ 케이크 겉껍질에 반점이 생김 - 입자가 굵고 크기가 서로 다른 설탕을 사용했다.
④ 케이크가 단단하고 질김 - 고율배합 케이크에 맞지 않는 밀가루를 사용했다.

05 반죽형 케이크를 구웠더니 너무 가볍고 부서지는 현상이 나타났다. 그 원인이 아닌 것은?

① 반죽에 밀가루 양이 많았다.
② 반죽의 크림화가 지나쳤다.
③ 팽창제 사용량이 많았다.
④ 쇼트닝 사용량이 많았다.

06 실내 온도 25℃, 밀가루 온도 25℃, 설탕 온도 25℃, 유지 온도 20℃, 달걀 온도 20℃, 수돗물 온도 23℃, 마찰계수 21, 반죽 희망 온도가 22℃라면 사용할 물의 온도는?

① -4℃ ② -1℃
③ 0℃ ④ 8℃

07 휘핑용 생크림에 대한 설명 중 틀린 것은?

① 유지방 40% 이상의 진한 생크림을 쓰는 것이 좋음
② 기포성을 이용하여 제조함
③ 유지방이 기포 형성이 주체임
④ 거품의 품질 유지를 위해 높은 온도에서 보관함

08 초콜릿 제품을 생산하는 데 필요한 도구는?

① 디핑 포크(Dipping forks) ② 오븐(Oven)
③ 파이 롤러(Pie roller) ④ 워터 스프레이(Water spray)

09 파프 페이스트리의 휴지가 종료되었을 때 손으로 살짝 누르게 되면 다음 중 어떤 현상이 나타나는가?

① 누른 자국이 남아 있다.
② 누른 자국이 원상태로 올라온다.
③ 누른 자국이 유동성 있게 움직인다.
④ 내부의 유지가 흘러나온다.

10 다음 중 제과제빵 제조로 사용되는 쇼트닝(Shortening)에 대한 설명으로 틀린 것은?

① 쇼트닝을 경화유라고 말한다.
② 쇼트닝은 불포화 지방산의 이중결합에 수소를 첨가하여 제조한다.
③ 쇼트닝성과 공기포집 능력을 갖는다.
④ 쇼트닝은 융점(Melting point)이 매우 높다.

11 어떤 과자 반죽의 비중을 측정하기 위하여 다음과 같이 무게를 달았다면 이 반죽의 비중은? (단, 비중컵 = 50g, 비중컵 + 물 = 250g, 비중컵 + 반죽 = 170g)

① 0.40 ② 0.60
③ 0.68 ④ 1.47

12 푸딩에 관한 설명 중 맞는 것은?

① 우유와 설탕은 120℃로 데운 후 계란과 소금을 넣어 혼합한다.
② 우유와 소금의 혼합 비율은 100:10이다.
③ 계란의 열 변성에 의한 농후화 작용을 이용한 제품이다.
④ 육류, 과일, 채소, 빵을 섞어 만들지는 않는다.

13 무당구과의 속활햡교육에 맞히는 충자를 말리면 넛메그가 된다. 이 넛메그의 종자를 싸고 있는 빨간 껍질을 말린 향료은?

① 생강 ② 올스파이스
③ 메이스 ④ 시나먼

14 반죽형 반죽 제법의 종류와 제조 공정의 특징으로 바르지 않은 것은?

① 블렌딩법 - 유지와 밀가루를 먼저 넣고 반죽함
② 1단계법 - 유지에 모든 재료를 한꺼번에 넣고 반죽함
③ 크림법 - 유지에 건조 및 액체 재료를 넣어 반죽함
④ 설탕/물 반죽법 - 유지에 설탕물을 넣고 반죽함

15 굳은 아이싱을 풀어주는 방법이 아닌 것은?

① 아이싱에 최소의 액체를 사용하여 중탕으로 가온한다.
② 중탕으로 가열 시 적정 온도는 35~43℃ 정도이다.
③ 젤라틴, 한천 등 안정제를 사용한다.
④ 시럽을 풀어 사용한다.

16 반죽형 쿠키의 공기 과정에서 퍼짐성이 나쁠 때 퍼짐성을 좋게 하기 위해서 사용할 수 있는 방법은?

① 입자가 굵은 설탕을 많이 사용한다.
② 반죽을 오래한다.
③ 오븐의 온도를 높인다.
④ 설탕의 양을 줄이는 좋다.

17 공장 조리기구의 설명으로 적당하지 않은 것은?

① 기기나 기구는 부식되지 않으며 독성이 없어야 한다.
② 청소를 통해서 식품을 생산하는 설비의 표면은 세척할 수 있어야 한다.
③ 기기나 기구에서 발생될 수 있는 유독한 금속은 아연, 납, 황 등 등이다.
④ 구리는 열전도가 뛰어나고 유독성이 없는 기구로 많이 사용한다.

18 믹서비용 1% 변화에 따른 반죽의 흡수율 차이로 적당한 것은?

① 1% ② 2%
③ 3% ④ 별 영향이 없다.

19 비중컵의 무게 40g, 물을 담은 비중컵의 무게 240g, 반죽을 담은 비중컵의 무게 180일 때 반죽의 비중은?

① 0.2 ② 0.4
③ 0.6 ④ 0.7

20 겉은 크기의 팬에 각 제품의 비용적에 맞는 반죽을 팬닝하였을 경우 반죽양이 가장 무거운 것은?

① 스펀지케이크
② 소프트롤 케이크
③ 파운드케이크
④ 레이어 케이크

21 데니시 페이스트리나 파프 페이스트리 제조 시 충전용 유지가 갖추어야 할 가장 중요한 요건은?

① 가소성 ② 유화성
③ 경화성 ④ 산화안정성

22 수중 유적형(o/w) 시품이 아닌 것은?

① 마가린 ② 우유
③ 마요네즈 ④ 아이스크림

23 안정제를 사용하는 목적으로 적합하지 않은 것은?

① 아이싱의 끈적거림 방지
② 크림 토핑의 거품 안정
③ 머랭의 수분 배출 촉진
④ 포장성 개선

24 우유를 살균할 때 많이 이용되는 저온장시간살균법으로 가장 적합한 온도는?

① 63~65℃ ② 18~20℃
③ 38~40℃ ④ 78~80℃

25 달걀의 특징적 성분으로 지방의 유화력이 강한 성분은?

① 레시틴 ② 스테롤
③ 세팔린 ④ 아비딘

26 쿠키 포장지의 특성으로 적합하지 않은 것은?

① 방습성이 있어야 한다.
② 독성물질이 생성되지 않아야 한다.
③ 내용물의 색, 향이 변하지 않아야 한다.
④ 통기성이 있어야 한다.

27 다음 중 전분당이 아닌 것은?

① 이성화당 ② 물엿
③ 포도당 ④ 설탕

28 다음 중 쿠키의 퍼짐성이 작은 이유가 아닌 것은?

① 믹싱이 지나침 ② 높은 온도의 오븐
③ 너무 진 반죽 ④ 너무 고운 입자의 설탕 사용

29 롤 케이크를 말 때 표면이 터질 경우의 조치사항으로 바람직하지 않은 것은?

① 팽창제 사용량을 감소시킨다.
② 노른자 사용량을 늘인다.
③ 덱스트린 사용량을 높여 점착성을 높인다.
④ 설탕의 일부를 물엿으로 대체한다.

30 아밀로펙틴이 요오드 정색 반응에서 나타나는 색은?

① 적자색 ② 청색
③ 황색 ④ 흑색

31 제품회전율을 계산하는 공식은?
① 순매출액/(기초원재료 + 기말원재료) ÷ 2
② 고정비/(단위당 판매가격 - 변동비)
③ 순매출액/(기초제품 + 기말제품) ÷ 2
④ 총이익/매출액 × 100

32 전란 크림 충전물과 커스터드 충전물을 사용하는 파이의 근본적인 차이는?
① 굽는 방법의 차이
② 결합의 성질 차이
③ 소트닝 사용의 차이
④ 농후화제의 차이

33 다음의 입자 크기가 가장 작은 것은?
① 50mesh
② 100mesh
③ 150mesh
④ 200mesh

34 반죽형 케이크 제조 시 중심부가 솟는 경우는?
① 오븐 윗불이 약한 경우
② 유지 사용량이 감소한 경우
③ 계란 사용량이 증가한 경우
④ 굽기 시간이 증가한 경우

35 중앙부 설계와 시공 시 조치 사항으로 잘못된 것은?
① 환기장치는 내용의 1개보다 소형이 여러 개가 효과적이다.
② 냉장고와 발효 기구는 가능한 멀리 배치한다.
③ 작업의 동선을 고려하여 설계·시공한다.
④ 주방 내의 천장은 낮을수록 좋다.

36 스펀지에 밀가루를 사용량을 증가시킬 때 나타나는 현상이 아닌 것은?
① 2차 믹싱의 반죽 시간 단축
② 반죽의 신장성 저하
③ 도우 발효 시간 단축
④ 소편지 발효 시간 증가

37 반죽의 믹싱 단계 중 탄력성과 신장성이 섬최되고 반죽에 생기가 없어지면서 글루텐 조직이 풀어지는 것은?
① 브레이크다운 단계
② 픽업 단계
③ 렛다운 단계
④ 클린업 단계

38 용적 2,050cm³인 팬에 스펀지케이크 반죽을 400g으로 분할할 때 좋은 제품이 되었다면 용적 2,870cm³인 팬에 적당한 분할 무게는?
① 440g
② 480g
③ 560g
④ 600g

39 먼저 밀가루와 유지를 넣고 믹싱하여 유지에 의해 밀가루가 피복되도록 한 후 나머지 재료를 투입하는 방법으로 유연감을 우선으로 하는 제법에 사용되는 반죽법은?
① 1단계법
② 별립법
③ 블렌딩법
④ 크림법

40 젤리롤 케이크 반죽 굽기에 대한 설명으로 틀린 것은?
① 두껍게 편 반죽은 낮은 온도에서 굽는다.
② 구운 후 철판에서 꺼내지 않고 냉각시킨다.
③ 양이 적은 반죽은 높은 온도에서 굽는다.
④ 열이 식으면 압착을 가해 수평을 맞춘다.

41 다음 중 반죽형 케이크에 대한 설명으로 틀린 것은?
① 밀가루, 계란, 분유 등과 같은 재료에 의해 케이크의 구조가 형성된다.
② 유지의 공기 포집력, 화학적 팽창제에 의해 부피가 팽창하기 때문에 부드럽다.
③ 레이어케이크, 파운드케이크, 마들렌 등이 반죽형 케이크에 해당된다.
④ 제품의 특징은 해면성(海綿性)이 크고 가볍다.

42 아이싱에 사용되는 재료 중 조성이 나머지 세 가지와 다른 것은?
① 버터크림
② 스위스 머랭
③ 로얄 아이싱
④ 이탈리안 머랭

43 분필이 저장 중 딱딱하게 되는 것을 방지하기 위하여 옥수수 전분을 몇 % 정도 혼합하는가?
① 1%
② 7%
③ 3%
④ 15%

44 밀가루를 부패시키는 곰팡이는?
① 누룩곰팡이(Aspergillus)속
② 푸른곰팡이(Penicillium)속
③ 털곰팡이(Mucor)속
④ 거미줄곰팡이(Rhizopus)속

45 단백질 식품이 미생물의 분해 작용에 의하여 황화, 색택, 경도, 맛 등의 분해의 성질을 잃고 악취를 발생하거나 유해물질을 생성하여 먹을 수 없게 되는 현상은?
① 변패
② 산패
③ 부패
④ 발효

46 다음 중 주로 유화제로 사용되는 식품첨가물은?
① 탄산나트륨
② 탄산암모늄
③ 프로피온산칼슘
④ 글리세릴지방산에스테르

47 우리나라의 식품위생법에서 정하고 있는 내용이 아닌 것은?
① 건강기능식품의 검사
② 건강진단 및 위생 교육
③ 조리사 및 영양사의 면허
④ 식중독에 관한 조사 보고

48 효모에 함유되어 식물을 오래된 효모에 많고 환원제로 작용하여 반죽을 약화시키고 빨리 잘과 품질을 떨어뜨리는 것은?
① 글리코겐
② 글리세린
③ 글리아딘
④ 글루타치온

49 팬 오일의 조건이 아닌 것은?
① 발연점이 130℃ 정도 되는 기름을 사용한다.
② 산패되기 쉬운 지방산이 적어야 한다.
③ 보통 반죽 무게의 0.1~0.2%를 사용한다.
④ 면실유, 대두유 등의 기름이 이용된다.

50 다음 중 곰팡이 독이 아닌 것은?
① 아플라톡신
② 시트리닌
③ 삭시톡신
④ 파툴린

51 다음 중 속상한 밀가루에 대한 설명으로 틀린 것은?
① 밀가루의 황색 색소가 공기 중의 산소에 의해 더욱 진해진다.
② 환원성 물질이 산화되어 반죽의 글루텐 파괴가 줄어든다.
③ 밀가루의 pH가 낮아져 발효가 촉진된다.
④ 글루텐의 질이 개선되고 흡수성을 좋게 한다.

52 균체의 독소 중 뉴로톡신(Neuroxin)을 생산하는 식중독균은?
① 포도상구균
② 클로스트리디움 보툴리눔균
③ 장염비브리오균
④ 병원성대장균

53 다음 중 크림법에서 가장 먼저 배합하는 재료의 조합은?
① 유지와 설탕
② 계란과 설탕
③ 밀가루와 설탕
④ 밀가루와 계란

54 스펀지 케이크의 부피가 작아진 경우 그 원인에 해당하지 않는 것은?
① 최종 믹싱 속도가 너무 빠른 경우
② 계란을 기포할 때 기구에 기름기가 많은 경우
③ 낮은 온도의 오븐에 넣고 구운 경우
④ 금속한 냉각으로 수축이 일어난 경우

55 다음 중 물의 경도를 잘못 나타낸 것은?
① 10ppm - 연수
② 70ppm - 아연수
③ 190ppm - 아경수
④ 100ppm - 아연수

56 공장 설비 구성의 설명으로 적합하지 않은 것은?
① 공장 시설 설비는 인간을 대상으로 하는 공학이다.
② 공장 시설은 식품 조리 과정의 다양한 작업을 여러 조건에 따라 합리적으로 수행하기 위한 시설이다.
③ 설계디자인은 공간의 할당, 물리적 시설, 구조의 생김새, 설비가 갖춰진 작업장을 나타낸다.
④ 각 시설은 그 시설이 제공하는 서비스의 형태에 기본적인 어떤 기능을 지니고 있지 않다.

57 정탄피소 질환의 특성은?
① 급성 간염 질환
② 급성 전신성 열성 질환
③ 급성 이완성 마비 질환
④ 만성 간염 질환

58 다음 발효 중 일어나는 생화학적 생성물이 아닌 것은?
① 덱스트린
② 맥아당
③ 포도당
④ 이성화당

59 글루텔을 형성하는 단백질 중 수용성 단백질은?
① 글리아딘
② 글루불린
③ 메소닌
④ 글루테닌

60 곰팡이의 일반적인 특성으로 틀린 것은?
① 광합성능이 있다.
② 주로 무성포자에 의해 번식한다.
③ 진핵세포를 가진 다세포 미생물이다.
④ 분류학상 진균류에 속한다.

제1회 최종 모의고사

01 단과자빵의 껍질에 흰 반점이 생긴 경우 그 원인에 해당되지 않는 것은?

① 반죽온도가 높았다.
② 발효하는 동안 반죽이 식었다.
③ 숙성이 덜 된 반죽을 그대로 정형하였다.
④ 2차 발효 후 찬 공기를 오래 쐬었다.

02 연구 경수의 주된 물질은?

① $MgSO_3$, $CaSO_4$
② $CaHPO_4$
③ $NaHCO_3$, Na_2CO_3
④ NH_4Cl

03 다음 중 화학적 팽창 제품이 아닌 것은?

① 과일케이크
② 팬케이크
③ 파운드케이크
④ 시폰케이크

04 자당을 인베타아제로 가수분해하여 10.52%의 전화당을 얻었다면 포도당과 과당의 비율은?

① 포도당 5.26%, 과당 5.26%
② 포도당 7.0%, 과당 3.52%
③ 포도당 3.52%, 과당 7.0%
④ 포도당 2.63%, 과당 7.89%

05 다음 중 발효가 늦어지는 경우에 해당되는 것은?

① 반죽에 소금을 3% 첨가하였다.
② 2차 발효온도를 38℃로 하였다.
③ 이스트의 양을 3%로 첨가하였다.
④ 설탕을 3% 첨가하였다.

06 반죽온도에 미치는 영향이 가장 작은 것은?

① 물 온도
② 실내 온도
③ 밀가루 온도
④ 훅 온도

07 2차 발효실의 상대습도를 가장 낮게 하는 제품은?

① 옥수수빵
② 데니시 페이스트리
③ 비상식빵
④ 우유식빵

08 반죽의 내부 온도가 60℃에 도달하지 않은 상태에서 온도 이스트의 활동으로 부피의 점진적인 증가가 진행되는 현상은?

① 호화(Gelatinization)
② 오븐스프링(Oven spring)
③ 오븐라이즈(Oven rise)
④ 캐러멜화(Caramelization)

09 글루텐을 형성하는 단백질은?

① 알부민, 글리아딘
② 알부민, 글로불린
③ 글루테닌, 글리아딘
④ 글루테닌, 글로불린

10 데니시 페이스트리에서 롤인 유지함량 및 접은 횟수에 대한 내용 중 틀린 것은?

① 롤인 유지함량이 증가할수록 제품 부피는 증가한다.
② 롤인 유지함량이 적을수록 제품의 부피가 감소한다.
③ 접은 횟수가 증가함에 따라 롤인 유지함량이 많은 것이 롤인 유지함량이 적은 것보다 부피가 증가하다 최고점을 지나면 감소한다.
④ 롤인 유지함량이 많은 것이 롤인 유지함량이 적은 것보다 접기 횟수가 증가함에 따라 부피가 증가하다가 최고점을 지나면 감소하는 현상이 천천히 일어난다.

11 일시적 경수에 대한 설명으로 옳은 것은?

① 모든 염이 황산염의 형태로만 존재한다.
② 연수로 변화시킬 수 없다.
③ 탄산염에 기인한다.
④ 끓여도 제거되지 않는다.

12 일반적으로 제빵용 이스트로 사용되는 것은?

① Aspergillus niger
② Bacillus subtilis
③ Saccharomyces serevisiae
④ Saccharomyces ellipsoideus

13 일가의 구성광에서 직접경가에 해당되지 않는 것은?

① 직접재료비
② 직접노무비
③ 직접경비
④ 직접판매비

14 냉동 빵에서 반죽의 온도를 낮추는 가장 주된 이유는?

① 수분 사용량이 많아서
② 밀가루의 단백질 함량이 낮아서
③ 이스트 활동을 억제시키기 위해서
④ 이스트 사용량이 감소해서

15 스펀지 발효에서 생기는 결함을 없애기 위하여 만들어진 제조법으로 ADMI법이라고 불리는 제빵법은?

① 액종법(Liquid ferments)
② 비상 반죽법(Emergency dough method)
③ 노타임 반죽법(No time dough method)
④ 스펀지도우법(Sponge dough method)

16 굽기 공정에 대한 설명 중 틀린 것은?

① 이스트는 사멸되기 전까지 부피 팽창에 기여한다.
② 빵의 껍질에 슈크레가 형성되는 것이 억제된다.
③ 굽기 과정 중 탄분의 캐러멜화가 일어난다.
④ 전분의 호화가 일어난다.

17 갓 구워낸 빵을 식혀 상온으로 낮추는 냉각에 관한 설명으로 틀린 것은?

① 빵 속의 온도를 35~40℃로 낮추는 것이다.
② 곰팡이 및 기타 균의 피해를 막는다.
③ 절단, 포장을 용이하게 한다.
④ 수분함량을 25%로 낮추는 것이다.

18 식빵을 배합할 때 일반적으로 권장되는 팬의 온도는?

① 22℃   ② 27℃
③ 32℃   ④ 37℃

19 500g짜리 완제품 식빵 500개를 주문받았으나, 총 배합률은 190%이고, 발효 손실은 2%, 굽기 손실은 10%일 때 20kg짜리 밀가루 몇 포대가 필요한가?

① 6포대   ② 7포대
③ 8포대   ④ 9포대

20 다음 중 점도계가 아닌 것은?

① 비스코아밀로그래프(Viscoamylograph)
② 익스텐소그래프(Extensograph)
③ 맥 미카엘(Mac Michael) 점도계
④ 브룩필드(Brookfield) 점도계

21 반죽을 발효시키는 목적이 아닌 것은?

① 향 생성   ② 반죽의 숙성 작용
③ 반죽의 팽창작용   ④ 글루텐 응고

22 종조 1.2%를 사용하는 배합비율의 빵정제를 베이킹파우더로 대치하고자 할 경우 사용량으로 알맞은 것은?

① 2.4%   ② 3.6%
③ 4.8%   ④ 1.2%

23 냉동반죽을 2차 발효시키는 방법으로 가장 바람직한 것은?

① 냉동반죽을 30~33℃ 상대습도 80%의 2차 발효실에 넣어 해동시킨 후 발효시킨다.
② 실온(25℃)에서 30~60분간 자연 해동시킨 후 38℃ 상대습도 85%의 2차 발효실에서 발효시킨다.

③ 냉동반죽을 38~43℃ 상대습도 90%의 고온다습한 2차 발효실에 넣어 해동시킨 후 발효시킨다.
④ 냉동고에서 15~16시간 냉장 해동시킨 후 30~33℃ 상대습도 80%의 2차 발효실에서 발효시킨다.

24 칼국수 100g에 탄수화물이 40% 함유되어 있다면 칼국수 200g을 섭취하였을 때 탄수화물로부터 얻을 수 있는 열량은?

① 320kcal   ② 800kcal
③ 400kcal   ④ 720kcal

25 타르색소 사용상 문제점과 원인이 옳은 것은?

① 퇴색 - 환원성 미생물에 의한 오염
② 색소의 용출 - 색소의 함량 미달
③ 색소 용액의 침전화 - 용매 과다
④ 착색탄산음료의 보조성 저하 - 이조색소의 사용량 미달

26 다음 소맥지 발효 완료 시 pH로 옳은 것은?

① pH 4.8   ② pH 6.2
③ pH 3.5   ④ pH 5.3

27 식빵 제조 시 직접반죽법에서 비상반죽법으로 변경할 경우 조치사항이 아닌 것은?

① 믹싱 20~25% 감소
② 설탕 1% 감소
③ 수분 흡수율 1% 감소
④ 이스트양 증가

28 다음 중 우유 단백질이 아닌 것은?

① 락토알부민(Lactoalbumin)
② 락토오스(Lactose)
③ 락토글로불린(Lactoglobulin)
④ 카제인(Casein)

29 쇠고기 빼와 고기를 국물로 삶았을 때 섭취할 수 있는 영양소와 가 리가 먼 것은?

① 무기질   ② 비타민 C
③ 검습   ④ 단백질

30 우유를 섞어 만든 빵을 먹었을 때 흡수할 수 있는 주된 단당류는?

① 포도당, 갈락토오스
② 자일리톨, 포도당
③ 과당, 포도당
④ 만노오스, 과당

31 달걀의 위생과 관련된 설명 중 틀린 것은?
① 달걀로 인한 식중독은 슈도모나스(Pseu-domonas)가 주요 원인균이다.
② 달걀 표면에는 무수히 많은 구멍들이 존재하며, 세균이 통과할 정도로 직경이 크다.
③ 달걀의 내부는 거의 무균이나 인체의 감염에 의한 수직오염 등이 가능하다.
④ 달걀은 위의 배설물 등과 접촉함으로써 대장균, 곰팡이 등이 검출된다.

32 이스트에 질소 등의 영양을 공급하는 제빵용 이스트푸드의 성분은?
① 암모늄염
② 칼슘염
③ 브롬염
④ 요오드염

33 설탕 200g을 물 100g에 녹여 액당을 만들었다면 액당의 당도는?
① 약 75%
② 약 200%
③ 약 50%
④ 약 66.7%

34 유지를 적측 하에 160~180°C로 가열할 때 일어나는 주반응은?
① Malonaldehyde 생성
② 자동 산화
③ Free Radical 생성
④ 열 산화

35 술에 대한 설명으로 틀린 것은?
① 달걀 비린내, 생크림의 비린 맛 등을 완화시켜 풍미를 좋게 한다.
② 양조주란 곡물이나 과실을 원료로 하여 효모로 발효시킨 것이다.
③ 증류주란 발효시킨 양조주를 증류한 것이다.
④ 혼성주란 증류주를 기본으로 한 것에 정제당을 넣고 과실 등의 풍미를 넣은 것으로 대부분 알코올 농도가 낮다.

36 반죽위해물의 위해에 존재하는 유의 유효효소는?
① 펩신
② 트립신
③ 레닌
④ 펩티다아제

37 버터크림을 만들 때 흡수율이 가장 높은 유지는?
① 라드
② 경화 라드
③ 경화 식물성 쇼트닝
④ 유화 쇼트닝

38 효모가 주로 증식하는 방법은?
① 포자법
② 이분법
③ 출아법
④ 복분열법

39 중독 시 두통, 현기증, 구토, 설사 등과 신경장애 등의 명의 원인이 되는 화학물질은?
① P.C.B
② 메탄올
③ 카드뮴(Cd)
④ 유기수은제

40 메일라드 반죽의 다음 중 공정인 2차 발효를 위한 발효실에 속하지 않는 것은?
① 오버헤드식 발효실
② 젠베이어식 발효실
③ 수동랙식 발효실
④ 모노레일식 발효실

41 이스트 양 개선에서 2%의 이스트로 4시간의 발효가 가장 좋은 결과를 얻었다고 가정할 때 발효시간을 3시간으로 감소시키려면 필요한 이스트의 양은 약 얼마인가?
① 1.66%
② 3.66%
③ 2.66%
④ 4.66%

42 성인의 단순 검상선종의 증상은?
① 감상선이 비대해진다.
② 피부병이 발생한다.
③ 목소리가 쉰다.
④ 인구가 돌출된다.

43 다음 중 물법이 유해착색료는?
① 포름알데히드
② 삼염화질소
③ 아우라민
④ 론갈리트

44 식품제조 공정 중에서 거품을 없애는 용도로 사용되는 첨가물은?
① 글리세린
② 프로필렌글리콜
③ 피페로닐부톡사이드
④ 실리콘 수지

45 카카오 버터의 결정이 거칠어지고 설탕의 결정이 석출되어 초콜릿의 조직이 노화하는 현상은?
① 군집
② 팜파림
③ 페이스트
④ 블룸

46 A효소의 밀가루 입고기준은 수분이 14%이다. 20kg짜리 1,000포 가 입고된 것의 수분을 측정하니 평균 15%였다. 이 밀가루를 얼마나 더 받아야 회사에서 손해를 보지 않는가?
① 187kg
② 236kg
③ 293kg
④ 307kg

47 어떤 첨가물의 LD$_{50}$의 값이 직을 때의 의미로 옳은 것은?
① 독성이 크다.
② 독성이 적다.
③ 저장성이 나쁘다.
④ 저장성이 좋다.

48 다음류 중 포도당으로만 구성되어 있는 탄수화물이 아닌 것은?

① 셀룰로오스
② 전분
③ 펙틴
④ 글리코겐

49 정제가 불충분한 면실유에 들어 있을 수 있는 독성분은?

① 듀린
② 테무린
③ 고시폴
④ 브렉큰 펀 톡신

50 미생물에 의한 오염을 최소화하기 위한 작업장 위생관리 방법으로 바람직하지 않은 것은?

① 소독액으로 벽, 바닥, 천장을 세척한다.
② 빵 상자, 수송 차량, 매장 진열대는 항상 높은 온도로 관리한다.
③ 깨끗하고 뚜껑이 있는 재료통을 사용한다.
④ 적절한 환기와 조명시설이 된 작업실에 재료를 보관한다.

51 이폴리툭신은 다음 중 어디에 속하는가?

① 고구마
② 효모독
③ 세균독
④ 곰팡이독

52 경화의 주요한 검원으로 될 수 있는 것은?

① 토끼고기
② 양고기
③ 돼지고기
④ 불완전 살균우유

53 원인균이 내열성포자를 형성하기 때문에 열이 기준의 사체를 처리할 경우 반드시 소각처리하여야 하는 인수공통병은?

① 돈단독
② 결핵
③ 파상열
④ 탄저병

54 포도상구균에 의한 식중독 예방책으로 부적합한 것은?

① 조리장을 깨끗이 한다.
② 섭취 전에 60℃ 정도로 가열한다.
③ 멸균된 기구를 사용한다.
④ 화농성 질환자의 조리업무를 금지한다.

55 다음 중 미생물의 증식에 대한 설명으로 틀린 것은?

① 한 종류의 미생물이 많이 번식하면 다른 미생물의 번식이 억제될 수 있다.
② 수분 함량이 낮은 식품에서도 미생물은 증식할 수 있다.
③ 냉장온도에서는 유해 미생물이 전혀 증식할 수 없다.
④ 70℃에서도 생육이 가능한 미생물이 있다.

56 식중독과 관련된 내용의 연결이 옳은 것은?

① 포도상구균 식중독 : 심한 고열을 수반
② 살모넬라 식중독 : 높은 치사율
③ 클로스트리디움 보틀리늄 식중독 : 주요 원인은 열라고기 생식
④ 장염비브리오 식중독 : 독소형 밀팔고기 생식

57 빵의 관능적 평가법에서 내부적 특성을 평가하는 항목이 아닌 것은?

① 기공(Grain)
② 조직(Texture)
③ 속 색상(Crumb color)
④ 입안에서의 감촉(Mouth feel)

58 다음 중 분할법에 대한 설명으로 옳은 것은?

① 1배합당 식빵류는 30분 내에 하도록 한다.
② 기계 분할은 발효과정의 진행과는 무관하여 분할 시간에 제한을 받지 않는다.
③ 기계 분할은 손 분할에 비해 약한 밀가루로 만든 반죽 분할에 유리하다.
④ 손 분할은 오븐스프링이 좋아 부피가 양호한 제품을 만들 수 있다.

59 믹가루를 전문작으로 시험하는 기기로 이루어진 것은?

① 패리노그래프, 가스크로마토그래피, 익스텐소그래프
② 패리노그래프, 아밀로그래프, 파이브로미터
③ 패리노그래프, 익스텐소그래프, 아밀로그래프
④ 아밀로그래프, 익스텐소그래프, 쾽츄어테이터

60 성형공정의 방법이 순서대로 나열된 것은?

① 반죽 → 중간발효 → 분할 → 둥글리기 → 정형
② 분할 → 둥글리기 → 중간발효 → 정형 → 팬닝
③ 둥글리기 → 중간발효 → 정형 → 팬닝 → 2차 발효
④ 중간발효 → 정형 → 팬닝 → 굽기

33 A회사의 밀가루 입고 기준은 수분이 14%이었다. 20Kg짜리 1,000포가 입고된 것의 수분을 측정하니 평균 15%였다. 이 밀가루를 얼마나 더 받아야 회사에서 손해를 보지 않는가?

① 187kg
② 236kg
③ 293kg
④ 307kg

34 달걀 신에 의해서 젤 형성하여 젤화제, 증점제, 안정제 등으로 사용되는 것은?

① 시엠씨(C.M.C)
② 젤라틴
③ 펙틴
④ 한천

35 H₃O⁺의 농도가 다음과 같을 때 가장 강산인 것은?

① $10^{-2}\text{m}\ell/L$
② $10^{-3}\text{m}\ell/L$
③ $10^{-4}\text{m}\ell/L$
④ $10^{-5}\text{m}\ell/L$

36 1차 발효 중에 일어나는 생화학적 변화가 아닌 것은?

① 프로테아제에 의한 단백질 분해로 아미노산이 생성된다.
② 이스트에 의해 이산화탄소와 알코올이 생성된다.
③ 설탕이 인베타아제에 의해 포도당, 과당으로 가수분해된다.
④ 발효 중에 발생된 산은 반죽의 산도를 낮추어 pH가 높아진다.

37 반죽의 흡수율에 대한 설명 중 옳은 것은?

① 경수는 흡수율을 낮춘다.
② 반죽 온도가 5% 증가하면 흡수율은 5% 감소한다.
③ 설탕이 5% 증가하면 흡수율이 1% 증가한다.
④ 손상 전분이 전분보다 흡수율이 높다.

38 설탕을 포도당과 과당으로 분해하는 효소는?

① 인베타아제(Invertase)
② 알파 아밀라아제(α-amylase)
③ 말타아제(Maltase)
④ 찌마아제(Zymase)

39 연속작용으로 발효를 조정하는 기능을 갖는 제료는?

① 물
② 소금
③ 설탕
④ 맥아

40 반죽의 변화 단계에서 생기 있는 외관이 되며, 매끄럽고 부드러우며 탄력성이 증가되어 강하고 단단한 반죽이 되었을 때의 상태는?

① 클린업 단계(Clean up)
② 픽업 상태(Pick up)
③ 발전 단계(Development)
④ 렛다운 단계(Let down)

41 아미노산과 아미노산의 결합은?

① 글리코사이드 결합
② 펩타이드 결합
③ α-1,4 결합
④ 에스테르 결합

42 제빵용 물로 적합한 것은?

① 연수(1~60ppm)
② 아연수(61~120ppm)
③ 아경수(121~180ppm)
④ 경수(180ppm 이상)

43 코코아(Cocoa)에 대한 설명으로 옳은 것은?

① 초콜릿 리쿠어(Chocolate liquor)를 만들어 건조한 것이다.
② 코코아 버터(Cocoa butter)를 만들고 남은 박(Press cake)을 분쇄한 것이다.
③ 카카오 닙스(Cacao nibs)를 건조한 것이다.
④ 비터 초콜릿(Butter chocolate)을 건조, 분쇄한 것이다.

44 다음 중 환원당이 아닌 당은?

① 포도당
② 과당
③ 자당
④ 맥아당

45 다음 식품첨가물 중에서 보존제로 허용되지 않은 것은?

① 소르빈산칼륨
② 말타카이트그린
③ 데히드로초산나트륨
④ 안식향산나트륨

46 다음 효소와 활성물질이 잘못 짝지어진 것은?

① 펩신 - 염산
② 트립신 - 트립신 활성 효소
③ 트립시노겐 - 지방산
④ 키모트립신 - 트립신

47 식품첨가물의 구분 및 종류에 대한 설명 중 틀린 것은?

① 식품첨가물은 그 원료물질에 따라 화학적 합성품, 천연 첨가물 및 혼합제제류로 나뉜다.
② 화학적 합성품은 천연첨가물은 화학물을 성격상 구조적인 차이가 있다.
③ 식품첨가물 중 유화제는 물에 혼합되지 않는 액체를 분산시키는 데 사용된다.
④ 증점안정제는 식품의 점도 증가 또는 겔화로 증가에 사용된다.

48 제품의 유통기간 연장을 위해서 포장에 이용되는 불활성 기체는?

① 염소
② 수소
③ 질소
④ 산소

49 밀, 누룩, 담나귀 등의 감염병으로 동물이사이, 물고, 파리스탄, 밀 시료 등지에서 발생하여 2차적으로 사람에게 기침 발생하는 감염병은?

① 얼브리엘
② 렙토스피라증
③ 비저
④ 광우병

50 pH 측정에 의하여 알 수 없는 사항은?
① 재료의 품질 변화
② 반죽의 산도
③ 반죽에 존재하는 효산의 함량
④ 반죽의 발효 정도

51 한 개의 무게가 50g인 과자가 있다. 이 과자 100g 중에 탄수화물 70g, 단백질 5g, 지방 15g, 무기질 4g, 물 6g이 들어 있다면 이 과자 10개를 먹을 때 얼마의 열량을 낼 수 있는가?
① 1,230kcal ② 2,175kcal
③ 2,750kcal ④ 1,800kcal

52 다음 중 인수공통감염병은?
① 탄저병 ② 장티푸스
③ 세균성 이질 ④ 콜레라

53 가열용 열매체, 인쇄용 잉크, 윤활유, 전기절연유 등으로 다양하게 사용되어 있으나 인체의 건강에 유해하여 규제가 이루어진 물질은?
① 카드뮴(Cd) ② 유기수은제
③ 피시비(PCB) ④ 납(Pb)

54 수은이 일으키는 화학성 식중독의 증상은?
① 미나마타병 ② 이타이이타이병
③ 단백뇨 ④ 폐기종

55 물과 기름처럼 서로 혼합이 잘되지 않는 두 종류의 액체를 혼합, 분산시켜 주는 첨가물은?
① 유화제 ② 소포제
③ 피막제 ④ 팽창제

56 해수세균의 일종으로 식염농도 3%에서 잘 생육하며 어패류를 생식할 경우 중독될 수 있는 것은?
① 보툴리누스균
② 장염비브리오균
③ 웰치균
④ 살모넬라균

57 제빵 시 적절한 2차 발효점은 완제품 용적의 몇 %가 가장 적당한가?
① 40~45% ② 50~55%
③ 70~80% ④ 90~95%

58 빵을 구웠을 때 갈변이 되는 것은 어떤 반응에 의한 것인가?
① 비타민 C의 산화에 의하여
② 효모에 의한 갈색반응에 의하여
③ 마이야르(Maillard) 반응과 캐러멜화 반응이 동시에 일어나서
④ 클로로필(Chlorophyll)이 열에 의해 변정되어서

59 일가루를 전문적으로 시험하는 기기로 이루어진 것은?
① 패리노그래프, 가스크로마토그래피, 익스텐소그래프
② 패리노그래프, 아밀로그래프, 파이브로미터
③ 패리노그래프, 익스텐소그래프, 아밀로그래프
④ 아밀로그래프, 익스텐소그래프, 콜주어 테이터

60 탈지분유을 빵에 넣으면 발효 시 pH 변화에 어떤 영향을 미치는가?
① pH 저하를 촉진시킨다.
② pH 상승을 촉진시킨다.
③ pH 변화에 대한 완충 역할을 한다.
④ pH가 중성을 유지하게 된다.

제과기능사 제1회 최종 모의고사 정답 및 해설

01 ③	02 ④	03 ②	04 ②	05 ③
06 ③	07 ④	08 ④	09 ④	10 ①
11 ③	12 ④	13 ③	14 ②	15 ②
16 ①	17 ④	18 ①	19 ②	20 ④
21 ④	22 ①	23 ②	24 ①	25 ①
26 ②	27 ①	28 ③	29 ①	30 ①
31 ④	32 ②	33 ④	34 ②	35 ③
36 ③	37 ③	38 ③	39 ①	40 ③
41 ②	42 ②	43 ①	44 ③	45 ③
46 ②	47 ③	48 ③	49 ④	50 ③
51 ①	52 ④	53 ④	54 ①	55 ②
56 ④	57 ②	58 ③	59 ②	60 ②

01 우유의 살균을 섞어 끓기 직전인 80~90°C까지 대운다.

02 제품회전율 = $\dfrac{\text{순매출액}}{\text{평균재고액}}$
평균재고액 = (기초제품 + 기말제품) ÷ 2

03 카스테라라는 나무틀을 사용하여 공기도 한다.

04 보유 1% 증가시 흡수율도 0.75~1% 증가한다.

05 물의 온도 = (희망반죽온도 × 6) − (밀가루온도 + 실내온도 + 설탕온도 + 쇼트닝온도 + 계란온도 + 마찰계수)
= 150 − (24 + 30 + 20 + 24 + 22) = 10

06 케이크 반죽이 알칼리성인 경우 부피가 크고, 향이 강하며, 껍질색이 진하고, 기공이 거칠다.

07 410 : 100 = 1,230 : x
$x = 123,000 \div 410 = 300\text{g}$

08 베이킹파우더의 주성분은 NaHCO₃(탄산수소나트륨, 중조)이다. 탄산수소나트륨은 물과 열을 받으면 이산화탄소 가스를 발생시켜 갈색의 팽창력을 발휘한다. 베이킹파우더는 중탄산나트륨, 가스발생 촉진제, 건조전분으로 구성되어 반응을 통해 이산화탄소를 발생시킨다. 중탄산은 주석산염, 인산염, 황산염 배합파우더에 의 있으며, 함성 팽창제 원료로 탄산염, 중탄산염의 알칼리제 만, 무 기산, 인산 등의 산성제를 이용한다.

09 pH는 수소이온농도이다.
· 대표소프트케이크 : pH 8.5~9.2
· 초콜릿케이크 : pH 7.8~8.8
· 엔젤푸드케이크 : pH 5.2~6.5
· 옐로우레이어케이크 : pH 7.2~7.8

10 토코페롤(Vit E)은 천연 항산화제이다. 항산화제는 유지의 산화적 연쇄반응을 방해함으로 유지의 안정 효과를 갖게 하는 물질이다. 비타민 E는 산화방지제로 쓰인다.

11 탄산수소나트륨과 산성제가 화학적 반응을 일으켜 이산화탄소를 발생시키고 기포를 만들어 반죽을 부풀게 한다. 이 화학반응의 결과는 탄산수소나트륨이 분해되어 이산화탄소, 물, 탄산나트륨이 되는 것이다.

12 젤라틴은 물과 섞이면 용해되어 졸이 되고, 온도가 낮아지면 젤이 형성된다. 온도가 높아지면 다시 졸이 되는 용액이 되는 가역적 과정을 거친다.

13 락토오스는 우유의 대표적인 탄수화물이다.

14 케이크에 적합한 밀가루는 박력분(단백질 함량 7~9%)이다.

15 시폰케이크도 계란 흰자를 이용한 공기 팽창을 기본으로 하는 시폰법 거품형 반죽 케이크이다.

16 비중은 같은 부피의 반죽 무게를 같은 부피의 물 무게로 나눈 값이다. 비중이 높으면 기공이 단위 조직이 조밀하다.

17 연더 베이킹은 높은 온도에서 단시간 굽는다.

18 높은 온도에서 구워 껍질이 빨리 형성되면 윗면이 터진다.

19 얼음 = $\dfrac{\text{물사용량} \times (\text{수돗물온도} - \text{사용수온도})}{80 + \text{수돗물의 온도}}$

20 비중 = $\dfrac{\text{반죽무게} - \text{컵무게}}{\text{물무게} - \text{컵무게}} = \dfrac{260 - 50}{300 - 50} = 0.84$

21 글루텐의 단백질의 첨가 함량에 의해 결정된다.
· 박력분 : 단백질 함량 : 7~9%
· 중력분 : 단백질 함량 : 9.1~10.0%
· 강력분 : 단백질 함량 : 11.5~13.0%

22 풍년은 설탕 1000㎖에 대하여 물 30㎖를 넣고 114~118℃로 끓인 뒤 냉각하여 희뿌연 상태로 재결정화시킨 것으로 38~44℃에서 사용한다.

23 일반유지는 Reichert-Meissl값이 1.0 이하지만 버터는 높은 값을 가지므로 특히 검정에 유효하다. 버터의 중량제로 사용된 유지는 모두 Reichert-Meissl값이 작으므로 버터 중의 위화물의 유무를 검할 수 있다.

24 펙틴은 여러 종류의 당이 모여 복합 다당류이고 전분, 글리코겐, 셀룰로오스 등을 포도당으로 구성된 단순다당류이다.

25 검증염은 물 조절제의 역할을 한다.

26 계란은 껍질 10%, 흰자 60%, 노른자 30%로 구성되어 있다.
540g : 60% = x : 100%
$x = 54,000 \div 60 = 900g$
900g $\div$ 60 = 15개

27 프로피온산은 빵 및 케이크류에 사용이 허가되어 있다.

28 반죽온도 = 팽윤직 $\div$ 비용적
= 2,300 $\div$ 3.8
= 605

29 돈신은 백색말의 침상 결정체로 된 인공감미료로 감미도가 설탕의 250배이며, 청량독을 일으킨다.

30 녹말이 요오드에 반응하는 현상으로 이말유오스는 청색반응, 이말 펙틴은 요오드와의 결합점이 약하여 적자색 반응을 나타낸다.

31 미산성이란 약산성을 말하며, 산성이산결속에 의해 반죽의 pH를 낮춰 이스트의 발효를 촉진시킨다.

32 라피노오스는 녹는점 80℃, 무수물의 녹는점 120℃ 흐주산 유칼리의 만나, 서롱무의 당밀, 목화의 과실 등을 비롯하여 식물계에 널리 분포한다. 3당분의 일종이다.

33 매쉬(mesh)는 체눈의 개수를 의미하므로 체눈의 숫자가 큰 경우 입자의 크기가 가장 작다.

34 이론은 열량 = (단백질×4) + (탄수화물×4) + (지방×9)
= (18×4) + (16×4) + (54×9) = 622kcal

35 ① ADI : 인간이 섭취하게 되는 화학물질
② TDI : 환경오염물질이 작용되는 지이점이 있다.
③ LD_{50} : 독성물질의 양
④ LC_{50} : 실험동물 50%를 사망시키는 독성물질의 농도

37 HACCP은 사전관리 방법으로 식품의 위생 소비의 장과정을 통하여 지속적으로 관리함으로써 제품 또는 식품의 안전성을 확보하고 보증한다.

38 충격가는 제조원가와 판매비, 일반관리비 등을 더한 것이다.

39 소장은 각종 소화된 흡수물을 분비하여 소화운동에 관여한다.

40 비저는 말, 노새, 당나귀 등의 단제류에 치사율이 높은 감염성 질병이며, 슈도모나스 멜레이(Pseudomonas mallei)라는 세균감염에 의해 발생한다.

41 뉴게르 크게 하고 뉴연한 조직을 만들기에 적당한 쇼트닝의 함량은 4~6%이다.

42 포도당 분자식은 $C_6H_{12}O_6$, 과일과 벌꿀에 조재하며 고등동물의 혈액에 순환하는 주요 무리당이다. 세포 기능에 필요한 에너지의 원천으로 대사 조절작용을 한다.

43 ① 유화제 : 잘 혼합되지 않는 두 종류의 성분을 혼합할 때 분리를 막고 유화를 도와주는 첨가물(글리세린)
② 소포제 : 식품제조 과정에서 생기는 불필요한 거품 제거제(규소수지)
③ 피막제 : 과일, 채소의 신선도를 유지하기 위해 사용하는 첨가물(피라핀, 초산비닐수지)
④ 팽창제 : 빵, 카스테라 등을 부풀려 모양을 갖추기 위한 무직으로 사(중조, BP)

44 파넥엘의 의미는 고열이 추가적으로 일어난다는 것으로, 일명 부패 셀럼증이라고 한다.

45 정출활성대장균 감염증을 예방하려면 물은 반드시 끓여 섭취하고, 육류제품은 충분히 익혀야 하며 채소류는 염소 처리한 청결한 물로 잘 씻어서 먹는 것이 좋다.

46 경구 감염병은 식중독의 잠염비브리오균 식중독은 병원성 출혈균으로 약 3% 식염배지에서 발육이 잘되고, 어패류, 해조류 등에 의해 감염 된다.

47 인수공통감염병은 탄저병, 브루셀라증, 이토병, 결핵, Q열, 광견병, 돈단독 등이 있다. 리스테리아는 유산을 일으키는 병원균이며, 또 마른, 조류에 널리 분포한다.

48 발효의 pH 변화에 대한 완충역할을 한다. 분유는 완충제 역할을 하고, 내구성과 막성내구성을 증대시킨다. 분유가 1% 증가하면 수 흡수율도 1% 증가한다.

49 페디스토마(폐흡충)의 제1중간숙주는 다슬기, 제2중간숙주는 민물 게 또는 민물 가재이다.

50 조리사는 식품위생법의 규정에 의한 소정의 면허를 소지하고 음식 점 및 집단급식소에서 식품의 조리를 맡으로 하는 사람을 말한다. 집단급식소의 운영일지 작성은 영양사의 직무이다.

51 중금속의 중독 증상
· 비소 : 피부발진, 탈모
· 이연 : 구토, 설사, 복통
· 카드뮴 : 이타이이타이병
· 수은 : 미나마타병

52 조리사의 결격사유는 정신질환자, 감염병 환자, 마약중독자, 조리 사 면허취소 처분을 받고 그 취소된 날로부터 1년이 경과되지 않은 자 등이 있다.

53 경구감염병은 병원체가 입을 통하여 침입하여 감염을 일으키는 소화기계 감염병이다. 작은 양으로 감염되며 2차 감염이 되는 경우가 많다.

54 허용된 이형제는 유동파라핀이다.

55 배수관의 내경은 최소 10cm로 한다.

56 ④ 이토병은 산토끼와 같은 병원체에 의해 발생하는 인수공통병 이다.

57 위생동물의 발육기간은 짧다.

58 제1군 감염병으로는 장티푸스, 파라티푸스, 세균성이질, 콜레라, 디프테리아, 성홍열 등이 있다.

59 세수에 의한 오염방지, 세균증식 방지, 세균의 사멸 등이 세균성 식 중독의 예방원칙에 들어간다.

60 식품첨가물은 식품을 개량하여 보존성 또는 기호성을 향상시키고 영양가 및 식품의 실질적인 가치를 증진시킬 목적으로 식품을 제조 가공, 보존함에 있어 식품에 첨가, 혼합, 침윤, 기타의 방법으로 사 용하는 식품 본래의 성분 이외의 물질이다.

제과기능사 제2회 최종 모의고사 정답 및 해설

01 ③	02 ④	03 ③	04 ①	05 ①
06 ①	07 ④	08 ①	09 ④	10 ④
11 ②	12 ③	13 ①	14 ②	15 ③
16 ①	17 ③	18 ①	19 ④	20 ③
21 ④	22 ①	23 ③	24 ①	25 ①
26 ④	27 ④	28 ②	29 ②	30 ①
31 ③	32 ③	33 ④	34 ②	35 ④
36 ③	37 ①	38 ③	39 ③	40 ①
41 ②	42 ①	43 ①	44 ①	45 ①
46 ④	47 ②	48 ①	49 ③	50 ③
51 ①	52 ②	53 ①	54 ②	55 ②
56 ④	57 ①	58 ④	59 ①	60 ①

01 비중은 같은 용적의 물의 무게에 대한 반죽의 무게를 소수로 나타낸 값이다. 가벼울수록 반죽의 비중이 가장 낮다.

02 공기 전 반죽을 정지하거나 반죽시키는 제조는 슈이다.

03 페이스트리 제조 시 수분이 없는 쇼트닝을 사용하면 팽창이 안 된다.

04 고율배합의 케이크가 부피가 작아진 것은 액체 재료가 많이 들어가 구조력이 약해졌기 때문이다.

05 반죽에 밀가루 양이 많으면 단단한 제품이 만들어진다.

06 물 온도 = (반죽 희망 온도 × 6) − (밀가루 온도 + 실내 온도 + 설탕 온도 + 쇼트닝 온도 + 계란 온도 + 마찰계수) = (22 × 6) − (25 + 25 + 25 + 20 + 21) = −4℃

07 휘핑용 생크림은 가습의 품질 유지를 위해 냉장 보관하여 사용한다.

08 디핑 포크는 작은 초콜릿 셸을 코팅할 때, 템퍼링한 초콜릿 용액에 담갔다가 건질 때 사용하는 도구이다.

09 쇼트닝은 빵·과자의 식품기름에 나왔을 촉매로 수소를 첨가하여 경화 시킨 유지분이다. 이는 반죽의 탄력성은 좋고 유연성이 생기기 때문이다.

10 흥지가 중공되었을 때 손으로 살짝 누르게 되면 누른 지국이 남아 있게 된다. 이는 반죽의 탄력성은 좋고 유연성이 생기기 때문이다.

11 비중 = 반죽 무게 ÷ 물 무게 = (170 − 50) ÷ (250 − 50) = 120 ÷ 200 = 0.60

12 ① 우유와 설탕은 80℃으로 데운다.
② 우유와 소금의 비율은 100 : 20이다.
③ 계란의 열 변성에 의한 농후화 작용을 이용한 제품이다. 팬닝은 95%로 한다.
④ 육류, 고일, 채소, 뼈를 혼합하여 만든다.

13 넛메그는 육두구과 교목의 열매를 건조시킨 것으로 1개의 종자에서 넛메그와 메이스를 만든다.

14 크림법은 유지와 설탕을 넣어 크림 상태로 만든 후 계란을 넣고 휘핑한 후 체에 친 가루를 넣고 가볍게 섞는다.

15 젤라틴, 한천은 너무 진은 아이싱을 보완할 때 사용한다.

16 쿠키의 퍼짐성을 좋게 하기 위한 방법은 입자가 큰 설탕 사용, 팽 창제 사용, 알칼리 제조의 사용, 낮은 오븐 온도 등이다.

17 기기나 기구는 부식되지 않고 독성이 없어야 하며, 독성이 없는 기구여야 한다. 부식성이 발견될 수 있는 유독한 금속은 카드뮴, 구리, 아연, 안티몬 등이 있다.

18 분유 1% 증가시 흡수율도 0.75~1% 증가한다.

19 비중 = (반죽 무게·비중컵 무게) ÷ (물 무게·비중컵 무게) = (180 − 40) ÷ (240 − 40) = 140 ÷ 200 = 0.7

20 각 제품의 반죽율
● 파운드케이크 : 2.4cm3/g
● 레이어케이크 : 2.96cm3/g
● 스펀지케이크 : 5.08cm3/g
● 식빵 : 3.3~4.0cm3/g

21 가소성이란 외부의 압력에 의해 형태가 변한 물체가 외부의 압력이 없어도 원래의 형태로 돌아오지 않는 물질의 성질을 말한다.

22 수중 유적형(o/w)은 마요네즈, 우유, 아이스크림 등이다.

23 머랭에 안정제를 사용하면 수분 보유가 증진된다.

24
- 저온 장시간 살균법 : 62~65°C, 30분
- 고온 단시간 살균법 : 72~75°C, 15초
- 초고온 순간 살균법 : 120~140°C, 1~3초

25 레시틴은 물과 기름이 잘 섞일 수 있도록 도와주는 유화작용을 한다.

26 포장지는 방수성이 있고 통기성이 없어야 한다.

27 전분물은 전분을 가수분해하여 얻은 엿물 가리키며, 설탕은 사탕수 수나 사탕무로부터 추출하여 얻은 당이다.

28 반죽이 너무 질면 흡수성이 커져 제품이 퍼지게 된다.

29 젤리롤 케이크를 말 때 수분이 많아야 타지지 않는다. 노른자를 줄이고 전란을 증가시키는 것은 함자의 섬유에는 수분이 많이 함유되어 타지지 않기 때문이다.

30 요오드에 의해 아밀로오스는 청색 반응, 아밀로펙틴은 적자색 반응을 나타낸다.

31 제품회전율 = 순매출액 / 평균재고액
평균재고액 = (기초제품 + 기말제품) ÷ 2

32 카스터드 충전물은 부드러운 충전물을 채운 반죽을 유지를 적게 쓰고 경질 섬점에 따라 다른 충전물을 쓴다.

33 메쉬는 체눈의 개수를 의미하므로 체눈의 숫자가 큰 경우 입자가 많은 것으로 입자의 크기가 가장 작다.

34 반죽형 케이크의 중심부가 솟는 경우는 반죽이 너무 되거나 오븐의 윗불이 너무 강한 경우와 오븐의 열이 적은 경우다.

35 주방 내의 천장이 낮으면 환기가 효율적으로 이루어지지 않는다.

36 숙성된 소맥지 반죽을 많이 넣으면 분반죽이 잘 늘어나 신장성이 증가한다.

37 반죽의 믹싱 단계
㉠ 픽업 단계 : 물을 믹은 상태, 반죽이 혼합되는 상태이며, 글루텐의 구조가 형성되기 시작하는 단계이다.
㉡ 클린업 단계 : 글루텐이 형성되기 시작하는 단계로 이 시기 이후에 유지를 넣으면 믹싱 시간이 단축된다.

38 2,050 : 400 = 2,870 : x
$x = 400 × 2,870 ÷ 2,050 = 560g$

39 ① 1단계법 : 한꺼번에 믹싱
② 블렌법 : 계란 분리하여 제조하는 방법으로 거품형 케이크에 사용
③ 블렌딩법 : 유지에 밀가루를 넣어 파슬파슬하게 유지로 크림
④ 크림법 : 유지에 설탕을 넣고 유지를 크림화

40 케이크를 구운 후 철판에서 바로 까내지 않으면 제품이 수축한다.

41 해면성이 크고 가벼운 제품은 거품형 반죽 중에이다.

42 이탈리안 머랭, 스위스 머랭, 퐁당의 주재료는 설탕이므로 물 또는 힘 자위 혼합하여 제품을 만든다.

43 분유는 설탕을 가루로 만들어 전분 3%를 혼합하여 만든 것이다.

44 누룩곰팡이는 아플라톡신을 생성하는 곰팡이류로 식품에서 보편적으로 발견된다. 주로 전분 당화력과 단백질 분해력이 강해 약주, 탁주, 간장 된장의 제조에 이용된다.

45 ① 변패 : 탄수화물, 지방 식품에 미생물의 분해 작용으로 맛이나 냄새가 변화하는 현상
② 산패 : 지방이 산화 등에 의해 악취나 변색이 일어나는 현상
④ 발효 : 식품에 미생물이 번식하여 식품의 성질이 변화를 일으키는 현상으로 그 변화가 인체에 유익할 경우를 말한다.

46 물과 기름과 같은 이질적인 재료를 잘 혼합하는 유화제로는 마리지 방산에 속하는 글리세린지방산에스테르를 사용한다.

47 건강기능식품에 대해서는 식품위생법에 따른 자별을 배제한다.

48 글루텐지운은 반죽을 악화시켜 퍼지게 만드는 환원성 물질로 환원제로 쓰이기도 한다.

49 팬 오일은 발연점이 210°C 이상 높은 것을 사용한다.

50 섬초개, 대합 : 식시독신

51 숙성한 밀가루는 글루텐의 질이 개선되고 흡수성을 증가 한다. 전체 밀알에 대해 껍질은 13~14%, 배아는 2~3%, 내배유는 83~85% 정도 차지한다. 제분 직후의 밀가루는 제빵 적성이 좋지 않다.

52 글루코스리덕타쿰 보툴리늄균은 신경독의 뉴로톡신을 생성하여 포자 가 내열성이 강하여 완전 살균되지 않은 통조림에서 발아하여 신경 마비를 일으킨다.

53 크림법은 유지에 설탕 넣어 크림화시킨 후, 계란을 나누어 넣으면서 체친 밀가루와 베이킹 파우더를 넣어 가볍게 섞는다.

54 스펀지 케이크는 낮은 온도에서 공기를 하면 부피는 커지나 굽는 시간이 길어져 노화가 빨라진다.

55 이경수는 121ppm~180ppm 사이가 된다.

56 기분작인 기능을 사용하기 편리해야 하고, 작업 능률을 향상시킬 수 있는 구조여야 한다.

57 급성 전신성 열성 질환인 장티푸스는 인체의 배설물, 식수의 미음 한 차지로 개발도상국에서 유행하며 살모넬라균 감염에 의한 급성 질환이다.

58 이상발림은 생화학적 반응에 의해 분자성은 같으나 구조식이 다른 당으로 변환된 당으로, 이성화당이라고도 한다.

59
- 셀룰리아닌 : 70% 알코올에 용해
- 글루테닌 : 묽은산, 알칼리에 용해
- 메소닌 : 묽은 초산에 용해
- 알부민과 글로블린 : 물에 용해

60 곰팡이는 엽록체가 없어 광합성을 하지 못하므로 다른 생물이나 죽은 동식물체에 붙어서 양분을 흡수하는 기생생활을 한다.

23 스펀지 발효시간이 증가하거나 스펀지의 발효 시간은 길어지고 본 반죽의 발효 시간은 짧아진다.

24 세미하드사드는 탄수화물과 중성지방이 결합된 것이다.
④ 한천: 우뭇가사리에서 추출

25 2차 발효실에는 모노레일식, 컨베이어식, 수동랙식, 캐비넷식 등이 있다.

26 출아법이란 무성생식의 한 가지로 샘플체 또는 세포의 일부에 모암의 색이 생겨 자라 나기 새로운 개체를 이루는 생식법이다.

27 찌메아제는 과당, 포도당을 분해하여 CO_2 가스와 알코올을 생성한다.

28 • 젤라틴: 동물의 가죽이나 뼈에서 추출
• 한천: 우뭇가사리에서 추출
• 펙틴: 과일의 껍질에서 추출
• 카라기난: 홍조류의 카라기니에서 추출

29 ADI는 인간이 섭취하게 되는 화학물질을 의미하고, TDI는 환경오염물질이 작용된다는 치아(점이 있으며, LD_{50}은 독성물질의 양을 나타내며, LC_{50}은 실험동물 50%를 사망시키는 독성물질의 농도를 말한다.

30 PPM이란 part per million의 약자로, g당 중량 백만분율을 의미한다. 10ppm은 0.000001에 해당하므로 이들 $0.00001 \times 1,000(g) = 0.01g$이다.

31 ② 흡습성: 반죽이 끌려 모사리까지 지는 성질
③ 점탄성: 점성과 탄성을 동시에 가지고 있는 성질
④ 기소성: 성형 과정에서 형성되는 모양을 유지하려는 성질

32 물이 연수라면 반죽이 연하고 끈적거리기 때문에 흡수율을 1~2% 줄이고, 가스 보유력이 적기 때문에 이스트 소금 사용량 증가시키고, 경우는 이스트를 증가시키고 이스트 푸드를 감소시킨다. 수질을 개선하기 위해 이스트 푸드를 사용한다.

33 $(1{,}000표 \times 0.85 \times 20) + (x표 \times 0.85 \times 20) = 1{,}000표 \times 0.86 \times 20$
$17{,}000 + 17x = 17{,}200$
$17x = 200$
$x = 200 \div 17 = 11.76$
$\therefore 11.76 \times 20 = 235.2$

34 ② 젤라틴: 동물의 가죽이나 뼈에서 추출
③ 펙틴: 과일의 껍질에서 추출(메틸싱이 7% 이상의 펙틴은 당과 산이 있으면 젤리나 잼을 만들 수 있다)
④ 한천: 우뭇가사리에서 추출

35 pH는 용액 내의 $[H_3O^+]$이온의 농도를 나타낸 것이다. $10^{-2}mol/L$가 숫자 중에서 수소의 농도가 가장 크고 pH 값으로 환산하였을 때 가장 작으므로 강한 산이다.

36 반죽의 pH는 발효기 진행됨에 따라 pH 4.6으로 낮아진다.

37 단백질 1% 증가 시 흡수율이 1.5~2% 증가한다. 소금을 믹싱 초기에 넣으면 수분 흡수가 적다. 설탕 증가 시 흡수율은 감소한다. 손상 전분 증가 시 흡수율이 증가한다.

38 설탕은 인버타아제에 의해 포도당과 과당으로 분해된다.

39 • 밀가루의 기능: 밀가루 흡수율 증가, 발효의 내구성 증가, 배합이 지나쳐도 회복 기능, 글루텐 강화로 반죽 내구성 증가 등이 있다.

40 반죽의 변화 단계
• 픽업 단계: 물을 믹는 상태, 반죽이 혼합되는 상태이며, 글루텐의 구조가 형성되기 시작하는 단계이다.
• 클린업 단계: 글루텐이 형성되기 시작하는 단계이다.
• 발전 단계: 글루텐이 형성되는 시기이며 이 시기 이후에 우지를 넣으면 믹싱 시간이 단축된다.
• 최종 단계: 탄력성과 신장성이 최대인 단계이다.
• 렛다운 단계: 신장성이 최대인 단계이고, 탄력성을 잃으며 점성이 많아진다.

41 아미노산은 단백질을 구성하는 기본 단위로 아미노산과 아미노산의 간의 결합을 펩타이드 결합이라고 한다.

42 결함과 마그네슘 결합 미네랄이 121~180ppm 정도 함유된 이장수가 제빵용 물로 가장 적합하다.

43 크라이는 카카오박을 고운 분말로 만드는 것이다.

44 자당은 비환원당이다.

45 보존료는 식품의 변질 및 부패를 방지하고 신선도를 유지하기 위해 사용된다. 식품첨가물 공전에서 허용되고 있는 보존료는 대이드록초산, 데히드로초산나트륨, 소르빈산, 소르빈산칼, 소르빈산칼

춤, 안식향산, 안식향산브로마톤, 프로피온산칼슘, 프로피온산나트륨, 파라옥시안식향산브로, 이초산나트륨 등이다.

46 트립시노겐은 트립신을 활성화시키고, 트립시노겐은 소장에서 분비되는 엔테로키나아제를 활성화하고 트립신으로 변하고, 트립신은 키모트립시노겐과 프로카르복시펩티다아제도 활성화한다. 단백질 분해에 효소의 한가지이다.

47 식품첨가물은 식품을 개선하여 보존성 또는 기호성을 향상시키고, 영양가 및 식품의 실질적인 가치를 증진시킬 목적으로 식품을 제조, 가공, 보존함에 있어 식품에 첨가, 혼합, 침윤, 기타의 방법으로 사용하는 식품 본래의 성분 이외의 물질이다.

48 치환카스노는 불활성 가스로서 흡수성, 용해성이 적은 특징을 찾고 있으며, 가격이 저렴한 질소를 사용한다.

49 비저는 말, 노새, 당나귀 등의 단제류에 지사병이 높은 감염성 질병이며, 슈도모나스 말레이(pseudomonas mallei)라는 세균 감염에 의해 발생한다.

50 σ마는 발효된 신술을 촉진하는 것으로 산도, 발효 정도, 품질들을 알 수 있다. 총산의 함량은 총산도(TTA)를 측정하며, 총산도는 휘발성 산을 포함한 모든 산을 말한다.

51 (탄수화물×4)+(단백질×4)+(지방×9)÷2×10=(70 ×4)+(5× 4)+(15×9)÷2×10=2,175kcal

52 인수공통감염병은 탄저병, 브루셀라증, 야토병, 결핵, Q열, 광견병, 돈단독 등이 있다.

53 PCB는 지방성 유기 오염물질로 분해되기 어렵다. 만화합성으로 대기 경유의 이동으로 사람의 건강 환경에 유독성이 보고되고 있는 유기화합물질이다.

54
- 비소 : 피부 발진, 탈모
- 아연 : 구토, 설사, 복통
- 카드뮴 : 이타이이타이병
- 수은 : 미나마타병

55
① 유화제 : 잘 혼합되지 않는 두 종류의 성분을 혼합할 때 분리를 막고 유화를 도와주는 첨가물(글리세린)
② 소포제 : 규소수지, 식품 제조 과정에서 생기는 불필요한 거품 제거제(규소수지)
③ 피막제 : 과일, 채소의 신선도를 유지하기 위해 사용하는 첨가물(피라핀)
④ 팽창제 : 빵, 카스테라 등을 부풀려 모양을 갖추기 위한 목적으로 사용(중조, BP)

56 감염형 식중독의 장염비브리오균 식중독은 병원성 호염균으로 약 3% 식염배지에서 발육이 잘 되고, 어패류, 해조류 등에 감염된다.

57 2차 발효의 완료점은 굽기 시 오븐라이즈와 오븐스프링을 감안하여 완제품 용적의 70~80% 정도 발효시킨다.

58 캐러멜화 반응은 단분자 컬링기 열을 받아 갈색화로 변하는 반응이고, 마이얼은 반응은 비환원성 단분자의 아미노산의 결합하여 색을 내는 반응이다.

59
- 패리노 그래프 : 밀가루의 흡수율 측정, 믹싱 시간, 내구성
- 이럴로 그래프 : 밀가루의 호화 정도 측정
- 익스텐소 그래프 : 반죽의 신장성에 대한 저항 측정

60 반죽액의 pH 변화에 대한 완충 역할을 한다. 분유는 완충제 역할을 하고, 내구성 증가와 믹싱 내구성 증대, 분유가 1% 증가하면 수분을 1% 증가한다.

16 다음 중 믹서의 목적으로 옳은 것은?
① 수분 흡수력 증가
② 글루텐의 구조와 방향 정돈
③ 반죽의 기공을 고르게 유지
④ 반죽 표면에 얇은 막 형성

17 이스트 푸드의 구성 물질 중 생지의 pH를 효모의 발육에 가장 알맞은 미산성의 상태로 조절하는 것은?
① 황산암모늄
② 브롬산칼륨
③ 요오드화칼륨
④ 인산칼슘

18 젤리(Jelly)에 대한 설명 중 틀린 것은?
① 한천, 젤라틴, 과실의 펙틴, 알긴산 등이 기준한다.
② 펙틴 젤리 제조에 가장 중요한 것은 산의 함량과 당도이다.
③ 구연산과 향료는 불을 끈 후 첨가한다.
④ 한천과 젤라틴을 섞어 쓰는 젤리도 있다.

19 풀 반죽 크림을 부드럽게 하고 수분 보유력을 높이기 위해 일반적으로 첨가하는 것은?
① 한천, 젤라틴
② 물, 레몬
③ 소금, 크림
④ 물엿, 전화당 시럽

20 전분을 덱스트린(dextrin)으로 변화시키는 효소는?
① 치마아제(Zymase)
② 베타 아밀라아제
③ α-아밀라아제(Amylase)
④ β-아밀라아제(Amylase)

21 맥아당을 포도당으로 분해하는 효소는?
① 알파 아밀라아제
② 말타아제(Maltase)
③ 디아스타아제
④ 말타아제

22 다음 제품 제조 시 2차 발효실의 습도를 가장 낮게 유지하는 것은?
① 햄버거빵
② 빵도넛
③ 단과자빵
④ 풀먼식빵

23 스펀지·도우법에서 스펀지 밀가루 사용량을 증가시킬 때 나타나는 결과가 아닌 것은?
① 도우 제조 시 반죽시간이 길어짐
② 완제품의 부피가 커짐
③ 도우 발효 시간이 짧아짐
④ 반죽의 신장성이 좋아짐

24 다음 중 탄수화물과 중성지방이 결합된 당지질은?
① 스핑고미엘린(sphingomyelin)
② 레시틴(lecithin)
③ 세레브로시드(cerebroside)
④ 이노시톨(inositol)

25 패리한 반죽의 다음 공정으로 2차 발효를 위한 발효실에 속하지 않는 것은?
① 오버헤드식 발효실
② 건베이어식 발효실
③ 수동랙식 발효실
④ 모노레일식 발효실

26 효모가 주로 증식하는 방법은?
① 이분법
② 포자법
③ 출아법
④ 말타아제

27 과당이나 포도당을 분해하여 CO_2 가스와 알코올을 만드는 효소는?
① 인베르타아제
② 프로테아제
③ 치마아제
④ 말타아제

28 우유가 시러 등에서 추출하며 안정제로 사용되는 것은?
① 젤라틴
② 한천
③ 펙틴
④ 카라기난

29 환경오염 물질 등의 비의도적으로 혼입하는 물질에 대해 평생 동안 섭취해도 건강상 유해한 영향이 나타나지 않는다고 판단되는 양을 의미하는 것은?
① ADI(일일섭취 허용량)
② TDI(내용일일섭취량)
③ LD₅₀(반수치사량)
④ LC₅₀(반수치사농도)

30 밀가루 1kg을 기준으로 비타민 C 10ppm을 첨가하는 양은?
① 1g
② 1kg
③ 0.01g
④ 0.1g

31 다음 중 빵 반죽에 뒤어야 하는 물리적 성질과 관련이 없는 것은?
① 가용성
② 물음성
③ 점탄성
④ 가소성

32 물에 대한 설명 중 옳은 것은?
① 일시적 경수는 화학적 처리에 의해서만 연수가 된다.
② 경도는 물의 염화나트륨(NaCl) 양에 따라 변한다.
③ 연수 사용 시 이스트 푸드로 경도를 조절한다.
④ 경수 사용 시 발효시간이 감소한다.

제2회 최종 모의고사

제빵기능사

수험번호
수험자명
제한시간 : 60분

01 500g의 완제품 식빵 200개를 제조하려고 할 때, 발효 손실이 1%, 굽기 냉각 손실이 12%, 총배합률이 180%라면 밀가루의 무게는 약 얼마인가?

① 47Kg
② 55Kg
③ 64kg
④ 71kg

02 설탕에 물을 넣고 114~118℃까지 가열시켜 시럽을 만든 후 냉각 교반하여 새하얗게 만든 제품은?

① 머랭
② 캔디
③ 퐁당
④ 휘핑 크림

03 다음 중 파이 롤러를 사용하기에 부적합한 제품은?

① 스위트롤
② 데니시 페이스트리
③ 크로와상
④ 브리오슈

04 유지의 발연점에 영향을 주는 요인과 거리가 먼 것은?

① 유리지방산의 함량
② 외부에서 들어온 미세한 입자상의 물질들
③ 반죽 혼성 시간(Dough development time)
④ 이탈 시간(Departure time)

05 패리노그래프 커브의 윗부분이 500B.U.에 닿는 시간을 무엇이라고 하는가?

① 반죽 시간(Peak time)
② 도달 시간(Arrival time)
③ 반죽 혼성 시간(Dough development time)
④ 이탈 시간(Departure time)

06 일반적으로 제빵용 이스트로 사용되는 것은?

① Aspergillus niger
② Bacillus subtilis
③ Saccharomyces serevisiae
④ Saccharomyces ellipsoideus

07 일시적 경수에 대한 설명으로 옳은 것은?

① 모든 염이 황산염의 형태로만 존재한다.
② 연수로 변화시킬 수 없다.
③ 탄산염에 기인한다.
④ 끓여도 제거되지 않는다.

08 아밀로오스(Amylose)의 특징이 아닌 것은?

① 일반 곡물 전분 속에 약 17~28% 존재한다.
② 비교적 작은 분자량을 가졌다.
③ 퇴화의 경향이 적다.

09 빵의 관능적 평가법에서 내부적 특성을 평가하는 항목이 아닌 것은?

① 기공(Grain)
② 조직(Texture)
③ 속 색상(Crumb color)
④ 입안에서의 감촉(Mouth feel)

10 2% 이스트로 4시간 발효했을 때 가장 좋은 결과를 얻는다고 가정할 때 발효시간을 3시간으로 감소시키려면 이스트의 양을 얼마로 해야 하는가? (단, 소수 첫째 자리에서 반올림하시오.)

① 2.16%
② 2.67%
③ 3.16%
④ 3.67%

11 밀가루 반죽을 끝가질 때까지 늘려서 반죽의 신장성을 알아보는 기계는?

① 아밀로그래프
② 패리노그래프
③ 익스텐소그래프
④ 믹소그래프

12 물의 경도를 높여주는 작용을 하는 제품은?

① 이스트 푸드
② 이스트
③ 설탕
④ 밀가루

13 다음 중 발효에 대한 설명으로 옳은 것은?

① 1배합의 식빵보다 30분 내에 하도록 한다.
② 기계 분할은 발효 과정의 진행과는 무관하여 분할 시간에 제한을 받지 않는다.
③ 기계 분할은 손 분할에 비해 약한 밀가루로 만든 반죽 분할에 유리하다.
④ 손 분할은 오븐스프링이 좋아 부피가 양호한 제품을 만들 수 있다.

14 이스트에 존재하는 효소로 포도당을 분해하여 알코올과 이산화탄소를 발생시키는 것은?

① 말타아제(Maltase)
② 리파아제(Lipase)
③ 찌마아제(Zymase)
④ 인버타아제(Invertase)

15 초콜릿 케이크에서 우유 사용량을 구하는 공식은?

① 설탕+30−(코코아×1.5)+전란
② 설탕−30−(코코아×1.5)−전란
③ 설탕+30+(코코아×1.5)−전란
④ 설탕−30+(코코아×1.5)+전란

제빵기능사 제2회 최종 모의고사 정답 및 해설

01 ③	02 ③	03 ④	04 ④	05 ②
06 ③	07 ③	08 ③	09 ④	10 ②
11 ③	12 ①	13 ④	14 ③	15 ②
16 ①	17 ④	18 ①	19 ④	20 ①
21 ④	22 ②	23 ②	24 ①	25 ①
26 ②	27 ③	28 ②	29 ②	30 ①
31 ①	32 ③	33 ③	34 ②	35 ③
36 ②	37 ④	38 ①	39 ④	40 ①
41 ②	42 ③	43 ②	44 ③	45 ②
46 ③	47 ③	48 ③	49 ③	50 ②
51 ②	52 ①	53 ④	54 ①	55 ①
56 ③	57 ③	58 ③	59 ③	60 ③

01 밀가루 사용량 = 완제품 총중량 ÷ {1 - (총손실 ÷ 100)} × 밀가루 비율 ÷ 총배합률 = 500g × 200개 ÷ {1 - (12 ÷ 100)} ÷ {1 - (1 ÷ 100)} × 100% ÷ 180% = 63.769kg

02 퐁당은 설탕 100에 대하여 물 30을 넣고 114~118°C로 끓인 뒤 냉각하여 희뿌연 상태로 재결정화시킨 것으로 38~44°C에서 사용한다.

03 브리오슈는 오뚜기 모양으로 성형하는 것으로, 손으로 성형해 구운 것이다.

04 이중결합의 위치가 아니라 개수가 유지의 융점에 관여한다.

05 패리노그래프는 밀가루의 믹싱 시간, 흡수율, 믹싱 내구성을 측정하는 기계로, 곡선이 500B.U.에 도달해서 다시 아래로 떨어지는 시간으로 밀가루의 특성을 분석할 수 있다.

06 이스트는 빵이나 주정 발효 등 발효 식품에 널리 이용되어 왔으며, 제빵용, 알코올 발효(맥주, 막걸리)용 이스트는 개량된 것으로 학명은 사카로마이세스 세레비시에(Saccharomyces serevisiae)라고 부른다.

07 일시적 경수는 칼슘염과 마그네슘염이 가열에 의해 탄산염으로 침전되어 연수가 되는 물이다.

08 아밀오오스는 아밀로펙틴보다 노화나 퇴화의 경향이 크다.

09 • 외부적 평가: 부피, 껍질색, 외피의 균형, 터짐성, 껍질 형성
• 식감 평가: 냄새, 맛

10 가습하고자 하는 이스트의 양×기준의 발효시간÷조절하고자 하는 발효시간 = 2% × 4시간 ÷ 3시간 = 2.66% = 2% × 240 ÷ 180 = 2.66%

11 반죽의 신장성이란 늘어나는 성질을 못하므로 반죽을 잡아당겨 확인한다.

12 물이 약수면 이스트의 흡수율을 1~2% 줄이고, 이스트 푸드와 소금 사용량을 늘린다. 경수는 이스트를 늘리고 이스트 푸드를 줄인다. 수질을 개선하기 위해 이스트 푸드를 사용한다.

13 손 분할이나 기계 분할은 15~20분 이내로 하는 것이 좋다.

14 찌마아제는 과당, 포도당을 분해하여 CO_2 가스와 알코올을 생성한다.

15 우유 = 설탕 + 30 + (크고)×1.5) - 전란
물 = 우유 × 0.9
분유 = 우유 × 0.1

16 동결기의 목적: 글루텐의 구조와 방향 정돈, 반죽의 기공을 고르게 유지, 반죽 표면에 얇은 막 형성

17 미산이란 약산성을 의미하며, 산은 인산칼슘에 의해 반죽의 pH를 낮춰 이스트의 발효를 촉진시킨다.

18 한천과 단부를 함께 끓이면 굳어이 용해되지 않는다.

19 퐁당은 설탕 100에 대하여 물 30을 넣고 114~118°C로 끓인 뒤 다시 희뿌연 상태로 재결정화시킨 것이다. 물엿, 전화당 시럽 첨가하면 부드러워지며, 수분 보유력을 높일 수 있다.

20 전분은 α-아밀라아제에 의해 덱스트린으로 항성하고, β-아밀라아제에 의해 분해되어 맥아당을 항성한다.

21 맥아당은 말타아제에 의해 2분자의 포도당으로 분해된다.

22 2차 발효실의 습도는 함바가량 빵 85%, 빵도넛 75%, 단과자빵 80~85%, 풀만식빵 85% 정도이다.

45
① 콘칭(Conching) : 초콜릿을 90℃로 가열하여 수시간 동안 저어 주는 제조방법
② 템퍼링(Tempering) : 초콜릿을 녹이고 식히는 과정을 통해 초콜릿 속의 카카오버터 성태를 안정적인 결정구조가 되도록 준비시켜 주는 과정
③ 페이스트(Paste) : 과실, 채소, 견과류, 육류 등 모든 식품을 갈거나 체에 으깨어 부드러운 상태로 만든 것, 또는 고체의 액체의 중간 기름 뜻하는 용어
④ 블룸(Bloom) : 카카오 버터나 초콜릿 표면으로 나와 희고 얇은 막이 생기는 현상으로 템퍼링이 잘못된 경우나 보관할 경우에 나타나게 된다.

46
(1000표×0.85×20)+(x표×0.85×20)
=1000표×0.86×20
17,000+17x=17,200
17x=200
x=11.76
11.76×20=235.2kg

47
LD_{50} 값과 독성은 반비례한다. LD_{50}의 값이 작다는 것은 독성이 높다는 것이다.

48
펙틴은 펩당성이 뛰어난 수용성 식이섬유로, 인체내의 소화효소에 의해 분해가 어렵다. 섭취 시 포만감을 주고, 칼로리는 매우 낮아서 다이어트 식품의 원료로 이용된다.

49
정제가 불충분한 면실유에 들어 있는 독은 고시폴이다.

50
빵 상자, 수송 차량, 매장 진열대의 온도가 높으면 미생물의 번식이 증식하기 쉽다.

51
파툴린, 이플라톡신, 시트리닌, 맥각균, 황변미균 등이 곰팡이균에 속한다.

52
결핵은 병에 걸린 소의 유즙이나 유제품을 가져 사람에게 경구적으로 감염되며, 점막기능이 불명이다.

53
탄저병은 주로 가축 가축 축산물로 감염되며 감염 부위에 따라 피부 페탄저가 된다.

54
황색포도상구균은 엔테로톡신의 독소로 내열성이 있어 열에 쉽게 파괴되지 않는다.

55
우유는 냉장고에서 보관해도 시간이 오래되면 미생물이 증식한다.

56
① 포도상구균 식중독은 급성위장염, 구토, 설사, 복통 등의 증상이 나타난다.
② 살모넬라 식중독은 발열, 복통, 설사 등의 증상이 나타나고 지사슬이 많다.
③ 보툴리눔 식중독은 치사율이 높은 독소형 식중독(뉴로독신)이다.
④ 장염비브리오 식중독의 주요 원인은 어패류(바닷고기) 생식이다.

57
• 외부적 평가 : 부피, 껍질색, 외피의 균형, 터짐성, 껍질 형성
• 식감 평가 : 냄새, 맛

58
손 분할이나 기계 분할은 15~20분 이내로 분할하는 것이 좋다.

59
• 패리노그래프 : 믹가루의 흡수율 측정, 믹싱시간, 내구성
• 아밀로그래프 : 밀가루의 호화 측정
• 익스텐소그래프 : 반죽의 신장성에 대한 저항 측정

60
빵의 의미의 정정은 분할 → 둥글리기 → 중간발효 → 정형 → 팬닝 이다.

23 냉동제품은 냉장해동을 시키므로 상대습도는 60~80%로 유지한다. 냉동된 반죽은 완만해동, 냉장해동을 해야 하며, 해동 후 30~33℃, 상대습도 80%의 2차 발효실에서 발효시킨다. 냉동반죽은 -40℃에서 급랭하고, 보관은 -18℃에서 저장한다.

24 탄수화물 1g의 4kcal의 열량을 내며 0.1%의 흡습량을 유지한다. 100g의 40%는 40g으로 200g은 80g을 얻는다. 그것에 1g당 4kcal의 열량을 내므로 80×4=320kcal을 얻게 된다.

25 타르색소는 화학 작용에 의해 변색, 퇴색되는 경우가 많은데 발효 식품의 가공중, 식품의 제조 및 저장 중 미생물에 의해 일어나기 나 특히 통조림에서 금속과의 반응, 가공기와 식품의 접촉자, 첨 가물 중 에리토르브산, 이소르브산, 하이포아소산, 이황산염 등에 의해 일어난다.

26 스펀지 반죽조건은 온도 22~26℃로 글루텐을 형성시키가지 않는다. 스펀지 발효는 온도 27℃, 상대습도 75~80%, 부피 3.5~4배 시간 2~6시간 발효한다. 스펀지 발효 완료점 부피가 4~5배 부풀 상태로 팽창 후 약간 수축상태로 pH 4.5~4.8로 약해질 때 상태이다.

27 비상반죽법을 할 때는 반죽시간 20-30% 증가, 설탕 사용량 1% 감소, 1차발효시간 15~30분, 반죽온도 30℃, 이스트 2배 증가, 물 사용량 1% 감소 등의 필수조치를 한다.

28 락토오스는 우유의 대표적인 탄수화물이다.

29 무기질, 칼슘, 단백질은 쇠고기 뼈와 육류에서 섭취할 수 있는 양소이다.

30 유당=포도당+갈락토오스

31 슈도모나스균은 배수 중의 회합물을 균질화시켜 최종적으로 이것을 급속수소으로 환원시켜 수중에 배출하는 균이다.

32 NH₃로 구성된 암모늄염은 분해되면서 이스트에 질소를 공급한다.

33 포함된 덩어리 양 / 내용물 질량 ×100

= 200/300 ×100=66.7%

34 유지의 자동 산화 영향인자는 유지의 불포화도, 지방산, 온도, 방사선, 산소, 산화촉진제 등이 있으며, 온도가 높을수록, 산소가 많을수록 자동산화가 촉진된다.

35 흡성수는 대부분 알칼릴 농도가 높다.

36 반죽개량제는 되새김질을 하는 소, 염소를 가려키며, 반죽위종물의 위액에는 카제인을 응고시키는 레닌이 들어 있다.

37 소트닝은 자기 무게의 100~400%, 유화쇼트닝은 800%까지 수 분을 흡수한다.

38 종이받이면 몸의 임무분에 눈이 나와 자연 다음에 떨어져 나가 새로운 개체가 되는 생식법이다.

39 카드뮴은 이타이이타이병을 일으키다. 메틸운은 주로의 대용으로 사용하여 많은 중독 사고를 일으킨다.

40 2차 발효실에는 캔베이어식, 수동랙식, 모노레일식, 캐비닛식, 랙 트레이식 등이 있다.

41 가감하고자 하는 이스트 양×기존의 발효시간 = 2%×4/3 =2.66%

42 단순 감산성종은 대개 감산성 기능은 정상이며, 감산성 크기만 커 져 있는 경우다.

43 착색료는 인공적으로 착색시켜 천연색을 보완, 미화하여 식품의 매 력을 높여 식품의 소비자의 기호를 끌기 위해 사용되는 물질이다. 만은 식품의 착색료로 사용되었으나 유해한 작용이 있어 사용이 금 지되었다. 유해성인 착색료는 아우라민, 로다민 B이다.

44 ① 글리세린 : 무색투명의 액체로 냄새가 없고 단맛이 있다.
② 프로필렌글리콜 : 무색투명의 시럽상 액체로 냄새가 없거나 약 간의 냄새가 있으며 약간의 쓴맛과 단맛이 있다.
③ 피페로닐 부톡사이드 : 마구미 등의 해충의 발생함면 품질이 떨 어지고 양적인 손실을 가져와 심각한 피해가 막는데 이러한 종해를 방지하기 위해 독성이 적고 방충효과가 큰 살충제로 식품첨가물로 사용하고 있다.

제빵기능사 제1회 최종 모의고사 정답 및 해설

01 ④	02 ①	03 ④	04 ①	05 ①
06 ④	07 ②	08 ③	09 ①	10 ④
11 ③	12 ③	13 ②	14 ①	15 ①
16 ③	17 ④	18 ④	19 ④	20 ①
21 ①	22 ②	23 ④	24 ①	25 ①
26 ④	27 ①	28 ②	29 ②	30 ①
31 ①	32 ③	33 ④	34 ②	35 ④
36 ③	37 ③	38 ③	39 ③	40 ③
41 ③	42 ③	43 ④	44 ④	45 ④
46 ②	47 ①	48 ①	49 ④	50 ②
51 ④	52 ②	53 ④	54 ③	55 ②
56 ③	57 ④	58 ④	59 ③	60 ②

01 반죽온도가 높으면 발효시간이 단축된다.

02 영구적 경수는 황산이온(MgSO₃, CaSO₃)이 칼슘염(CaCl₂, Ca(OH)₂, 마그네슘염(MgCl₂)과 결합된 형태로 들어있는 경수이다.

03 시폰케이크는 물리적 팽창법과 화학적 팽창법을 함께 쓴다.

04 전화당은 포도당과 과당이 동량의 비율로 구성되어 있다.

05 소금이 많으면 효소작용이 억제되어 가스 발생을 저해시킨다. 2차 발효온도는 38~40°C가 적정하고, 이스트의 양이 많아지면 발효시간은 짧아진다. 설탕은 5% 이상이면 발효시간이 길어진다.

06 반죽온도에 영향을 미치는 것은 물 온도, 실내 온도, 밀가루 온도, 마찰열 등이다.

07 페이스트리의 반죽 적정온도는 18~22°C로 낮게 하고, 상대습도는 75~80% 정도로 낮춘다.

08 오븐라이즈는 반죽의 내부 온도가 60°C에 도달하지 않은 상태에서 이스트가 사멸 전까지 활동하여 가스를 생성시켜 반죽의 부피를 조금씩 증가시키는 현상이다.

09 글루텐은 글리아딘(신장성), 글루테닌(탄력성)으로 구성되어 있다.

10 짱기 횟수가 증가함에 따라 무피가 증가하다가 최고점을 지나면 감소하는 현상이 서서히 일어난다.

11 일시적 경수는 칼슘염과 마그네슘염이 가열에 의해 탄산염으로 침전되어 연수가 되는 물이다.

12 이스트는 빵이나 주정 및 발효 등 식품에 널리 이용되어 있으며, 제빵용, 알코올발효(맥주, 막걸리)용 이스트는 개별된 것으로 학명은 사카로마이세스 세레비시에(Saccharomyces Serevisiae)라고 부른다.

13 직접원가 = 직접재료비 + 직접노무비 + 직접경비
가 - 판매비 + 일반관리비

14 이스트의 활동을 억제시키기 위해 반죽온도를 낮춘다.

15 액종법을 ADMI법이라고 한다.

16 굽기 과정 중 개량캡화와 갈변반응을 촉진시키고, 오븐 팽창과 전분호화 발생, 단백질 변성과 효소의 불활성화, 빵 세포 구조 형성과 향의 발달이 일어난다.

17 빵을 구워낸 직후 내부의 수분함량은 42~45%이며, 표피층까지 직당한 온도는 35°C~40°C이고, 수분함량은 38%가 좋다.

18 빵의 온도는 30~35°C가 직당하며, 절반이 너무 차가우면 반죽의 온도가 낮아져 2차 발효시간이 길어진다.

19 총반죽무게 = 완제품무게 ÷ (1 - 굽기손실)
= 500×500÷{1 - (2÷100)} ÷ {1 - (10÷100)}
= 283.447g(283.45kg)
밀가루무게 = 총반죽무게 × 밀가루배합률 ÷ 총배합률
= 283.45kg×100 ÷ 190 = 149.71kg
필요한 밀가루포대 = 149.71kg ÷ 20kg
= 7.49포대

20 이스텐소그램프는 반죽의 신장성에 대한 저항, 신장 내구성으로 발효시간을 측정한다.

21 굽기 과정 중에 일어나는 글루텐의 응고는 74°C에서 일어난다.

22 베이킹파우더는 탄산수소나트륨 소다를 주성분으로 각종 산성제를 배합하고 안정제로서 전분을 더한 팽창제이다. 중조는 베이킹파우더 대비 방성력보다 3배 더 높다.